世界のシードル図鑑

WORLD'S BEST CIDER: TASTE, TRADITION AND TERROIR, FROM SOMERSET TO SEATTLE

世界のシードル図鑑

WORLD'S BEST CIDER: TASTE, TRADITION AND TERROIR, FROM SOMERSET TO SEATTLE
Pete Brown & Bill Bradshaw

ピート・ブラウン＆ビル・ブラッドショー ❖ 著
国際りんご・シードル振興会 ❖ 監訳
龍和子 ❖ 訳

世界のシードル図鑑

2017年1月30日 初版第1刷

著者　　　　　　ピート・ブラウン&ビル・ブラッドショー
監訳者　　　　　NPO国際りんご・シードル振興会
訳者　　　　　　龍　和子
日本版監修協力　矢澤愛子
編集協力　　　　藤井達郎
発行者　　　　　成瀬雅人
発行所　　　　　原書房
　　　　　　　　〒160-0022東京都新宿区新宿1-25-13
　　　　　　　　電話・代表03(3354)0685
　　　　　　　　http://www.harashobo.co.jp
　　　　　　　　振替・00150-6-151594
装幀　　　　　　小沼宏之
カバー印刷　　　新灯印刷株式会社

友人、家族、そして
世界各地のシードル好きに
本書を捧げる。

WORLD'S BEST CIDER by Pete Brown & Bill Bradshaw
Text © Pete Brown and Bill Bradshaw 2013
Photography © Bill Bradshw 2013
Design and layout © Jacqui Small 2013

This book has been produced by Jacqui Small LLP, a partnership wholly owned by Aurum Press Ltd, a subsidiary of Quatro Publishing Plc, 74-77 White Lion Street, London, N1 9PF through Tuttle-Mori Agency, Inc., Tokyo

©Office Suzuki., 2017
ISBN978-4-562-05351-3
Printed and bound in China

目次

- 006 はじめに

- 010 **シードルの基礎**
- 012 シードルの歴史
- 018 リンゴ、果樹園、シードルの1年
- 024 シードルの製法
- 030 シードルの味わい
- 034 コマーシャル・ブランド
- 036 シードルの権威
  - ──ピーター・ミッチェル
- 038 ペリー
- 042 シードルのテイスティング
- 043 テイスティング・マークについて

- 044 **世界各地のシードル**
- 046 シードルの世界

- 048 **ヨーロッパ**
- 050 **スペイン**
- 052 はじめに
- 056 エスカンシアール
- 058 「シドレリア」とスペイン料理
- 060 推奨シードル
- 064 **フランス**
- 066 はじめに
- 070 カルヴァドス
- 072 現代化の仕掛人
  - ──ドメーヌ・デュポン
- 074 ノルマンディ
- 078 テロワール信仰者
  - ──エリック・ボルドレ
- 080 ポモー
- 082 ブルターニュ
- 084 キーヴィング
- 086 推奨シードル
- 092 **ドイツ**
- 094 はじめに
- 098 ザクセンハウゼン
- 100 果樹園の住人
  - ──アンドレアス・シュナイダー
- 102 推奨シードル
- 106 **オーストリア**
- 107 はじめに
- 109 推奨シードル
- 110 **イギリス**
- 112 はじめに
- 116 アップル・デイ
- 118 シードルの商業ブランド
- 122 シードル大使
  - ──ヘンリー・シュヴァリエ・ギルド・アンド・アスポール
- 124 サマセット州
- 132 ワッセイル（乾杯）！
- 130 シードル大使
  - ──ジュリアン・テンパレイ
- 134 ヘレフォードシャー州
- 138 作曲家
  - ──トム・オリヴァー
- 140 ウェールズ
- 144 サイダーハウス
- 145 推奨シードル
- 156 **アイルランド**
- 158 はじめに
- 160 シードル界の巨人
  - ──マグナーズ／バルマーズ
- 162 推奨シードル
- 164 **ヨーロッパのその他の国々**

- 166 **南米アメリカ**
- 168 **アメリカ**
- 170 はじめに
- 174 ジョニー・アップルシード
- 176 アメリカのメインストリーム
- 178 イーストコースト
- 182 プロファイル
  - ──スティーヴ・ウッド
- 184 五大湖周辺
- 188 プレイグラウンド
  - ──アンクルジョンズ・フルーツ・ハウス・ワイナリー・アンド・ディスティラリー
- 190 太平洋岸ノースウエスト
- 194 果樹栽培者
  - ──ケヴィン・ジェリンスキ、EZオーチャーズ
- 196 ブッシュウォッカー・サイダー・パブ
- 198 推奨シードル
- 206 **カナダ**
- 208 はじめに
- 214 アイスシードル／「シードル・ド・グラッセ」
- 218 アイスマン
  - ──ラ・ファス・カシェ・ド・ラ・ポム
- 220 推奨シードル
- 224 **アルゼンチンとチリ**
- 225 はじめに　アルゼンチン
- 226 推奨シードル
- 227 チリ

- 228 **オーストラリアとニュージーランド**
- 230 はじめに
- 233 推奨シードル

- 236 **日本を含むその他の地域**
- 238 **南アフリカ**
- 240 推奨シードル
- 241 **その他の地域**
  - 推奨シードル

- 242 **シードルと料理**
- 244 シードルと料理の合わせ方の原則
- 245 シードルと料理の相性
- 246 ソムリエの意見
- 248 シェフの意見

- 252 索引
- 254 関連ウェブサイト・組織・参考文献
- 256 謝辞・写真クレジット

INTRODUCTION
はじめに

はじめに

シードルほど、この世で正しく理解されていない酒はもない。かつてイギリスのディナーの席で「イングリッシュ・ワイン」として供されたシードルは、農場労働者階級の賃金の一部とされて「安酒」というレッテルを貼られ、路上生活者や飲んだくれの飲酒を始めたばかりの若者の酒だとみなされるようにもなった。だがこの5年ほどで、シードルはふたたび高い評価を得るようになっている。

シードルをシードルビールという国もあれば、アップルワインと呼ぶ国もある。フランス語圏でいうシードルは、英語圏ではサイダーである。さらに、アメリカでは禁酒法時代の20世紀、サイダーが未発酵の甘いリンゴジュースを指したため、シードルが復活すると、仕方なく「ハード・サイダー」という味気ない名がついた。

だがこうした違いはあっても、シードルには一貫して変わらぬものがある。モントリオールの立派なレストランで「アイスシードル」を飲む人は、サマセット州の荒涼とした農場の風変わりなシードル生産者のことなど知らないし、アイリッシュ・パブでバルマーズのシードルを楽しむ人は、スペイン・アストゥリアス州のチグレでシードラを投げるように注ぐエスカンシアールとの共通項など頭にはない。だが、シードルという魅力的な酒に心をとらわれている点ではみな同じだ。シードルを作る土地、飲む場所に違いはあれ、そこには温かく、楽しい雰囲気がある。

地面に落ちたまま腐るほどやわらかくなったリンゴは、手をかけなくとも発酵する。それからできた「シードル」は、身体はもちろん、舌も受けつけるような代物ではない。だがそこにリンゴ園があるだけで、自然を手なずけ、野生と文明が一体となって、すばらしいシードルが生まれることになる。

シードルを飲むと素朴な時代が思い起こされる。大地と季節の移り変わりを感じるのだ。人工的な、包装済みのもの。本物ではないものが増えつつある時代にあって、近年世界中でシードル人気が高まっている理由もそれだろう。

シードルは、旧世界でも新世界でも、普遍的に地方ごと、さまざまな伝統をもち、すばらしい逸話やすぐれた特質が豊富にある。しかし、世界各地のワインやビール、さらにはカクテルやラム、ウイスキーやお茶やコーヒーを紹介する多数の出版物がある一方で、シードルにはそれに類したものがない。

これに気づいた私たちは、早速本書の執筆に取りかかった。そして、世界各地のシードルを試飲するという大変骨の折れる調査を進めるうちに、それらに関する情報がかぎられていたこと、さらに、本書に登場願ったひとにぎりの権威をのぞいては、ほとんどの人がシードルのことをよく知らないことを認識した。世界的に標準化されたブランドやスタイルの製品や料理があふれ、それが市場を席巻している現代において、今も多様さと特異性をもつシードルは、ユニークな存在だ。

シードルひと筋の人にも初心者にとっても、魅力あるシードルをまとめた一冊をお届けできていることを願う。世界中に点在するシードル文化を縫うように旅して書き上げた本書は、世界各地のシードルの歴史、シードルとはなにか、そしてその製法を網羅する。

世界のどこに目を向けても、シードルは今大きなブームのなかにある。シードルが何百年もの歴史をもつ国々では身近すぎて飽きていた人々の気持ちを取り戻し、また初めてシードルに出会う国々でも人々の心をとらえつつある。

このブームは2006年ころに始まった。イギリスでは新しい飲み方を提案したキャンペーンが大きな成功をおさめ、「マグナーズ効果」と呼ばれた。アメリカでは、クラフトビール・ブームがシードルへと自然に移行したようだ。私たちが訪ねた地ではすべて、理由は違っても、同じ頃にシードルに対する新たな興味が沸き起こっていた。まるで世界中でシードル人気の波がうねり、いたるところで違いのわかる酒好きの心をつかみ、こううならせているかのようだ。「シードルか……、気に入った」

アメリカのウインター・バナナやニュータウン・ピピンから、ウェールズ国境地帯に名だけは残るボデナム・ビューティやスプリング・グローヴ・コドリンまで、リンゴの品種もさまざまである。フランクフルトではアップルワインといい、日本のそれは日本酒を思わせるし、アルゼンチンの労働者が飲むのはアップル「シャンパーニュ」。世界規模の大手メーカーに田舎の共同体。雑然とし、ひと筋縄ではいかないが魅力的なシードル世界の探究は、生涯をかけてたどる、渇きをいやす旅だ。

本書中のシードルにかんする注意点

本書の刊行は、終着点ではなく、シードルの多様な世界をまとめるスタートだととらえている。私たちの知識は完全なものではなく、穴はできるかぎり迅速に、完璧に埋めていきたい。本書で取り上げた244の銘柄が世界最高のものというつもりはないが、最高のシードルのなかの244本であることはたしかだ。本書中のシードルはどれも、おいしく、また飲んでみる価値がある。だが人の好みはさまざまだ。また、執筆中に世界の醸造所をくまなく回ることはできなかったため、たいした内容ではなかろうという読者もいるかもしれないが、執筆中に世界の醸造所をくまなく回ることはできなかった。現存するなかですばらしい風味とスタイルをもつ銘柄を包括的に、また一般向けのものを選び、初心者から通まで、だれもが楽しめるラインアップだととらえている。

自作のシードルが入っていないという造り手、好みのシードルがないという飲み手の異議・異論があれば、お知らせ願いたい（連絡先はp.4に掲載）。世界的なシードル革命が進行中の今、より幅広く情報を取り入れた改訂版をお届けしたいからだ。乾杯！

"シードル好きではない人に、シードルの優秀さを力説し無理強いしてはならないし、ワインと比較してもならない。だが前王(故人)が失意のなかヘレフォードにおみえになったときも、ウスターシャーのジェントリが同様に囚人としてうつされたときも、王も貴族もジェントリも、口にしたのは、そこで手に入る最高のワインではなくシードルだった"

ジョン・ビール『シードルにかんする格言(Aphorisms Concerning Cider)』より、
1644年、ジョン・イーヴリン『ポモナ(Pomona)』に掲載

CIDER BASICS
シードルの基礎

シードルの基礎

シードルの歴史

アルコール飲料の歴史をひもとけば、姿や形はないが、すべての酒のもととなったものがある。石器時代の人々が、条件さえそろえば、天然の糖が発酵するとアルコールになることを知っていたという考古学的証拠もある。ブドウ、大麦、ハチミツ。太古の酒は、泡立ち、酔いをもたらしてくれるものならなんでも原料にした。

シードルという酒が確立した時期は不明であり、ワインやビールにくらべ、その歴史はあやふやだ。また歴史がなかなか明確にならないのには、ふたつの要因がある。シードルの製造工程とそれにかかわる用語だ。

現代のリンゴは、マルス・シルウェストリス（Malus silvestris）にルーツをもつ。現在のカザフスタンで生育した古代種が人間や動物の移動とともに西に伝わり、1万年ほど前に、ヨーロッパの野生リンゴと交雑して生まれた。考古学者の調査によって、紀元前6500年ころの初期の住居で炭化したタネが見つかり、またギリシャ人やローマ人が、キリストの誕生以前にリンゴの接ぎ木の技術を完成させていたこともわかっている。

リンゴから果汁を搾るだけのシードル作りなら、文明よりも歴史は古いか、少なくともビールやワインと同じくらいだとする歴史家は多い。果汁を搾れば、自然とシードルになるからだ。だが別の意見もある。レモンやオレンジは手で搾れるが、リンゴは非常に固い。シードル作りではまず、搾れるようにリンゴを一定の状態に砕かねばならず、その工程には設備が必要だ。

ローマ人がローマとヨーロッパ全土でシードルを作ったことはわかっている。ローマ人にはオリーブ・オイル用の大型の木製圧搾機があり、オイル作りのシーズン以外にもこの設備を利用することは理にかなっていた。ほかの用途に目を向けたのは、圧搾機が高価だったため、できるだけ活用しないと元をとれなかったのも理由のひとつだ。実際、機材は非常に値が張り、立派な圧搾機になると富裕層しか所有できなかった。シードルは手がかからず素朴な酒だと思われているかもしれないが、ローマ時代に圧搾機があるのは大農園のみだった。

また、それを否定する記録も残っていないため、アルコール飲料に関するライターのテッド・ブルーニングは、初期のシードル製法は、私たちが思うほど普及してはいなかったと結論づけている。ブルーニングは著書『ゴールデン・ファイヤー　シードルの物語（Golden Fire : the Story of Cider）』で、シードルとペリーに関する最初期の記述を紹介している。古代ローマの博物学者プリニウスが、『66種のワイン（66 Varieties of Artificial Wine）』のなかで、「ワインはシリア産のイナゴマメのさや、梨およびリンゴで作る」と書き、また『41種の梨（41 Varieties of Pear）』では、ファレルニア種の梨は、「果汁たっぷりで、それから作る酒からこの名がついた」としている。

初期のシードル醸造はすぐれた荘園経営の一部でもあった。冷蔵庫の登場以前は、収穫した物がすぐに傷んだり腐ったりしないよう、さまざまな保存方法を駆使した。そして低温の地下貯蔵庫に保存するよりも、果汁にしたほうが長くもったのだ。

圧搾した果汁はそのまま飲んだのか、発酵させてシードルにしたのかという疑問もわく。ローマ人が冷たく甘いリンゴ果汁をあまり飲まなかったとどうすればわかるか。答えは簡単だ。酒にしたいかどうかに関係なく、リンゴの果皮や果肉についた天然酵母の働きで、果汁はシードルになってしまうからだ。

シードルに関する古い記録で現存するものをできるかぎり挙げ、ブルーニングは初期の圧搾が面倒だった点に目をつけ、シードル製造は広く行われてはいなかったと結論づけた。リンゴを保存するためワインもどきとしてシードルを作ったが、これは次善策であって、好んで作ったわけではないというのだ。ほんとうだろうか。シードルにかかわる人たちはひとつの説を受け入れるとほかに目を向けなくなるが、たいていは別論があるものだ。

まず、リンゴは日がたつとやわらかくなり、腐る。おおかたのシードル生産者（と愛飲家）は腐りかけの果物を使いたがらないが、今日でもやわらかいリンゴから上質のシードルができるとする人もいて、昔は、こう考える人が現在よりもずっと多かった。

つぎに、リンゴは簡単な臼があれば砕くことができる。たとえば、ウェールズの小規模シードル生産者が、大型のバケツに入れたリンゴを重い棒でたたきつぶしていたという証拠もある。こうした手法は大きな労働力を要するが、10分ほどでバケツ3、4杯分のリンゴがどろどろになる。ウェールズの小さな農家では、20世紀初期までこうした製法が残っていた。このため棒でたたいても壊れないバケツやボールがあれば、この製法が可能だったといえる。どろどろになったリンゴからは、非常に原始的な道具でも、かなり簡単に果汁を抽出できた。ブルーニング自身は、4世紀の著述家パラディウスの記録に、果物を砕いてどろどろになったものをふやかして袋で濾すという製法があると書いている。

こうした手法は非効率で労働力がいる点はたしかだ。また、シードル製造がずっとあとまで大規模には行われなかったという点で

次ページ、左上：バルマーズのシードルに対する王室御用達許可書。
次ページ、右上と下：サマセット州のシードル製造業シェピーズの農場の勘定書。1853年。シードルの売り上げも含まれる。

Board of Green Cloth

These are to Certify that I have Appointed Messrs Henry Percival Bulmer and Edward Frederick Bulmer trading as Managing Directors of "H. P. Bulmer and Co Limited" into the Place and Quality of Purveyors of Cider to His Majesty

To hold the said Place so long as shall seem fit to The Lord Steward for the time being. This Warrant entitles the holder to use the Royal Arms in connection with the business, but it does not carry the right to display the same as a flag or Trade Mark. It is strictly personal and will become void on the Death, Retirement, or Bankruptcy of the person named therein.

Given under my Hand this Sixteenth day of January 1911 in the ...

もブルーニングは正しいだろう。しかし、家事の多くと同様に、家単位の小規模な活動でなら手軽に行えたはずだ。

これによってふたつめの、用語の問題も説明できる。小規模に作った場合、これにかかわる人々は記録を残さなかった。規模のせいばかりではなく、その多くは読み書きができなかったし、人類の歴史の大半にしても、法律や国家の問題以外はたいして記録は残っていないのだ。問題は、記録に残す場合でさえ、シードルを表わす言葉がなかった点だ。

プリニウスがシードルをワインと言っていることはすでに述べた。北部スペインは、紀元前60年のストラボの記述をもとに、シードル発明の地だと主張する。しかしこのギリシャ人学者が実際に述べているのはジトス(zythos)についてであって、これはビールを意味する語だ。シードルの語源はヘブライ語のシェケール(shekar)で、これがラテン語のシケラ(sicera)になったとする人もいる。しかし古代におけるシケラの用法の基本的分析から、この語がワイン以外のあらゆるアルコール飲料を意味したことが判明している。9-10世紀以前のシードル生産地については、言葉だけでは、ほかのアルコール飲料と区別がつかずわからない。

シードルの登場を実際にたどれるのは、シャルルマーニュ(在位768-814年)の統治期だ。この頃フランク王国は、スペイン北部からノルマンディおよび主要都市であるフランクフルトを含む現代のドイツへと拡大しており、これらは、今日の主要なシードル生産地域だ。シャルルマーニュ自身は、シードルやペリーにその名、「ポマトゥム(pomatum)」と「ピラティウム(pyratium)」を与えたと思われる。この名は定着はしなかったが、シードルが飲み物として認知されていたことがわかる。また、王の荘園運営にかかわる詳細な「御料地令(Capitulare de Villis)」にも登場し、そこには、ビール、シードル、ペリー生産用にどの荘園にも「シードル醸造所(シセラトール)」をおくという記述がある。この当時、遺言などの公的な文書には、ワイン用ブドウ畑や果樹園にかんする何百もの記述が残っている。そしてこれらがつねに一緒に記載されている事実から、ブドウ以外の果樹も飲料用に栽培されていたと推察される。

こうした記述が圧倒的に多いのがスペイン北部だ。アストゥリアスはシャルルマーニュと教皇により独立王国として認められ、初期のリンゴ栽培の中心地でもあった。

ヨーロッパ全土にシードルの製法を広めたのがだれかは明らかでないが、フランク王国の拡大がその一助となったのはたしかだ。アストゥリアスの人々がリンゴ栽培をヨーロッパに広めたことを示唆する証拠もあるが、4世紀にはフランスのブルターニュ地方ですでに栽培されていたし、またケルト人にとっては、野生のリンゴの木はヤドリギの宿主として神聖なものだった。

シードルの歴史

上：20世紀初期、ヘレフォードの醸造会社、バルマーズの風景。
リンゴを集め山積みにしている。

こうしたリンゴのうちどの程度がシードルになったのかは推測するしかない。だが9世紀のアストゥリアスで、「シケラ」という古い時代の言葉がとくにリンゴの酒を指すものになり、それがスペイン語で「シードラ」、フランス語の「シードル」、そして英語の「サイダー」となったのだ。

シャルルマーニュの移動にともない、アストゥリアスからフランスのノルマンディ、ブルターニュ、そしてアイルランドやイギリス西部へと、雨の多い温暖な大西洋岸沿いに、シードルを生産していた証拠が増えてくる。13世紀には圧搾技術が大きく進歩しており、荘園経営や遺言書でシードルにかんする記述も増えはじめる。

14世紀ころからヨーロッパは天候不順に苦しんだ。よく「小氷期」ともいわれる時代だ。かつてヨーロッパ北部でさかんに栽培されたブドウは枯れ、イギリス、ドイツ、フランス、ノルマンディおよびブルターニュといった地域では代わりにシードルが作られるようになった。生産技術は進歩してシードルは地方の重要な飲料に育ち、大半の農場が果樹園をもつまでになった。

16世紀にはノルマンディのコタンタン半島にシードル生産の先駆者たちが登場し、リンゴの品種や土壌のタイプ、圧搾技術にかんする研究を行いまたそれを発表して、シードル学を確立した。17世紀初期になると、イギリスのヘレフォードシャー州で、上流階級のシードル生産者たちがこれにならった。そしてシードルは初期の移住者たちと大西洋を渡って北アメリカへと上陸し、入植者たちはそれぞれの伝統を広めた。イギリス人がアメリカにもち込んだシードルは、辺境の開拓者の定番の飲み物となった。またフランス人はケベックに、スペイン人は南アメリカにもち込んだ。今日でも、それぞれの地域に先祖の伝統がはっきりと残っている。

19世紀には、シードルはオーストラリアでも重要になっており、20世紀になると、シードル生産の伝統がなかった国々にまで広がった。シードルは世界でもっとも成長の速いアルコール飲料だ。ビールより甘く、ワインほど強くはないが、シンプルでも深い味わいを楽しめる酒だ。

シードル革命へようこそ。

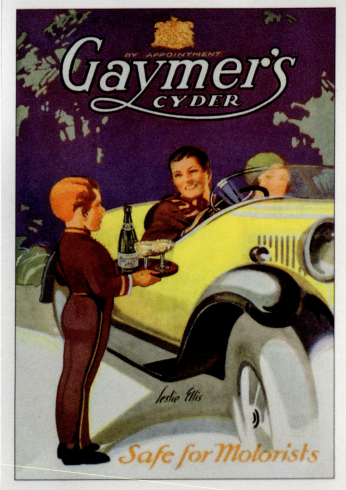

右：20世紀初期から中期のシードルの広告。
現在では絶対に使用が認められない表現も見える。

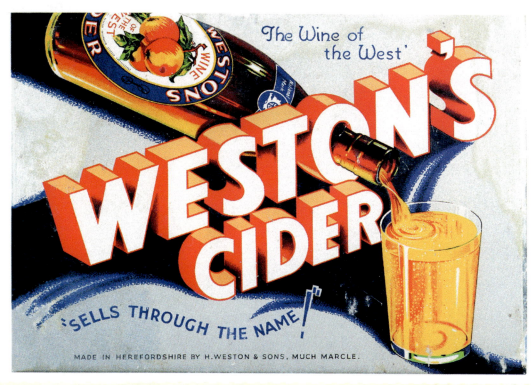

リンゴ、果樹園、シードルの1年

禁断の木の実をリンゴだとしたのは、おそらくはリンゴの果樹園がエデンの園のイメージを想起させるからだろう。

上：リンゴの花の季節。北半球のリンゴ生育国では5月ころ。この時期にシードル用果樹園を訪ねると一番美しい。

人類史における聖典や神話、物語において、
リンゴほど大きな意味をもつ果物はない。

　キリスト教国の人々はほぼ、信じるかどうかは別として、イヴがアダムに知恵の実であるリンゴを与え、ふたりはエデンの園を追放されたというイメージに親しんでいる。だが聖書には「園の中央にある木の実」の名は書かれていない。実際にはザクロだったのだろう。エデンの園があったと思われる地方はリンゴ栽培には暑すぎるからだ。

　リンゴを使って今風に言えば、「ニューヨーク（ビッグ・アップル）に住むあなたの大事な人（アップル・オブ・ユア・アイ）は『1日1個のリンゴは医者を遠ざける』という言葉を真に受けているかもしれないが、『腐ったリンゴは隣を腐らす』とはかぎらないことを願おう」といったところだろうか。

　エデンの門を閉ざす原因となったことからもわかるように、リンゴは、大事な意味をもたせるのにふさわしい果物だ。さらに、リンゴは実に不思議な果物でもある。

　リンゴを水平に切ると5個の子室が現れ、花びらのようだ。またリンゴはそれぞれタネの1個1個に遺伝子情報をもち、それは親や兄弟とはまったく異なる。タネを植えて新しい木が育つと、現存する、あるいは絶滅した品種との相似も偶然起こる。リンゴの木はそれぞれ、何千種類もの新しい品種を生む可能性をもつのだ。

　絶対とまでは言えないが、信頼できる証拠から、今日の栽培用リンゴである「マルス・ドメスティカ（Malus domestica）」の祖先は、カザフスタンの山の斜面にある野生リンゴだと思われる。ここでは、高さ18メートルにも育つ木々が枝葉を茂らせ、かなり変わった果実をつけている。クマなどの哺乳類がおいしい実からとって食べ、そのフンで、タネはしだいに遠くまで運ばれた。そしてシルクロードはじめ、重要な交易路を行き来する人（と馬）も、青銅器時代から同じようなことをしてきたと考えられている。

　こうしてリンゴはアジアとヨーロッパに広がった。一定の気候帯において、季節や花粉媒介者、土壌のタイプ、害虫や天候の違いなど、新しい生育環境にもち込まれるたび、無数ともいえるタネの中から、その環境に適応した品種が生き残った。そうしてリンゴは広まり、広まりながら増えていった。

　粘土板に書かれた楔形文字から、古代メソポタミアでは、4000年ほど前に接ぎ木の技術が生まれたことが明らかになっている。望ましい性質の親木から枝を採り、別の木に接ぐと、できる実は台木ではなく親木のものに似る。つまり接ぎ木は有性生殖ではなく、クローンの一種だ。

　中国でも紀元前2000年代に接ぎ木を行っていたし、ギリシャやローマにもこの技術はあった。このため、無作為に作った苗木（「ピピン」）が気に入った実をつけると、その実は、少なくとも親木が育ったのと似た環境では複製可能だった。プリニウスによると、ローマ人は23品種のリンゴを栽培し、その一部がイングランドにもち込まれたという。

　また、ヨーロッパでは果樹園が少なくとも2000年前からあると推測できる。ローマで栽培されたリンゴの木が、ずっと歴史の古い「マルス・シルウェストリス（Malus silvestris）」と会い（フランスとイギリスでは、少なくとも紀元前3800年からリンゴを食べている）、現在のシードル用品種もその出会いから生まれた。

　禁断の木の実をリンゴとしたのは、リンゴの果樹園がエデンの園のイメージを想起させるからだろう。文明が興る以前には荒れ野しかなかったが、豊かで安全なエデンからは、それとは違う世界が浮かぶ。果樹園とは、シンボルとしても実際のものとしても荒れ野を手なずけるものだ。栽培化とも言え、人による自然の支配を意味する。

　おだやかさとうきうきとした美しさももつ果樹園は、不思議な雰囲気をまとっている。たとえば、サマセット州でヘックス家が経営する果樹園にはさまざまなシードル用品種があるが、無秩序と秩序、野生と栽培化との微妙な均衡が見えるようだ。プラム程度の大きさしかないリンゴもあれば、こぶりのグレープフルーツほどの大きさのものもある。ブドウのように房状になるものもあれば、差し渡しが3センチほどしかなく、木の幹から細長く伸びた枝に並び、まるで静電気をおびて広がった髪のように見えるものもある。ボルドー産ワインのような深く濃い色のリンゴも、緑色にギャングの傷のように濃い紫色の縞が走っているものある。たわわに実り宝石をまとったような木々の輝きは、気持ちを浮き立たせてくれる。

　リンゴ栽培には季節の移り変わりが反映される。果樹園経営者は、木の生育期前に接ぎ木をはじめる必要があり、生育がはじまると遅霜にあたらないよう願う。春にはミツバチの群れが木々の受粉を助け、すべて順調に進めばリンゴの花の美しさに目を奪われることになる。秋には、品種ごとに適した時期に収穫する。その後、気温は下がり太陽の位置も低くなると、リンゴの実をつぶして搾汁する。冬には、シードルを貯蔵して発酵させる。そして十分発酵するまで寝かせつつ、木々が目覚め、また同じサイクルがはじまるのを待つのだ。

　この1年がかりのサイクルには、おりおりに自然の偉大さを認める儀式があり、その儀式は、思うぞんぶん飲むために理由をひねり出した結果でもある。

　濃縮果汁を使用する工業的なコマーシャル・メーカーは1年中シードルを生産できるが、シードル愛飲家なら大半は、それではだめだ、と言うはずだ。「クラフトメーカーなら、季節にさからわず、季節とともに働く」のだ。

下：シードル用のリンゴ果樹園の優雅な美しさは、人の手と自然の営みがこれ以上ないほど力を合わせた結果だ。

テロワール

　シードルに「テロワール」という言葉が使われると、シードルを知らない人は鼻白むこともあるだろう。一般には、とくにワインの洗練度と微妙な差異にかかわる概念だ。

　だが気候（あるいは微気候）や気温、土壌が、ある特定の果物に大きな影響を与えることが認められるなら（事実であるため、実際に認めているのだが）、ほかの果物には影響をおよぼさないという考えは論理的におかしいだろう。

　イギリス、バローヒルのジュリアン・テンパレイは、サマセット低地の先端に位置するキングスベリー・エピスコピ、バルトンズボロー、ウェドモアの石灰が露出する斜面は、ほかに見られないほどの「テロワール」だと主張し、ロング・アシュト

ン研究所で得たデータをこの裏づけとする。テンプレイは、この地域で生育したダビネット種のリンゴとその他の地域で採れたものとには、明らかな違いがあると言う。

　イギリス海峡を越えたフランスでシードルを生産するエリック・ボルドレは、自身のシードルのひとつを「アルジュレ」と名づけている。ボルドレがリンゴを栽培する、花崗岩からなる丘陵地の低斜面の土壌にちなんだ名だ。ボルドレは訪ねてきた人すべてに、この地域の地質図を見せる。シードルの「テロワール」の熱心な信奉者と、世界最高の部類に入るシードル生産者の考えには共通点があり、偶然というにはあまりに合致している。

シードル愛飲家のための
リンゴ品種ガイド

どんな品種のリンゴからもシードルを作ることは技術的には可能だ。とはいえ、野生種にちかいクラブ・アップルだけでシードルを試作してみたら、飲むのも作るのも、人に薦められるような代物ではなかった。

クラブ・アップルにおいて、ブラムリーやマッキントッシュといった調理用リンゴや、コックス・オレンジ・ピピンやコートランドといった生食用リンゴ、それに多数のシードル専用品種からシードルが作られているのが一般的だ。

1903年、イギリスのロング・アシュトン研究所はシードル専用品種を、スイート、シャープ、ビタースイート、ビターの4つのタイプに分類した。シードル専用品種はすべて、発酵のために糖度が十分に高いことが理想的であるため、この4つの違いは渋味と酸味の度合いにある。シードル専用品種でもっとも多いのがビタースイートのものであり、渋味が多く酸味は少ない。

ダビネットやキングストン・ブラックといった品種は渋味や酸味といった異なる要素が含まれており、単品種でシードルが生産できる。だが大多数のシードルは、すぐれたワインの大半がそうであるように、最高の品質を生むために複数の品種をブレンドすることが必要だ。

右：サマセット州のヘックス・オーチャードで箱に入れられたリンゴ。圧搾を待っている。
次ページ：シードル専用品種。さまざまな色、手触り、模様をもつ。

リンゴ、果樹園、シードルの1年

シードルの製法

人生において非常にやりがいのあることの多くがそうであるように、シードルはほんとうに手軽に作れる。だがおいしいシードルを作るとなると、とても難しい。おいしいシードルとそうでないものとの違い自体、造り手による熱い議論が続いていることからすると、最高のシードルの製法について意見の一致をみることはないだろう。だから、ここでは基本的製法のみを伝授する。

シードルとはなんだろう

簡単にいうと、シードルとは発酵したリンゴ果汁だ。ワインがブドウからできるように、シードルはリンゴからできるが、アメリカでは、発酵させていないリンゴジュースにも「サイダー(シードル)」という名称が使われる。

「おいしい」シードルとはどういうものか。これは難問だ。だが一般に、味わったときに心からおいしいと思えるシードルであれば、濃縮果汁は使用せずストレート果汁を80パーセント以上使用し、甘味料や着色料、人工香料をくわえていないものだろう。

前ページ:アップル・デイに行われる伝統的なシードル作り。
サマセット州バローヒル・ファーム。

基本的製造工程

　糖度が高く、果汁をたっぷり含んだ、熟れたリンゴを用意する。このリンゴをつぶして果汁を搾る。搾り出した糖度の高い液体を天然酵母の働きで発酵させ、糖分の一部あるいは全部をアルコールにする。この工程は家庭でも可能で、複雑な作業ではない。だが難しくもあるので、少しずつみていこう。

選果と洗浄

　収穫時には丁寧に選別してはいないだろう。シードル生産の第1段階では、リンゴを洗って選別する。リンゴを洗って、軸や葉、小枝、それに腐ったリンゴは取りのぞく。

破砕

　リンゴの果肉は非常に固いため、オレンジやレモンのように搾るだけというわけにはいかない。まず砕いてやわらくつぶす必要がある。これまでさまざまな方法がとられてきたが、もっとも原始的なものが、臼と杵という簡単な道具を使ったやり方だ。その後、丸太をくりぬきそこにリンゴを詰め込んで、その上でときにはクギや刃がついた大きく重い輪を動かす方法が生まれた。

　これが伝統的な石臼に発展する。シードル製造にはつきもののイメージだ。軸に巨大な輪がつき、これが丸い鉢のなかを回る。このタイプの古代のオリーブ圧搾機は奴隷たちが動かしたが、18世紀のイギリスでこれが一般的に使用されたころには、おとなしく円を描いて歩く馬が動力源となった。

　19世紀後半には、なかに「スクラッター」といわれる刃がついたホッパーがよく使われるようになる。ホッパーの上からリンゴを投入し、つぶしたリンゴ（パルプ）を下で回収する。この方法は、形はさまざまだが、現在も主流だ。

搾汁

　破砕したリンゴを浸透性のあるものでくるみ、搾るというのが基本的な工程だ。だがこれを大規模に行うためには、人の手どころではない、非常に大きな圧力が必要だ。破砕したリンゴを、昔は藁や馬のタテガミ、のちには粗布に詰め、圧搾機の底から板を挟みながら積み上げる。1、2個巨大な木製ねじをレバーで回して押し、ゆっくりとリンゴを平らに押しながら搾汁する。果汁はリンゴの下の溝やくぼみを流れて回収される。

　この方法は今日も広く使用されている。産業革命後はほぼ、油圧の圧搾が人力に代わり、現在はさまざまな油圧および機械タイプの圧搾機がある。伝統的なパックプレス型の圧搾機は今もクラフト・メーカーがよく使用しているが、とくに北アメリカでは、「アコーディオン型プレス機」も一般的だ。破砕したリンゴが何本もの細い溝に入れられ、横から圧をかけて搾汁する。大規模な搾汁も、巨大なシリンダー型タイプで同様の工程を経ている。

シードルの基礎

ブレンド

シードル製造工程のどこでブレンドについて語ればいいかは難しいところだが、これも必要な知識だ。大多数のシードルが異なる品種のリンゴをブレンドしたもので、ブレンドには繊細な技術を要する。伝統的なシードル生産者の多くはこれを目で行い、搾汁の前に異なる品種を混ぜる。このほか、品種ごとに搾汁し、果汁の状態でブレンドしてから発酵させる方法もある。さらに、発酵させてできたシードルをテイスティング後にブレンドし、完璧な味のシードルにするというやり方もある。

発酵

発酵は自然が起こす奇跡のひとつだ。酵母は自然界に、ごくふつうに存在する微生物で、糖の分解により増殖する。この過程で生じる副産物がアルコールと二酸化炭素だ。

これは、柔らかい果物や搾った果汁があり、適温であればかならず自然に生じる現象で、アルコール飲料の基本だ。人々はこれまでこの現象をコントロールしようと試みてきたが、現在でも、ある程度操作するのが関の山だ。

破砕した果実には天然酵母が含まれ、ほうっておいても、果汁が発酵してシードルができる。天然酵母は驚くほど多様なため、すばらしく複雑なシードルになる可能性を秘めている一方で、失敗作になる可能性も小さくない。発酵の謎は解明されていないことも少なからずあり、常にバクテリア混入による汚染リスクを孕んでいる。このため、天然酵母を除去し純粋培養酵母に替えて、より健全に発酵させる手法がある。ワイン酵母とシャンパン酵母は、シードルに使用されるもっとも一般的な酵母だ。

科学的に管理した状況下では数日で発酵させることも可能だが、職人気質のシードル生産者なら、低温で数か月はかけてゆっくりと発酵させる。一部の伝統的な造り手（と愛飲家たち）は、シードル

がタンクのなかで「発酵」をはじめると、できあがるまでそっとしておくべきだと考える。だが酵母が健康健全ではなかったり、養分が不足したりすると、発酵はうまくいかず、かび臭い、卵が腐ったような、酷くは汚物のようなにおいを発することもある。ファームハウス・タイプの熱烈なファンはよく、「まずいシードルなどない」と言い、「手をかけない」シードルほどおいしいと断言する人さえいる。あるコンペティションで審査員を務めたとき、人の排泄物のようなにおいのシードルがあり、「審査の専門家」が、それは生産者が意図した香りだと断言したこともあった。

こうした恐ろしい状況にならないように、つねに発酵を監視し、その途中でテイスティングして、酵母に養分が不足していると判断したら、栄養分をたしてやる生産者もいる。この作業自体は昔からあり、ネズミの死体を大桶に投げ入れてコクを出したという話も、あながち科学的根拠がないことではない。しかし今日では、果汁に糖分が少なければ糖をたし、また酵母専用の栄養剤を添加する場合が多い。

熟成と貯蔵

クラフトメーカーには、発酵が終わった時点で飲むに適したシードルとなっていて、そこから熟成することはなく、できたてが一番おいしいという考えの人もいる。一方で、発酵後にウイスキー樽などの木樽で熟成させる生産者もいる。樽のニュアンス、また以前に保存されていた酒の風味や穀物に由来する微生物群から、さまざまな性質がくわわる可能性があるからだ。

シードルの完成後、酵母の濾過や火入れ殺菌をするものとそうでないものがある。また着色料や香料、保存料を添加する場合もあるが、職人気質の生産者や愛飲家がこうした加工を嫌っているのはたしかだ。

シードルを詰める容器にはさまざまなタイプがある。大小の樽、ガラス瓶、量販用には缶入りのものもある。ファームハウス・タイプのシードルを「バッグ・イン・ボックス」に詰めることもある。段ボール箱にプラスチック製密封容器が入っており、シードルをそそぐとこれが収縮して残ったシードルが空気に触れず、保存可能な期間が長くなる。

シードルの味わい

本書の執筆をはじめたとき、酒類関連のライターの第一人者がこういった。「おもしろいが、シードルになにか書けることがあるかい？ リンゴの味がする。それだけだろう」。私たちは本章をこのライターに捧げる。それに、市販のシードルで主流の、発泡性のものしか飲んだことのない人も歓迎だ。先入観なく読んでいただきたい。

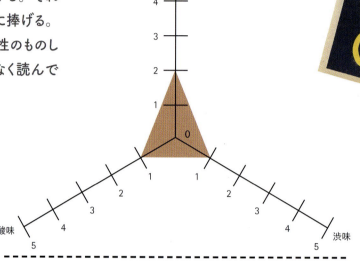

コマーシャル・ブランドに多いタイプ

- かなりさっぱりしていて、どのポイントも低め。
- バランスがとれているがややスイートであり、甘味が渋味、酸味よりも強い。

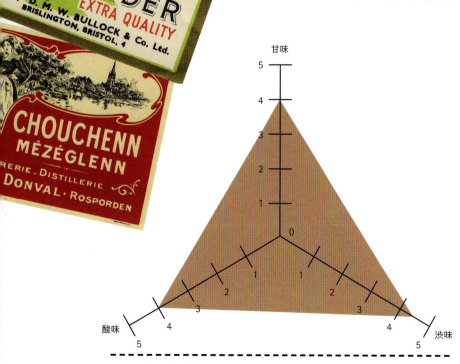

伝統的なファームハウス（農家の）・シードル

- ビッグでフルボディ。甘味、渋味、酸味とも強い。
- どれも強いがバランスがとれていて、ポイントは同じ。

味わいの基本スペクトル

大半のシードルは市販されており、コンペティションではスイート、ミディアム、ドライと分類される。たしかにこれである程度はわかるが、これだけで全部を説明できるわけではない。

ドライ、つまり辛口とは、糖のすべてが発酵して甘さが残っていないという意味だ。また、タンニンの含有度をいう場合もある。ほかのリンゴとは違い、多くのシードル専用品種が含むタンニンは、口のなかにドライな感触を残す渋味、苦味の成分で、果汁に深みとコクを出す。またスイートかドライかだけでなく、多くのシードル

シードルの味わい

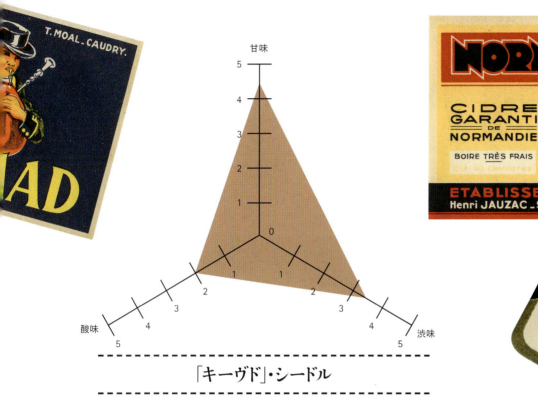

「キーヴド」・シードル

❖ 非常にフルボディで、3つの軸はすべてコマーシャル・ブランドのものよりもポイントが高い。
❖ キーヴィングにより本来もつ甘さが残るが、渋味も強い。

が、白ワインのように、程度の差はあれ酸味をもつ。

最後に、味の強さをライトかフルかで判断する。このため基本的なシードルの味わいのスペクトルを3つの軸で評価するとよい。甘味、渋味、酸味であり、それぞれ強弱で評価する。

異なるスタイルのシードルでは、スペクトルの形が大きく異なる。このページのチャートでわかるように、バランスと強弱が異なるからだ。

これら3つの面と、さらにこれらを補う風味も、もう少しくわしく見ていけば役に立つはずだ。

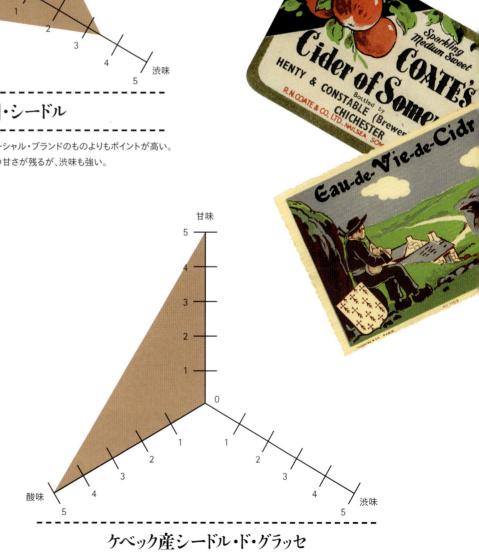

ケベック産シードル・ド・グラッセ

❖ 甘味と酸味が強く双方のバランスがとれている。
❖ 渋味はない。

甘味

加工した食品や飲料に慣れていると、甘味とは、サッカリンのような深みのない甘さで、すぐに飽きがくる。自然の甘味は豊かで味わい深く、シードルではシロップやバニラ、ハチミツのノートとして感じられる。

酸味

くっきりとした酸味をもつグラニースミス種のリンゴが頭に浮かぶ。レモンのような酸っぱさだ。シードルが空気にさらされると、エタノールが嫌気性発酵して酢酸になる可能性がある。アストゥリアスと、イギリスの一部のファームハウス・タイプではある程度の酢酸は肯定されているが、高濃度になると味が悪くなる（立派な酢にはなるが）。

渋味

味というよりもテクスチャー（口あたり、舌触り）で、タンニンは辛味や渋味、またはミネラル感のあるドライさに直結する。チョークを食べているような感じと言われることもある。

風味

❖ **果実感**──甘味や酸味だけでは表現できず複雑なものだが、一般には、リンゴのストレート果汁を飲んでいるようでシードルには望ましくないとされている。ブドウ果汁のような味がするワインに失望するのと同じだ。だが、生の果物と同じではないものの、リンゴの性質がこれによってよくわかる。シードルはかんきつ類やバナナ、メロン、梨、バニラなどリンゴ以外にも多くの果物の風味をもつことがある。

❖ **ファンキーさ**──良し悪しにかかわらず、さまざまな風味をいうあいまいな用語。伝統的なイギリスのファームハウス・タイプはチーズのような性質をもち、本書ではバーンヤード（裏庭）とも表現する。湿った藁、じめじめとした動物っぽさ、かび臭い、土臭い、肥料のようなといった意味だ。卵や調理した野菜、湿布を貼ったようなフェノール系のにおいでもある。シードルのファンキーさは料理のスパイシーさのようなもので、程度にかかわらず嫌う人もいる。また好む人も、大好きな人もいる。これがでしゃばらずに他の風味を補っているのが一番よい、というのが大半の意見だろう。

❖ **フローラル（花のような）**──バラやゼラニウム、オレンジの花など特定の花を思わせる香りをもつシードルもある。

❖ **カラメル**──カラメルの甘さ、バタースコッチ、トフィーあるいはレーズンやイチジクなどドライフルーツのようなニュアンスもある。

❖ **バター**──熟成したシードルでは、マロラクティック発酵が酸味を芳醇にし、バターのような心地よいなめらかさが生まれる。

アルコール度数

シードルの原料であるリンゴの多くは、発酵して自然のアルコール度数が6-8パーセント（ABV）程度になるが、リンゴの糖度が非常に高いと、10パーセント程度になる場合もある。酵母による発酵を維持するために加糖すると、アルコール度数はさらに上がることもある。しかしある一定のアルコール度数を超えると、酵母は生きられなくなる。純粋なシードルで9-10パーセント（ABV）を超えるものはほとんどない。

大半のシードルは通常の発酵を行ったものよりもアルコール度数が低い。水分をくわえたり、バックスイートニング（発酵済みのシードルに、未発酵の果汁を加える）製法を用いたり、発酵を早い段階で止めることでこうなる。

アルコール度数により、シードルの強さや性質がビールとワインの中間に位置することがわかるし、これがビールやワインとの比較にも使われる。

カーボネーション（炭酸ガスの圧入）

シードルにはスティル（非発泡性）とスパークリング（発泡性）がある。酵母由来の自然な泡は発酵完了前のシードルを瓶詰めする方法（「メトード・アンシエンヌ」）を行う、あるいは瓶詰め時に糖や酵母を投入する（「メトード・シャンプノワーズ」）ことで得られる。こうした手法は難しく、性質が一定せずに時間も費用もかかるため、多くのシードルは、人工的に炭酸ガスを圧入している。純粋主義者はこの方法を嫌うが、微炭酸から強炭酸まで、炭酸の程度を調整することも可能だ。

一般的なスタイル

大半のシードルはガラスのボトルで供される。スティルかスパークリングで、先に述べた風味のどれかをもつ。明確なスタイルやそこから派生するものもいくつかある。風味と同様、気が遠くなるほどの時間と作業を要するため、ここではシードルをスタイルごとに細かく分類はしない。このため以下の解説は全シードルを網羅してはおらず、正確無比とはいえないが、ほかよりも信頼に足ると自負している。

❖ **スクランピー／ファームハウス**──スティルで、濾過しておらず、余分な手をくわえず伝統的製法で作る。不透明なものが多く、薄い金色や深みのある琥珀色まである。ABV6-8パーセントが多い。強く、ファンキーで渋味のある風味は、製造された樽によって異なる。

❖ **キーヴド・シードル**──アルコール度数が低く、果糖分が高くスパークリング。ABV3-5パーセント（キーヴィングについてはp.84を参照）。

❖ **アップルワイン**──甘味と酸味の調和が非常によく渋味はほぼない（シードル用ではなく食用リンゴの使用が一般的）。ドイツ、カナダのケベック州、アメリカのニューイングランドに多い。

❖ **瓶内発酵**──酵母由来の発泡性をおび、(すべてではないが)アルコール度数は高め。専用の耐圧ボトルで供される。

❖ **商業的な「ビール・スタイル」**──アルコール度数は低く（ABV5パーセント程度）、(よく言えば)ほのかな風味が一般的。ビールの代替品としてビン詰めや販促を行い、飲まれている。イギリス、オーストラリア、アメリカ、南アフリカのシードルの大多数を占める(p.34参照)。

❖ **ヴァラエタル・スタイル**──ダビネットやキングストン・ブラックなど一部のリンゴはシードル製造に非常に適しており、他品種とブレンドしなくてもバランスのよい満足できるシードルができる。

シードルから派生した飲料

純粋主義者を怒らせるおそれもあるが、果樹園で生まれるすべての飲み物をシードルとするバローヒルのジュリアン・テンプレイに賛成だ。リンゴは圧搾して新鮮なジュースとしても飲めるし、発酵してシードルにもなる。それを蒸留すればアップルブランデーになる。さらにこれらを組み合わせたり濃縮したりして別の飲料にもなる。

❖ **アップルブランデー／カルヴァドス**──蒸留したシードルで、ワインとブランデーの関係と同じ。通常はアルコール度数（ABV）40パーセント程度。最高評価を得るのが、ノルマンディ産のカルヴァドス(p.70と74参照)。産地により、サイダー・ブランデー（英語圏）、オー・ド・ヴィー・ド・シードル（フランス語圏）という。本書では、便宜上、アップル・ブランデーと表記する。

❖ **ポモー**──未発酵のリンゴ果汁を混ぜたブランデーで、ABVは15-20パーセント。樽で3年ほど熟成させる(p.80参照)。アペリティフ（食前酒）や「ディジェスティフ」（食後酒）にぴったり。

❖ **アイスシードル／シードル・ド・グラッセ**──発酵前にリンゴ果汁を凍らせ、甘味と酸味を凝縮させる(p.214参照)。デザートワインの代わりにおすすめ。

❖ **ペリー**──シードルではないが、基本的にはよく似た酒。原料はリンゴではなく、梨である。ほのかに花の香りがするが、フルーティで渋味が強い場合もある(p.38参照)。

コマーシャル・ブランド

　ビールでもシードルの世界でも、クラフト・タイプがもてはやされ、それと同時に、大多数を占める大手メーカーは批判を受ける。ビールと同じことを言うのでは読者に対し少々手抜きであるし、それが絶対であるわけでもない。

　私たちは、イギリス、アイルランド、アメリカ、オーストラリア、南アフリカの市場を支配する巨大コマーシャル・ブランドの熱心なファンとは言えない。だが、彼らのシードルを飲む何百万人もの消費者を批判できるとも思っていない。本章では、自身で判断できるよう、よく広告で目にするブランドについて事実だけを掲載する。

　職人気質のクラフト・メーカーは、（特殊な施設でリンゴを冷蔵保存しないかぎり）秋にしか醸造できない。秋はリンゴが熟れる季節であり、リンゴからできるシードルの性質は、収穫の時期やリンゴの品質やサイズによりさまざまだ。スーパーマーケットやバーに1年中シードルを提供する必要に迫られている大手メーカーは、こうした製法にするわけにはいかない。また、巨大ブランドのシードルを購入する人は、つねに同じ味を求める。このため、シードル・メーカーが大量に市販したいとなると、妥協は避けられない。

　大手メーカーは、均一な品質と量を確保するために、リンゴを圧搾した新鮮な果汁だけではなく、すべてとは言わないが、ある程度濃縮果汁を使わざるをえない。濃縮果汁は長距離輸送しても費用がかさまず、水をくわえて希釈する前ならば長期保存もきく。冷やしたシードルを瓶から直接飲むような場合は、濃縮果汁で作ったシードルの風味に違和感をもたない人も多いだろう。だが、グラスにそそいで適温で供したシードルをじっくりとテイスティングすると、濃縮果汁であることがわかる。製造工程である程度風味が失われ、紙や段ボールのようなにおいがすることもあるからだ。

　シードルに含まれる実質的なリンゴ果汁の比率にも触れておく必要がある。果汁は、濃縮果汁であっても価格が高い。メーカーよりも力が強くなったスーパーマーケットは、希望の量や価格を要求してくる。大手シードル・メーカーはその要求をのまざるをえないことが多く、求められる価格にするには生産コストを下げるしかない。

　このため大半のブランドは、水で希釈し、それを販売基準であるABV4-5パーセントのシードルにしなければならない。高品質のブランドのなかにはリンゴのストレート果汁をくわえるところもあるが、水と、シードルの味が薄くなりすぎないように糖やその他の香料をくわえるほうが一般的だ。コマーシャル・ブランド製品のリンゴ果汁含有率には幅がある。飲み手からすると、それは果たしてシードルと呼べるのかと疑問に思うかもしれないが、イギリスでは35パーセント、アメリカでは50パーセント以上の果汁を使用していれば法律上シードルなのだ。

　一般には、手軽にゴクゴクと飲めるのでライトな味が好まれる。希釈したものは、甘味料や人工香料、着色料その他を添加して甘味やライトさのバランスをとる場合が多く、甘いソフトドリンクが敬遠されがちな現代の消費者の嗜好に最大限アピールするため、市場調査の結果に合わせ、つねに微調整が行われている。

　妥協する程度はメーカーによるため、コマーシャル・ブランドを論じる場合は、非常に軽くても風味をもつシードルと、まずくて飲めない代物とを区別することが重要だ。マグナーズやステラ・シードルのものは、クラフトタイプを好むなら水っぽく感じるかもしれない。安物のなかには化学物質を含んでいて、冷えた状態でしか飲めないものもある。冷やすと化学物質の風味が隠れるからだ。サマセットのファームハウス産のファンキーさは好き好きだろう。それでも当然、おおかたのシードル好きは、非常に安価に作った飲めたものではないシードルよりも、こちらがいいと思うはずだ。

上：工業的に行われるシードルの濾過。
次ページ：圧搾されるのを待つウェストンズのリンゴ。

大手コマーシャル・ブランドのシードルは、飲んでみればそれなりにおいしい。
だが、ボトルのほんとうの中身を知りたいと思うだろう。

"完璧なシードルなど
ありませんよ。つねに、
改良の余地があると
考えています"

みながピーター・ミッチェルに同意するわけでもないし、彼が言うことに感心するわけでもない。ミッチェルの名を出すと頭に血がのぼるシードル生産者たちにも会った。彼らは、ミッチェルの意見を聞く理由はひとつ、彼とは反対のことができるからだと言う。

シードルの権威——ピーター・ミッチェル

もっと公平な目をもつ生産者なら、ミッチェルは手作りよりも商業的生産を重視している、彼が伝授するシードル製法は、技術的には完璧かもしれないがおもしろみはない、という言い方をするかもしれない。

だが、ピーター・ミッチェルの講座に参加して人生が変わった、新しい人生へと背中を押された、と言うクラフト生産者も、世界中に多数存在する。

さまざまな意見があるだろうが、世界中どこに行っても、シードルにかんする会話にはミッチェルの名が出てくることはたしかだ。ミッチェル本人に登場してもらうのが公平だろう。

ミッチェルは生理学と生化学を学び、その後、マロラクティック発酵にかんする研究論文によって応用微生物学とバイオテクノロジーの修士号を取得した。1982年からシードル生産を行い、多数の賞を受賞している。イギリスの、コマーシャル・ブランドをもつメーカーすべてにアドバイスし、イギリスと北アメリカに定期的なシードル生産講座を開いている。またヨーロッパ全土、アジア、オーストラレーシア、南アフリカでも指導しており、事実、その範囲は、ミッチェルいわく「自分の仕事は自分でやりたがる」フランスとスペインを除く、シードル世界の大部分におよんでいる。

ミッチェルの技術が高い点はまちがいない。だが、さまざまな主義主張があるのがシードル界だ。ミッチェルが唱える哲学とはどのようなものなのか。「人々が買おうと思うシードル。それがすぐれたシードルです」。ミッチェルはこう言う。「技術的な欠陥はあるべきではない。シードルは簡単に作れるが失敗するのも容易で、シードルは欠陥をうまく隠してはくれない。私が言いたいのは、スキルと配慮をつぎ込んでシードルを作ること。利用できる最善の手法とテクノロジーを使う。それだけです」

この高度な技術を強調する点に違和感をもつ人もいるが、ミッチェル自身は、伝統的手法と対立しているとは考えていない。「伝統的シードル生産者はつねに最善をつくそうとしている。人は何世紀も酵母栄養剤を使用してきました。ぼこぼこと泡立っていればうまくいき、そうでない場合は酵母が死にかけていることがわかっている。現在ではシードルの発酵過程についてさらに情報も増え、昔の人たちにしても、それを知りたがるのはまちがいないと思います」

この意見には、とくに反論すべきこともない。だが、今日の世界的なシードル生産ブームについてどう思うかたずねると、こう返ってきた。「成長は続くだろうが、リスクがないわけではないと思います。あまりにも多くのことをやり、急ぎすぎているのではないか。急激なイノベーションは、飽きる要因にもなる。植樹からシードル作り、高値での販売。これを一度にやろうとするのは、異なる工程をすべて、短時間でマスターしようとしていることになります」

シードル界には、この意見に不満をもつ熱心なイノベーターが大勢いる。ミッチェルの講座の受講生には、ミッチェルがあらゆる人に、技術が完璧で個性のないシードル作りを強いていると受け取る人もいる。だがミッチェルは反論する。「完璧なシードルなどありませんよ。つねに、改良の余地はあると考えています」

シードル醸造には時間も費用もかかるもので、「走る前に歩き方を学べ」というのがミッチェルの哲学のようだ。的を射たアドバイスだが、保守的だととらえる人もいるだろう。

それに、シードルの世界にはもうひとつ、対極的考えがある。嫌な気分を味わうことなく、味が一定で信頼できるシードルを口にする。あるいは、想像を絶する（飲むに耐えない）不快感を経験するリスクはあっても、思いもよらない喜びを得る可能性のある、ロシアンルーレットのようなシードル選び。どちらがいいだろう。シードルがあるところ、このふたつはついてまわるだろう。

前ページ：ピーター・ミッチェルはシードルを生産し、またシードル生産の助言も行う。ミッチェルのアウト・オブ・オーチャードのブランドには、きりりとしたすぐれたペリーもある。

ピーター・ミッチェル
ミッチェル・フード・アンド・ドリンク・リミテッド
〒GL18 1DA　グロスターシャー州
ニューネント、カルバー・ストリート74
www.mitchell-food-drink.co.uk

シードルの基礎

ペリー

シードルには、生食用リンゴとまったく異なる、多数の専用品種があるのと同じように、
洋梨の酒ペリーもその原料となる梨は食用とは別物だ。シードル用のリンゴも梨も、
リンゴや梨の仲間ではあるが、ほかとは毛色が違っている。

　ペリー用の洋梨を人にたとえれば、映画『グッド・ウィル・ハンティング／旅立ち』(1997年、アメリカ)でマット・デイモンが演じた人物に似ているのではないか。あつかいの難しい乱暴者で、友人もなく、問題ばかり起こして破壊的。彼を気にかける人に暴言をはき傷つける。だがうちなる才能が解き放たれるのを待っている。

　はっきり認めよう。ペリー用の洋梨はとてもやっかい者だ。生育して実をつけるまで時間がかかるので、ペリー生産者が言うには、「子孫のための梨」を植えることになる。こぶりな固い実は出来不出来の差が激しく、害虫や病気に信じられないほど弱い。背が高く立派に茂る梨の木をうまくあつかうのはシードル用のリンゴよりもずっと難しく、最適な時期に収穫しなければならず、また品種によってそれが大きく異なる。早すぎると実が石のように固い。2、3日遅れただけで、実はつぶれるほどやわらかくなる。果肉はひどく渋い。私たちが会ったアメリカ人スーパーテイスターは渋さに驚き、そのひと口を「ガツンと顔を殴られたようだ」と表現した。勇気をだしてかじってみたところで、渋面になるのがおちだ。それにペリー用の洋梨はなかから腐るため、果肉が傷んでいると気づいたときには手遅れだ。

　これに屈せず、うまくペリー用の洋梨を育て、収穫したとしよう。洋梨の果汁を得るには、圧搾する前に砕いた果実の状態で果汁を浸漬させる必要があるが、この工程で汚染のリスクがある。またシードル用リンゴよりもかんきつ類のような酸味が非常に強く、このときにこれが酢酸に変わりやすい(昔からある酢だ)。

　できの悪いペリー(そうなる可能性が高い)は、一生のうちで最悪の飲み物のひとつだろう。マニキュアのリムーバーがかかった牛糞を踏んづけたと思ってほしい。ほぼそんな感じだ。飲んだペリーの味がどうあれ、または味には頓着しなくても、高い濃度で糖アルコールの一種であるソルビトールが含まれている。大量に摂取すると鼓腸や下痢を引き起こす物質だ。

　どうしてこんなにひどい、体によくない酒を飲むのか。それは、運よく見つかればだが、良質のペリーは天使の涙にたとえられるからだ。たいていはシードルに似ているが、それを凌ぐスパークリング・ペリーのバランスと繊細さに太刀打ちできるのは、最高のシャンパーニュくらいだ。スパークリング・ペリーはフランスの発泡酒にもまねできない、優雅なエルダーフラワーの香りが鼻をくすぐる。

　ペリーを理解するうえでシャンパーニュとの比較は欠かせず、両者はアルコール飲料の長い歴史の1ページを飾るものでもある。ワインにかんする書にはすべて、シャンパーニュの製法である「メトード・シャンプノワーズ」(シャンパーニュ地方以外での呼称は「メトード・トラディショネル」)は偶然の産物であり、1700年ころドン・ペリニヨンという名の修道士が見つけたとある。

　そこには記されていないが、ドン・ペリニヨンが生まれる何年も前に、イギリスのシードルとペリーの生産者が同じ製法を使っていたことが、しっかりと記録されている。

　シャンパーニュはボトリングの際に糖分と酵母を加え瓶内二次発酵により製造する。もちろん、発酵が終わる前に瓶詰めすればこの工程は不要だ。また、シードルの栓にコルクを用いた記録は1632年にさかのぼり、ヘレフォードシャー州ホルム・レイシーのスクダモア卿の荘園で行われていた。21年後、ラルフ・オーステンは目にしたことを、王立協会で報告している。この地方で広く行われることになる「ドサージュ」だ。

"シードルは長期にわたって完璧さを保つでしょう。ボトルに詰め、コルクでしっかり栓をし、固いロウを溶かして上からたらすのです。瓶にはそれぞれ1、2個の砂糖の塊、またはくずした砂糖を入れます"

　その後1676年にはジョン・ワーリッジが、瓶詰めのシードルとペリーに、「ルミアージュ」と「デゴルジュマン」の工程(動揺と澱抜き)が用いられていることを記している。瓶をひっくり返して熟成させる方法だが、当時はこうしたフランス語の用語は使われていなかった。フランスではまだこうした工程が知られていなかったからだ。

次ページ:良質のペリーは、市販の「ペアシードル」よりも、
良質のワインやシャンパンのほうがちかい。

シードルの基礎

スパークリング・ワインやシードル、ペリーをうまく瓶詰めするためには瓶も必要だが、瓶ならなんでもよいわけではない。なかで発生する炭酸の圧力に耐える強度がなくてはならない。こうした強度をもつガラスの発明時期は不明だが、1632年には、サー・ケネルム・ディグビー(スクダモア卿の友人)が雇ったガラス職人が、この技法を習得したと宮廷で述べており、同年に、スクダモアがシードルとペリーの瓶詰めを行っている。ほぼ1世紀後、フランスはようやくシャンパーニュ用の瓶を手に入れ、この強化ガラスを「ヴェール・アングレ」(イギリスのガラス)と呼んだ。

世界でもっとも有名なペリー用の木の子孫は、今もホルム・レイシーに残っている。数本の枝が根付いているだけだが、1790年の記録には、3000平方メートルあまりにも広がり、年に9トンもの実が採れたとある。ヘレフォードシャーとその近隣のグロスターシャーとウスターシャー州は当時も今も、世界最大のペリー生産地であり、地元の人々は「ペリー用の洋梨がうまく育つのはメイ・ヒルが見える土地だけ」と言ってはばからない。グロスターからロス＝オン＝ワイまでの地域だ。

だがこの地でさえ、ペリーは姿を消しかけた。原因はひとつではないが、19世紀に多くの農民が、ペリー用の洋梨は金にならず、手間ひまかける価値がないと判断したことが大きい。後にこれを増やそうという運動が起き、20世紀にはさまざまな品種が生まれたものの、いまだに数は増えない。1950年代には、フランシス・シャワリングという熱心なペリーファンが、商業用ペリーの生産を行えるだけの大規模な果樹園を作った。だがつきあいの悪い梨の木は、なにもしてくれなかった。

ペリー作りに数回チャレンジしたのち、シャワリングは濃縮梨果汁を輸入することにした。そして生まれたベビーシャムは、ある世代の、とくに女性をペリーにひきつけた。だがその多くは、漫画のかわいいシカが出てきて宣伝するシャンパン・ボールで出す甘ったるい酒が、実はペリーであることには全然気づいていなかった。ひと世代あとには、もう少し大人っぽく、「楽しく、すばらしい、そして女性向け」をうたうランブリニが同じような飲み

左端と右端：ペリー用の洋梨の木。1本だけで立っていることが多い。

物を発売する。だがとても安っぽく、アルコポップ好きの人たちでさえ優越感をもてるような代物だった。

　結局こうしたブランドが植えつけたあか抜けないイメージと、ペリーを正しく知る人が少なかったこともあり、コマーシャル・ブランドの一部が「ペアシードル」を売り出す事態になる。シードルに似ているが、リンゴではなく梨から作った酒というわけだ。これによって混同に拍車がかかったのはまちがいない。市販のペアシードルは、ペリー用の洋梨ではなく輸入の濃縮梨果汁を原料とする。「梨の風味のアップルシードル」まであるし、食用梨を完全に発酵させたものもある。キャンペーン・フォー・リアル・エール（CAMRA、伝統的エールの復興を目的としたイギリスの消費者団体）は「ペアシードル」を認めないが、全国シードル生産者協会（National Association of Cider Makers）は、ペリーとペアシードルの名称をどちらも使用可能としている。

　このためペリー好きにとっては、もやもやしてイライラが募り、試しに飲んでは舌を危険にさらし、何度もトイレに立つ状況が続く。だが神のおぼし召しがあればこのうえない喜びを手にできる。ペリーとは緻密で繊細で、経験したことがないほどすばらしい味わいが得られるものだ。だが、すぐには手が届かない。飲み続けていれば、たどり着ける。すぐそこ、つぎの角を曲がったらいきなり音をたててキスしてくれるかもしれない。だがなかなかそうはいかないものだ。

　私は、ヘレフォードシャーのシードルとペリー生産者であるトム・オリヴァーにこの説を披露してみた。広く認められている人物で、グロスターシャーのケヴィン・ミンチューとオリヴァーは、世界最高のペリー生産者の双璧だ。オリヴァーは微笑み、「そのとおり。ペリーとは旅です。最初のひと口だけではわからない。飲むほどに隠れた深い味に気づく。この15年で作ったペリーをたどってみても、あなたがつぎの角を曲がったときに出せるペリーは3つしかありません。それも、当たり年にしかできないことなのです」

　それなら、飲み続けたほうがよい。

上：ペリー用梨は見た目も味も食用の洋梨とは似ていない。こぶりの曲者だ。

シードルの基礎

シードルのテイスティング

暑い日に冷やしたシードルを瓶からゴクゴクと飲んでいると、立派というか偉そうな人が現れ、その飲み方はまちがっている、と忠告するはずだ。

味蕾がとても発達していて、人より風味に非常に敏感な人がいる。また、味はその他の刺激とは切り離せず、背景や環境、雰囲気、記憶などすべてが「味」に違いを生むことを証明したという研究機関もあるようだ。

だから、なにかを味わう方法に正しいも間違いもない。とはいえ、本書を読んでいるのだから、おそらくはシードルがもつ風味を完璧に味わいたいと思っているだろう。そこで、このテイスティング・ガイドだ。だが、これが正しい飲み方だ、と言っているわけではなく、シードルのもつ性質すべてを味わうには一番の方法を提供しているだけだ。あなたがそれを望んでいるとしたら、だが。

料理も酒も味わう原則は同じだ。「テイスティング」というと、舌で行うものだと考え、「味」とか「風味」という言葉を使うが、五感すべてを働かせるものなのだ。

1
目で楽しむ

「最初のひと口は目で」とはよく言われるせりふだ。見た目は、どのようなシードルかを判断する手がかりになる。ライトでクリーンか、それともヘヴィーでリッチだろうか。

2
グラスを回して香りを確かめる

「風味」は実際には味と香りであり、その大半は香りだ。瓶からじかに飲むと、風味成分の80パーセントほどを逃すというもったいない結果になる。グラスを回して香りを立て、鼻で何度か吸い込もう。もったいぶって見えるかもしれないが、やってみよう。だれも見てはいないから。

3
ひと口含む

「ひと口」とは、口に十分含むことだ。風味の受容体は舌の先ではなく、口のなか全体にある。受容体がしっかり触れるほど、シードルからたっぷりと風味を感じ取れる。口のなかでシードルを回すようにして、口全体で触れよう。注意すべきは、口がどう感じるか集中することだ。受け取る刺激が脳に伝わり、脳がどう反応するのか感じ取ろう。

4
忘れずに飲む

そうしたいなら吐き出してもよい。専門家としてシードルやワインをテイスティングしているのなら、1日に100種類も口に含むため、やりとげるためには全部吐き出すしかないだろう。だがコンペティションの審査員ではないのなら、飲むのも大事な部分だ。飲んだあとに口に残る余韻を確かめたら、テイスティングはひとまず終わりだ。

まず、シードルを適量そそげるグラスを選ぼう。グラスの口は、鼻で十分に香りをかぎとれる大きさが必要だ。ワイン・グラスに、半分ほどそそぐのがベストだ。では、はじめよう。

温度

シードルは冷やして供するのがベストだ。生あたたかくても、冷たすぎてもいけない。冷やしすぎると、風味がわからなくなる（一部のコマーシャル・ブランドが冷たいシードルを薦めるのはまさにこのためだ）。暑い日にはしっかりと冷やしたいところだろうが、風味をきちんと楽しみたいなら、8-10℃程度が最適だ。

5 もう一度！

おいしければ、もっと飲みたいと思う。おいしく飲むためにテイスティングするのだから。だが飲む量が増えると、味は変わる。甘味や、強い風味は量が多くなるとうんざりした味になることもあるし、ごく繊細な風味が非常にくっきりとした味になることもある。グラスの3分の1ほどまで飲むと、味を十分につかめるだろう。

テイスティングのマーク

30、33ページに掲載したおおまかな分類に続き、本書で紹介するシードルを知る一助となるよう、特徴を表すマークを考えた。どのシードルも、以下の性質を少なくともひとつかふたつはもっているだろう。

 スティル：非発泡性。

 スパークリング：伝統的な酵母由来の発泡性か炭酸ガスの圧入によるもの。

 ビッグ：フルボディで力強く、ジューシー。

 タンニンが強くドライ

 バーンヤード（裏庭）のようなファンキーさ：チーズ、スパイシー、または土っぽいニュアンス。

 果物の添加：または他の風味を添加。

 キーヴド：アルコール度数が低く、甘味がかなり残る。

 カルヴァドスまたはその他のアップルブランデー

 ポモー：または同様の蒸留酒やシードル、リンゴジュースの混合酒。

 アイスシードル／シードル・ド・グラッセ

 ペリー：洋梨の果汁を発酵させた酒。

 ワインのような：ワインに匹敵。繊細で洗練されており、甘味と酸味のバランスがとれ、渋味はほぼない。

 リフレッシング：ほのかな風味で、のどの渇きをいやす。ビールと同じように飲まれていると思われる。

＊アップルブランデー、アイスシードル、ポモーは、注意書きがないかぎりスティルである。

PLANET CIDER
世界各地のシードル

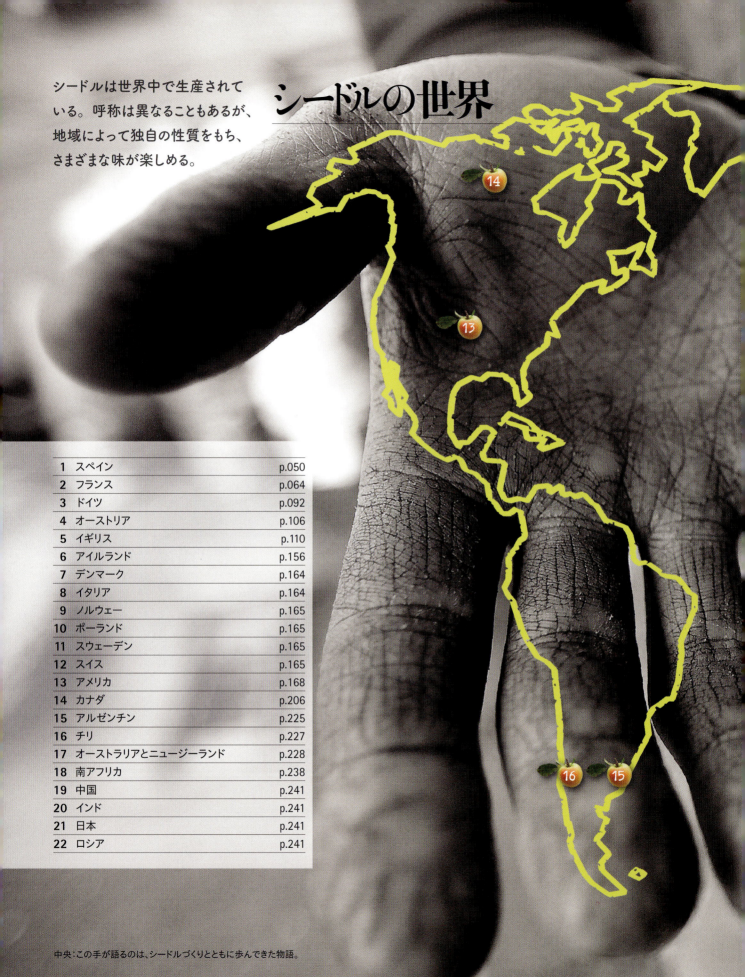

シードルの世界

シードルは世界中で生産されている。呼称は異なることもあるが、地域によって独自の性質をもち、さまざまな味が楽しめる。

1	スペイン	p.050
2	フランス	p.064
3	ドイツ	p.092
4	オーストリア	p.106
5	イギリス	p.110
6	アイルランド	p.156
7	デンマーク	p.164
8	イタリア	p.164
9	ノルウェー	p.165
10	ポーランド	p.165
11	スウェーデン	p.165
12	スイス	p.165
13	アメリカ	p.168
14	カナダ	p.206
15	アルゼンチン	p.225
16	チリ	p.227
17	オーストラリアとニュージーランド	p.228
18	南アフリカ	p.238
19	中国	p.241
20	インド	p.241
21	日本	p.241
22	ロシア	p.241

中央：この手が語るのは、シードルづくりとともに歩んできた物語。

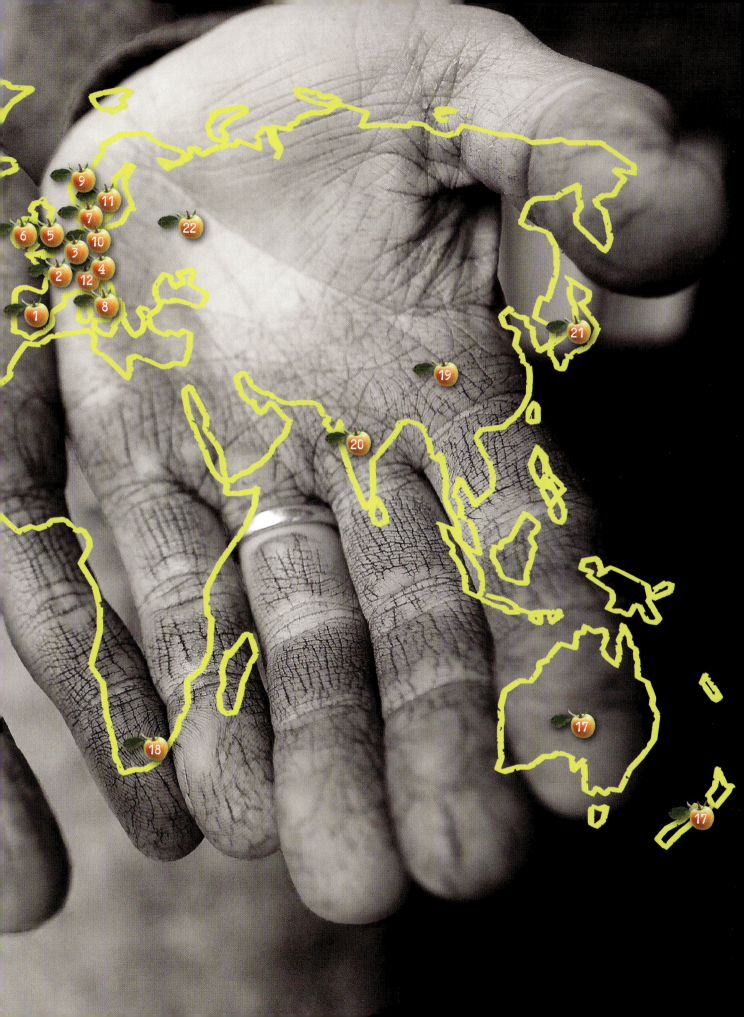

E   U   R

O P E
ヨーロッパ

SPAIN
スペイン

世界各地のシードル──スペイン

スペイン

酒好きに、スペインと言って連想するものを聞けば、「ワイン」というだろう。シェリーやリオハ、テンプラニーリョなどワインで有名なスペインは、ブドウ栽培面積が世界最大、ワイン生産量ではフランス、イタリアに次ぐ第3位（2012年現在）の国だ。

だが酒の世界はそれほど単純ではなく、スペインもそうだ。地域色が非常に強いこの国は今も中央集権国家への抵抗意識をもち、地域ごとのアイデンティティが、多様性豊かな料理や酒の伝統となって表れている。

北部沿岸はスペイン人が休暇を過ごす地域だ。スペイン南部には、温暖さを求めてヨーロッパから多くの人が集まるが、地元スペイン人はエスパーニャ・ヴェルデと呼ばれるスペイン北部大西洋沿岸部でのんびり過ごし、ガリシアのビスケイ湾、アストゥリアス、カンタブリア、バスク地方の涼しい海洋性気候を楽しむ。カンタブリアとバスク山脈は他地域に対する地理的障壁となり、この地方はつねに侵略に抗ってきた。そしてほかより降水量が多く、山脈の北斜面には木々が青々と茂り、リンゴ栽培にうってつけの地でもある。この地の人々がもつ強い地元意識は、ここがシードル誕生の地だという主張にも表れている。

スペインのシードル生産者なら、ギリシャ人地理学者ストラボン（ストラボ）が、ワイン生産量が少ないこの地方では、紀元前60年にシードルが生産されていたと記していることに触れない者はいない。だがひとつ問題がある。ストラボンが書いているのはギリシャ語でビールを意味するジトスなのである。同じ文書のほかの箇所では、大麦をベースとした酒としており、明らかにビールのことだ。ストラボンが、まったく異なる飲み物に、とくに断り書きもなくこの言葉を使ったとは考えられない。

そこで、アストゥリアスの人々はプリニウスを引き合いに出す。プリニウスは、この地域には当時大麦はほとんどなかったが、リンゴは豊富だったと書いている。シードルの生産にかんする最初の記録から何世紀もシードルをさす言葉がなかった点を考慮すると、ローマ人がシードルをよくワインと呼んだように、ストラボンもシードルに「ジトス」をあてたとするのが妥当だ、と。

これを受け入れると、アストゥリアスの人々がシードルの製法を他に広めたという話ももっともらしくなる。「ローマ軍とともにイギリス征服に向かったアストゥリアス軍団の記録（Hispanum Asturium）が残っているのです」。アストゥリアス産「シードラ」の熱心な推奨者、エドゥアルド・コトは言う。「一般には、ローマ人がシードルをイギリスにもち込んだとされていますが、実際にはアストゥリアス人だったのではないでしょうか。紀元794年にシャルルマーニュの帝国内に設置された評議会にもアストゥリアスの宮廷のメンバーたちがいた。これが今のヨーロッパのシードル主要産地、フランクフルトの起こりにつながっています。これは果たして偶然の一致でしょうか？」

8、9世紀ころの遺言書には、シードルと果樹園にかんする記述が何百もあり、「ワイン用ブドウ畑と果樹園」と一緒に書かれたものが多く、酒作りのための果樹園だったのではないか。シャルルマーニュがとくにシードルについて言及したこともわかっており、「シードル醸造所（シセラトール）」の場所までは述べていないが、その統治期に、アストゥリアスほどリンゴ栽培とシードル生産が確立していた地域はなかったという証拠は多い。12世紀には、リンゴ栽培がアストゥリアス経済の中心にあった点はまちがいない。

またはっきりと言えるのは、今、この地方がシードルにそそぐ情熱の大きさだ。「シードルは単なる酒ではありません。ここではライフスタイルなのです」と言うテス・ジェウェル＝ラーセンは、この地方に住むシードルのライターだ。アストゥリアス人は1年にひとりあたり平均54リットルのシードルを飲む。世界のどこよりも多い。アストゥリアス産「シードラ」はEUから原産地呼称保護（PDO）の認定を受けており、リンゴ栽培者やシードル生産者、そして「シドレリア」［シードルを出す店］を規制委員会が監視している。

シードルは「エスパーニャ・ヴェルデ」全域で生産、愛飲されているが、その中心がアストゥリアスだ。この地域の首都オヴィエドの空港を出ると、道路脇に「シドレリア」が散見される。「リンゴの町」ビリャビシオーサ（「肥沃な谷」の意）にはほかのどこよりも、シードル専門のバルが集中している。ここにはスペイン最大のシードル・ブランド、エル・ガイテロの本社がある。ここは、町の中央広場に立っている4体の音楽家の像のひとつになぞらえ、「パイ

はじめに

パー」と呼ばれている。輸出用シードルはすばらしいスパークリング・シードルで、わずかにかび臭く少々スモーキーだ。だがスペイン全土のスーパーマーケットで販売されているのは、多くが、シャンパン風のABV4パーセント程度、ライトで微発泡の瓶入りだ。これらは、旅行客向けのカン入り輸入シードルではなくスパークリング・ワインと並んでおり、1本2ユーロ程度だ。キレがありフルーティでリフレッシングなシードルは、市販の安いシードルがかならずしもまずいわけではないことを証明しているものの、シードル愛飲家が喜ぶようなレベルではない。

伝統的なアストゥリアス産「シードラ・ナチュラル」に、イギリスはイングランド南西部(ウエスト・カントリー)のシードルや、フランクフルトの「アプフェルヴァイン」を思い浮かべる人もいる。この比較は、エドゥアルドのシードルのアストゥリアス発祥説に真実味を増すものかもしれない。だがこのシードラには、両者やその他シードルとの決定的な違いがある。フランスとイギリスのシードルはビタースイートの専用リンゴをベースに、味のバランスと香りをシャープな専用品種で補う。だがアストゥリアスではシャープな専用品種が主役であり、酸味のある品種が40パーセント、やや酸味のある品種が25-30パーセント、10-15パーセントがスイート、そしてビタースイートまたはビター品種を20-25パーセントの割合でブレンドする。このブレンドからは、天然酵母による発酵で、高い濃度の揮発性有機酸が生じる。酢酸の発生だ。世界の大半のシードル生産者はこれを技術的欠陥とするが、これこそスペインの「シードラ・ナチュラル」の特性で、ヨーロッパのPDO定義のひとつでもある。大半のシードルでは、酢酸は1リットルあたり0.5グラム以下におさえられている。2グラムを超えるとビネガー(酢)になり、大半の人は飲めない。「シードラ・ナチュラル」は1リットルあたり約1.5グラムと高い。だが、あとで紹介するが、供し方が正しくないかぎり、「シードラ・ナチュラル」とは認められない。

バスク地方の「サガルド」は、アストゥリアスの「シードラ」よりも揮発性有機酸の含有量が高く、1種類のみを作る小規模な家族経営の醸造所で生産されることが多い。貯蔵庫で大きな栗の樽に保存され、一般に開放されている。1月から4月までは、70軒以上ものシードル醸造所が集まるバスク地方では「チョッチ」(txotx)の季節だ。これは、大きな樽の小さな栓が抜けるときの音に由来する。通りには屋台が並び、シードルは安売りされて品切れになる。暖かくなると、大量のシードルが瓶詰めされる。バスク地方とアストゥリアス地方ではどこに行っても、歓迎の言葉と同時にシードルが出され、気前のよさと温かさがついてくる。この地方のシードルの生産量は増減してきたが、現在では政府が支援し増加中だ。酸味の強いシャープな「シードラ」は万人受けするわけではないが、新しいスタイルのヌエヴァ・エクスプレシオンのシードルはバランスがよく、ワインのようだ。

一般には、スペインはなによりワインが有名だろう。だがワインを飲んでも、シードラほど心は躍らなかった。

左:エル・ガイテロの古い広告より。「真実を語る飲み物」
下:アストゥリアス州ビリャビシオーサにあるエル・ガイテロ本社。世界でもヤシの木があるシードル生産地は少なく、人目を引く

中央:エル・ガイテロの
巨大な栗の木の貯蔵樽。
大規模であることはかならずしも
悪いことではない。

世界各地のシードル——スペイン

エスカンシアール

シードルの伝統は2000年前までさかのぼることができ、これがひとつの文化だとすると、儀式や演技めいたものを期待する人もいるだろう。そしてスペイン北部でシードルを供する方法は、その期待を裏切らない。

「シドレリア」で「シードラ」のボトルを注文すると、ウェイターがそそいでくれる。特別にあつらえた場所でやることもある。ふつうのそそぎ方とは違うからだ。口が広くずんぐりしてはいるが、人の口にはやさしいグラスを左手に、できるかぎり低くもつ。ボトルは右手に、できるだけ高くもつ。グラスとボトルが1メートルほど離れているのが理想だ。

熟練の注ぎ手、「エスカンシアドール」は、グラスの真上でボトルを傾け、シードルを空中に「放つ」。完璧に行えば、シードルはグラスの内壁面にあたり、非常に薄いグラスは衝撃で振動する。シードルがグラスに2、3センチたまったら客は即座に飲み、身振りで、「エスカンシアドール」にもう1杯と促す。

この「エスカンシアール・ウン・クリン」と言われるそそぎ方は、ウェイターのパフォーマンスというだけではない。ボトルからグラスへと短時間で派手にそそぐことでシードルに空気をふくませ、その結果、客に手渡すときにはムースのようなスパークリング・シードルになっている。口あたりがよく、また、「シードラ」独特の酸味を軽くし、ふつうにそそぐときよりもずっとまろやかになり、酸味が強いフラットなシードルをシャーベットのように変えてしまう。自分でもこれを（シンクの上で）やってみたが、同じボトルからそそいだ同じシードルでも違いは明らかだ。問題は、この効果が1分ほどしか持続しない点だ。このため、一番おいしく飲みたければ、少量をぐいっと飲まなければならない。「シード

左と中央:「エスカンシアドール」のスキルを完璧に身に着けるには一生かかることもあるが、友人がたくさんできる。
下:なめらかなシャーベットやムースのようなシードルはすぐに飲むのが一番。一気に。

ラ」のボトルが世界中のコンペティションやフェスティバルに送られても、正しいそそぎ方を知っている人がついていないと、この独特なスタイルが誤解され、不当な悪評を得ることもしばしばだ。

　「シドレリア」に話を戻すと、ひと口程度をそそぐためのものだから、最初のひと口で飲みほせず泡が消えたシードルが残った場合は、口にせず、床に捨てるのがごく一般的だ。これ専用の溝を備えている「シドレリア」もあるが、たいていは、ひと晩過ごすと、べとべとになった床に靴がくっついてしまう。

　エスカンシアールとは本来、伝統的な醸造所で、巨大な栗の木の樽からじかにそそぐためのものだった。樽の小さな栓を抜くと、穴から一気に出ようとする勢いで、シードルは空中に弧を描いて放たれる。高い位置のボトルからそそぐのも特殊なスキルなら、片手で樽から栓を抜き、もう一方の手は樽から遠く離してグラスをもつのも見るべき技だ。弧を描いて飛んでくるシードルを、グラスの正しい位置で受け取るのだ。小さな美しいグラスには危険がともなう。あっという間に自分が飲んだ量がわからなくなってしまう。アストゥリアス人が年に平均54リットルものシードルを飲むとなると、「シドレリア」の「エスカンシアドール」は年中大忙しにちがいない。

世界各地のシードル──スペイン

「シドレリア」とスペイン料理

なにを飲むにしても、スペインには世界最高の飲酒文化がある。どこに行っても、バルは多数あってリラックスできるし、時間を問わず、小さなグラスで一杯やる。飲むときには、簡単な軽食も一緒に摂ることが多い。

スペイン以外にもタパスのレストランはあるが、タパスとはなにかを理解していない場合が多い。「タパス」とは食事ではなく、主菜でも前菜でもなく、酒に合わせるつまみのことだ。1軒のレストランでいくつか頼んでシェアすることもあれば、1杯ごとに頼み、店をはしごする場合もある。

たいていは、料理と酒の伝統は競い合いながら発達するもので、スペイン北部のシードル生産地も例外ではない。この地では、タパスは「ピンチョス」(バスク地方では「pintxos」、スペイン北部のその他では「pinchos」)といい、楊枝や串を刺していることからついた名だ。地元の人は家ではなく「シドレリア」でシードルを飲む。伝統的な

「シドレリア」はシードルしか出さないが、さまざまな酒を出す「チグレ」(バル)も増えている。昔からあるバスクのシードル・バルでは食べ物は出さず、客は自分でもち込むものだが、これも現在では様変わりしている。

「シードラ・ナチュラル」の酸味は脂っこい食べ物を引き立てる。脂っぽさをやわらげ、おいしくしてくれるのだ。チョリソのシードル煮は完璧のひとことで、スペインのどのレストランやバルにもかならずある。塩漬けタラと厚いリブアイステーキも、酒の友にぴったりでよく出される。

それからチーズもある。シードルとチーズはシードルとポークと同様お似合いの組み合わせで、チーズは「エスパーニャ・ヴェルデ」の大きな誇りだ。バスクでは羊乳のチーズがすばらしく、しっかりとしたスモーキーな「イディアサバル」は、シャープな「サガルド」に合わせるのにぴったりだ。アストゥリアスも負けてはおらず、「エル・パイス・デ・ロス・ケソス」(「チーズの国」)と言われることも多い。濃厚なブルーチーズ、「カブラレス」は、シードル同様「デノミナシオン・デ・オリヘン」(原産地呼称制度)を受け、スペイン全土および国外でも有名であり、その酸味は「シードラ」によく合う。

一番有名な郷土料理が「ファバダ・アストゥリアナ」で、チョリソ、白インゲン豆、ブタ肩肉、「モルシーリャ」(ブラック・プディング)で作ったこってりとしたシチューだ。シードルがそれぞれの材料とよく合い、材料どうしの相性もよい。だがアストゥリアスは魚介類でも有名だ。新鮮なイカやカニ、ウニ、スズキが風味満点で、きりっとしたシードルには、クリーミーな料理よりもよく合う。

「シドレリア」は形式ばらない素朴な店だが、一部、巨大化した店もある。サン・セバスチャンのペトリテギは、700席もあるのに予約がとれないことも多い。店にある1万5000リットルもの容量の樽もこの一因だろう。1年中、客は自分でこの樽からシードルをそそげるのだ。

実際、サン・セバスチャンには世界のどこよりミシュランの星を獲得した店が多い。人気店のメニューには特産のリオハ・ワインが載っているほうが一般的だが、シードルはまちがいなく、世界でもっとも称賛される料理の中心にある。

上と次ページ:「シドレリア」に集まる客の年齢層は幅広い。
右:「シドレリア」のチェーンであるティエラ・アストゥラ。新しいしつらえの店でシードルを飲む。

世界各地のシードル──スペイン

スペイン──推奨シードル

ブスネゴ
[BUZNEGO]
アストゥリアス州ビリャビシオーサ、ヒホン
www.sidrabuznego.com

**サピカ・シードラ・
テ・アストゥリアス**
[Zapica Sidra de Asturias]
（ABV6パーセント）

黄金色でかすかにグリーンがかった明るい色調。熟れたリンゴのクリーンな香りがして、ハチミツと新鮮な草のノートとともに非常にフルーティな風味が続く。おだやかな酸味の余韻が長く残る。バランスがよい。

カセリア・サン・フアン・デル・オビスポ
[CASERÍA SAN JUAN DEL OBISPO]
アストゥリアス州シエロ、ティニャーナ
www.caseriasanjuandelobispo.com

ラルキタラ・デル・オビスポ
[L'Alquitara del Obispo]
（ABV40パーセント）

芳香性のあるリンゴと蒸留酒の香り。きりっとしてドライなリンゴの果肉と皮のしっかりとした風味は、繊細だが温かい。地元には、3人のノルマン人騎士がレシピを奪おうとして、この酒を作った司教を殺害したという伝説がある。

カスタニョン
[CASTAÑÓN]
アストゥリアス州ビリャビシオーサ、キンテス
www.sidracastanon.com

**シードラ・ナチュラル・
カスタニョン**
[Sidra Natural Castañón]
（ABV5.5パーセント）

これほど「ナチュラル」という言葉が合うシードルもない。かび臭い香り、わずかなチョーク臭、天然酵母、リンゴのなかに感じられる葉と芯の香り。リンゴだけではなく、果樹園全体を味わっているかのようだ。

コルティナ
[CORTINA]
アストゥリアス州
ビリャビシオーサ、アマンディ
www.sidracortina.com

シードラ・ナチュラル
[Sidra Natural]
（ABV6パーセント）

黄色にかすんだ色調。甘いリンゴとバニラ、それに特徴的なやや酸味のきいた香り。ライトでぴりっとした味わいで、かなり酸味があるが、ほかを隠すほどではない。

**ビリャクベラDOシードラ・
ヌエヴァ・エクスプレシオン**
[Villacubera DO Sidra Nueva Expresión]
（ABV6パーセント）

薄い金色でグリーンがかった色調。微炭酸。繊細で熟れた果実のノート。フローラルでライトな香りで、ごくやさしい酸味と、かすかに木のような渋味が感じられる。

推奨シードル

エル・ゴベルナドール
[EL GOBERNADOR]
アストゥリアス州ビリャビシオーサ
www.sidraelgobernador.com

**シードラ・ブリュット・
ナチュレ・エミリオ・マルティネス**
[Sidra brut nature Emilio Martínez]
（ABV8パーセント）

鮮やかなグリーン・アップルとかんきつ系の香り。それに続く新鮮な果実の風味は丸みがあるがシャープさももつ。ドライで生き生きとしたあと味。

ヘルミニオ
[HERMINIO]
アストゥリアス州オヴィエド、コリョト
www.llagarherminio.com

**ジトス・ヌエヴァ・
エクスプレシオンDO**
[Zythos Nueva Expresión DO]
（ABV6パーセント）

黄金色にかすんだ深い色調。グリーン・アップルの酸っぱい香りに、新鮮な果実のドライでフェノールのような風味が続き、ドライで収れん性のあるあと味。

JRカブエニェス
[JR CABUEÑES]
アストゥリアス州ヒホン
www.sidrajr.es

シードラ・ナチュラル
[Sidra Natural]（ABV6パーセント）

薄い金色で、フレッシュ、クリーンな香り。木のニュアンスももつ。ライトで丸みをおびた風味で、かすかに酸味がある。ソフトで心地よく、ドライなあと味。

ロス・セラノス
[LOS SERRANOS]
アストゥリアス州リバデセリャ
www.licoreslosserranos.es

アグアルディエンテ・デ・マンサナ
[Aguardiente de Manzana]
（ABV40パーセント）

1895年創業の家族経営の醸造所。さまざまな果物からリキュールと蒸留酒を製造。このシードルは時間をかけて生産し、リンゴの性質、樫の大樽と蒸留酒の温かみのバランスが完璧になるまでじっくりと熟成させる。

イサステギ
[ISASTEGI]
ギプスコア州トロサ
www.isastegi.com

シードラ・ナチュラル
[Sidra Natural]
（ABV6パーセント）

黄色にかすんだ色調で、ファームヤード（農家の庭）のような香りが強く、酸っぱい香りも。口のなかで酸味の強いリンゴの風味が広がり、おだやかな甘味と大胆な酸味をもつ。渋いあと味。

世界各地のシードル――スペイン

メネンデス
[MENÉNDEZ]
アストゥリアス州ヒホン
www.sidramenendez.es

ヴァル・ドルノンDO（シードラ・ナチュラル）
[Val d'Ornón DO (Sidra Natural)]
（ABV6パーセント）

藁の黄色で、果樹園に連れて来られたようなクリーンでフルーティな香り。口に含むとバランスがとれた味わい、軽い酸味と心地よいあと味。

パニサレス
[PANIZALES]
アストゥリアス州ミエレス
www.llagarpanizales.com

シードラ・デ・ヒエロ・パニサレス
[Sidra de Hielo Panizares]
（ABV9.5パーセント）

このめずらしいアイスシードルは銅のようなあめ色で、リンゴの皮、桃、バナナの香りがする。カナダ産アイスシードルにくらべ残留糖度が少し低く、微発泡。このため強烈な味わいではなくフレッシュでフルーティ。

ペトリテギ
[PETRITEGI]
ギプスコア州アスティガリャガ
www.petritegisagardoa.com

シードラ・ナチュラル
[Sidra Natural]
（ABV6パーセント）

薄い黄色で酸味種のリンゴとレモンの香りがする。口に含むとかんきつ系の風味がし、ミディアムボディ。シャープで酸味の強いリンゴの刺激を感じる。このシードルは、正しく味わうためには正しいやり方でそそぐのが肝心だ。

トラバンコ
[TRABANCO]
アストゥリアス州ヒホン
www.sidratrabanco.com

シードラ・ナチュラル
[Sidra Natural]
（ABV6パーセント）

アストゥリアス最大のシードル・メーカーのひとつで、大規模であることとおもしろみのなさが同義ではないことを証明している。まず、果汁だけでなくリンゴ丸ごとの香りがする。熟れたリンゴと調理したリンゴ、かすかなハーブ、ほどよい渋味、天然酵母のファンキーさ、強い酸味が複雑に混ざり合った風味をもつ。

ポマ・アウレア・シードラ・デ・アストゥリアス
[Poma Áurea Sidra de Asturias]
（ABV6.5パーセント）

アストゥリアス地方最高の果樹園で手でもいだリンゴを選び、昔ながらの木製の圧搾機で搾汁し、これも昔ながらの木製の樽で発酵させる。これを新鮮なリンゴ果汁とボトルに詰め、瓶内二次発酵を促す。この結果、リンゴとバーンヤードの香りが強い、非常にドライなシードルが生まれる。果樹園の果物、花、ドライフルーツと、何層にも香りが重なり続く。

| **ヴァリェ、バリーナ・イ・フェルナンデス**
[VALLE, BALLINA Y FERNÁNDEZ]
アストゥリアス州ビリャビシオーサ
www.gaitero.com

エル・ガイテロ・エクストラ
[El Gaitero Extra]
(ABV5.5パーセント)

高品質のスパークリング・シードル。スペインのスーパーマーケットで安価で販売されていることは驚きだ。フルーティな香りとライトでフレッシュ、わずかに酸味のある味わいはこの地の気候にぴったり。

| **ヴァルヴェラン**

アストゥリアス州サリエゴ
www.llagaresvalveran.com

シードラ20マンサナス
[Sidra 20 Manzanas]
(ABV10パーセント)

ヴァルヴェランは2010年にシードル生産をはじめ、アストゥリアスの伝統を、ワイン作りに影響を受けた現代の製法と組み合わせている。このめずらしいアイスシードルはオーク樽で12か月熟成させる。厚みのあるリンゴの甘さに、ハチミツと樫、バニラのニュアンスが織り交ざり、（アイスシードルとしては）いっぷう変わったファンキーさをもつ。

ヴィウダ・デ・アンジェロン
[VIUDA DE ANGELÓN]
アストゥリアス州ナヴァ
www.viudaangelon.com

プラウ・モンガDO
[Prau Monga DO]
(ABV6パーセント)

黄色がかった金色で微炭酸。熟れた果実の香りが強く、酸味のきいたバランスのとれた風味。アストゥリアス・スタイル・シードルの典型例。

| **サピアイン**
[ZAPIAIN]
グイプスコア州アスティガリャガ
www.zapiainsagardoa.com

シードラ・ナチュラル
[Sidra Natural]
(ABV6パーセント)

バスク地方最高のシードルハウスのひとつで生産されるハウス・シードルで、「チョッチ」に最適。ライトで、食事やテイスティングの最初にもってくるのによいシードル。冷やして飲むとおいしい。

| **セライア**
[ZELAIA]
グイプスコア州ヘルナニ
www.zelaia.es

シードラ・ナチュラル
[Sidra Natural]
(ABV6パーセント)

これも「チョッチ」向きシードル。黄色にかすんだ色調で酸っぱいリンゴとかんきつ系やレモンの香り。わずかに酸味があり、ミディアム・ドライの余韻が長く続く。

FRANCE
フランス

フランス

難しい関係にあった歴史を映すかのように、フランスとイギリスは、世界最高のシードル生産国の称号を競っている。両国のシードル通(つう)たちは、自分の国が優っているとゆずらない。ヘレフォードシャー州とノルマンディのペリー。ブルターニュ地方のブルトン人が作る「シードル・ブリュット」とサマセット州のファームハウスのサイダー。どれも優劣はつけがたい。

まず、この2国の世界に対するアピール手法と、大きく変化する勢力図を見てみよう。世界最大のシードル生産国であるイギリスは、ストロングボウやバルマーズといったブランドを有し、輸出先は増加中だ。こうした、濃縮果汁と水、糖で作った工業的なコマーシャル・ブランドの甘口シードルは本物のシードルがもつ性質を欠いているため、巧妙なマーケティングとデザインでこれを補っている。

対してフランスのシードルは、生産地以外で目にすることは難しい。だが生産地以外で目にするときはおそらく、コルクとワイヤーで栓をし、1930年代から変わらぬ優雅なラベルを貼ったシャンパン・スタイルのボトルに美しく詰めた状態のものだろう。高級レストランでそれなりの価格で出され、客はその品質に恍惚となる。同時にフランスは、シードルがいまだに退屈で古臭いとみなされている数少ない国のひとつで、愛飲家の年齢層が上昇するにつれ、売り上げも停滞するようになった。

だが1世紀前には、フランスではワインよりもシードルの消費量のほうが多かった。シードルが制度上の不利益を長くこうむらず、数度の非運に見舞われることもなく、今までどおり世界の高級料理界を、フランスが席巻していたとすれば、ワインではなくシードルこそを友にフランス料理は発展していただろう。

シードルは、フランスの歴史をはるかにさかのぼれることはたしかだ。化石化したタネや、フランスの洞窟で見つかった先史時代の驚くべき壁画を見れば、人がずっとこの地域でリンゴを食べてきたことがわかる。カエサル率いるシードル好きのローマ人たちはここを経由してイギリス遠征に出かけ、ストラボは、ガリア［現在のフランスを含む地域］にはリンゴと梨の木が茂っていると書いた。シャルルマーニュが、領土に「シードル醸造所(シセラトール)」をおいて「ポマトゥム」と「ピラティウム」（シードルとペリー）を作るよう指示した当時、彼が統治するフランク王国は現在のフランスを中心としており、最終的に帝国名が国の名となっている。

11世紀には、コタンタン半島とノルマンディのペイ・ドージュ地区の果樹園がよく知られていた。だがフランスで実際にシードルが生まれたのは13世紀であり、このころリンゴの搾汁に劇的な改良が行われた（フランス人は「発明」と言う）。

しかし、リンゴはいつも2番手だった。西ヨーロッパのブドウ栽培地域と同様、ワインが高級酒で、シードルはおもに農民向けの安い代替酒だとされていたのだ。だがヨーロッパを小氷期がおおうと、フランス北西部の、冷涼な気候をもつノルマンディやブルターニュからブドウの木はしだいに姿を消し、リンゴが優勢になった。14世紀はじめには、農民だけでなく上流階級も果樹園にリンゴを植え、300品種ものリンゴが栽培されていた。とはいえシードルはまだ一般には低品質の酒だとみなされていたが、スペイン北部から数人の紳士がやってくるとそれも変わった。

スペインとフランス北東部は、ビスケイ湾を通る漁業のルートがあり長い交流の歴史をもっていたため、ビスケットなどスペインのビタースイート品種がフランスにわたり栽培されて、現在も広く使われている。15世紀末にはフランス王が、スペイン人ギヨーム・ドゥルススの戦争における働きに感銘を受け、ドゥルススにノルマンディの領地を与えた。ここでドゥルススは新しい品種を接ぎ木し、よりすぐれた栽培法と増やし方を導入した。1532年にフランソワ1世がドゥルススを訪ねたときには、ドゥルススの「ポム・デピス」（「スパイシーなリンゴ」）を数樽分買い、非常に洗練されたシードルを作っている。

ほかの生産者もドゥルススにならい、ビスケイ湾越しにリンゴと技術がもたらされて、リンゴの木とシードル生産技術の改良が

次ページ：ブルターニュ地方で行われる伝統的なシードルの熟成。

"19世紀末、政府の統計では、シードル生産の従事者は百万人にものぼった。フランスのリンゴ栽培面積は旧世界で最大になっていた。その後、いったいどうなったというのだろう"

進んだ。1588年、シャルル9世の主治医だったジュリアン・ル・ポルミエが、自著『ワインとシードルの決まりごと(De Vino et Pomaco)』のなかでシードルが健康によいと称賛すると、フランスでシードルの人気が出はじめた。

シードル人気はしだいに高まり、その後一気に火がついた。19世紀後半には、ブドウネアブラムシによるフィロキセラ禍がフランスのワイン生産を壊滅状態に追い込むと、ブドウ畑に代わってリンゴ果樹園が増えていった。そして1889年にはファビエンヌ・コセが、シードルはパリでワインにとって代わったと宣言した。19世紀末、政府の統計では、シードル生産業に従事する人は百万人にものぼった。フランスのリンゴ栽培面積は旧世界で最大になっていた。その後、いったいどうなったというのだろう。

結局、ワイン生産はもちろん回復し、国が強力にこれを後押しした。カルヴァドス生産が法律で禁じられ、リンゴ果汁とブランデーで作るアペリティフ、ポモーの全面禁止は何年も続いた。それぞれがブランデーやワインのライバルだったからで、フランスが自国のワイン産業保護にどれほど熱心だったか、この事実だけでもよくわかる。

さらにフランス産シードルは、フランス人にとってフランスのものとは言い切れなかった。二大シードル生産地であるノルマンディとブルターニュは、フランスの他地域とは異なるという意識がある。ノルマンディは侵略を受けて植民地化され、またブルターニュはフランスの一部であることに納得せず、ケルト民族のアイデンティティを維持した。シードル生産のもうひとつの中心地、ペイ・バスクも、独立したアイデンティをもつことで有名だ。

その後ふたつの大戦が勃発した。第一次世界大戦時には、政府がアルコールを徴用して製造施設も爆弾向けに転用したため、シードル生産ができなくなった。第二次世界大戦では、シードル産業はドイツの占領で荒廃し、とくにフランスのシードル生産の中心地ノルマンディは、連合軍侵攻後の激戦で破壊された。

戦後、シードルはさらに需要が減り、フランス人がワインのつぎに好むのはビールとなる。シードルはますます、古くて時代遅れの、おじいちゃんの酒というあつかいをされるようになり、夏にしか飲まないものになってしまった。だがフランス北西部中心地域での人気は衰えず、この地域の生産者は人気を取り戻そうと闘いはじめた。果樹園には、それまでの、ふしだらけで背の高い「オート・ティージュ」に代わり新しい「バス・ティージュ」(低木仕立て)で植えられ、収穫量と効率が大きく改善された。ノルマンディとブルターニュ地方では気候と土壌がシードル用リンゴに最適な環境であることから、どちらも地元産のシードルとポモー、アップルブランデーに「原産地呼称統制」(AOC)を設けた。

リンゴからはさまざまな製品が生まれた。料理と同様リンゴでも、フランスは自然の収穫物を最大限生かし、冷蔵庫のない時代に、できるだけ長期にそれを保存する創意工夫を見せた。新鮮なリンゴは生産者にとっては限りある命で、まもなく腐敗する。だがシードルにすると、リンゴの価値は増し、1年はもつ。シードルを蒸留してカルヴァドスにすると価値は大きく増して通貨代わりにも使え、長く保存がきく。カルヴァドスを生のリンゴ果汁とブレンドするとポモーになり、あらたな価値がくわわる。そしてテーブルに豊かな味わいをもたらすことは言うまでもない。

伝統的な手作りのシードルは火入れ殺菌しないため、清潔さへの配慮は不可欠だ。水、炭酸ガスや培養酵母はくわえないし、AOCに適合するためには、原料とするリンゴの割合が細かく規定されている。リンゴの60～70パーセントがビタースイートで、シャープな酸味のあるリンゴは10から15パーセント程度が一般的だ。イギリスのファームハウス・タイプと同じく、フランスのシードルはファンキーなバーンヤード(裏庭)の香りをもち、「メトード・アンセストラル」の製法によって、スティルよりもスパークリングのほうがずっと多い。このシードルを完全発酵前にビン詰めする手法は今も広く使用されている。キーヴィングという昔ながらの手法で保存と精製を行うと完全な発酵がさまたげられるので、必然的に甘味のあるスパークリング・シードルができるが、これは今日のノルマンディとブルターニュの大きな特徴のひとつとなる。甘い「シードル・ドゥ」はABVが3パーセントまで、やや甘口の「ドゥミ・セック」は3から5パーセントだ。辛口の「シードル・ブリュット」が5パーセント以上となる。

どの国でもそうだが、総生産量の大半はコマーシャルブランドによるもので、AOCの細かな規定に適合するものではない。一般には、新鮮なストレート果汁と濃縮果汁を50パーセントずつ使用し、殺菌して人工的に炭酸ガスをくわえる。できるだけ多くの消費者の口に合うよう、人工甘味料もくわえる。だがエキュソンやロイック・レゾンといったブランドのシードルは、職人のシードルとはくらべものにはならないものの、スタイルも中身も、ほかよりは本物のシードルの特性にずっとちかく、他国のコマーシャルブランドとは一線を画すレベルだ。

フランスでは、シードルはこれからもワインの下に位置するだろう。だが食事と酒をじっくりと味わう国では伝統と職人の技がつねに敬意を受け、二番手であっても、それはフランスが職人気質な伝統の技で世界をリードしていることを意味するのである。

上:シードルの販売。
次ページ、左上から時計まわりに:素朴な楽しみ。|フランスのシードルの自然な炭酸。|何年もかけておいしく熟成する——年月が十分であれば。|重要なのはリンゴだ。

世界各地のシードル──フランス

カルヴァドス

フランス産シードルはすばらしくはあるが、その生産者にとっては、製品の最終形ではない。シードルは、これよりはるかに特別な酒を作る工程でできるものにすぎない。

　ブランデー、ウイスキー、ジンはすでにヨーロッパ全土でよく知られていたが、16世紀半ばに、ノルマンディの王室林務官である自称グベルヴィル「卿」はワインの蒸留について学び、それをシードルに応用した。

　シードルの蒸留はうまくいき、多数のシードル生産者がグベルヴィルの手法を取り入れて、1606年にはノルマンディでシードル蒸留のギルドが結成された。だがフランス当局は、リンゴの生産が非常に良好であるため、貴重なワイン産業を保護すべきだと判断した（こうしたことは何度もあった）。そしてオー・ド・ヴィー・ド・シードルの生産は、ブルターニュ、ノルマンディ、メーヌ以外の地方では禁じられてしまった。

　こうした状況にあっても、この3つの地方では、オー・ド・ヴィー・ド・シードルの生産技術が改良された。フランス革命後、ノルマンディは「県（デパルトマン）」に分割され、そのひとつは「カルヴァドス」と命名されて、それがしだいにフランス北西部のアップルブランデーの名に使われるようになった。

　生産はごく一部の地域に限定されたものの、カルヴァドスの消費はしだいに広がった。19世紀のフランス産業革命にともない、工場そばにできたカフェやビストロでは「カフェ・カルヴァ」、つまりカルヴァドスを1杯入れたコーヒーの人気が高く、コーヒーだけが飲みたいときにそれを思い知らされることになった。そして、一時ではあったが、「まずいコーヒーにまずいカルヴァ、そしてまずい〈カフェ・カルヴァ〉」という人気のせりふも生まれた。とはいえ、おいしい「カフェ・カルヴァ」もたくさんありはしたのだ。

　第一次世界大戦中には政府が武器産業向けにアルコールを徴用したため、カルヴァドス生産は停止に追い込まれた。1940年のドイツによる侵攻時にも、同じ危険にさらされた。だがアルマニャックとコニャックは「原産地呼称統制」により徴用を免除されていたので、シードル生産者も、認定を受けられるよう迅速に動いた。カルヴァドスは1942年にその呼称を認められ、おかげで消滅を免れて、高い水準も維持できたのである。

　まずシードルを蒸留すると、フレッシュでフルーティなオーバートーンをもつ透明な「オー・ド・ヴィー」が生まれる。これを木樽で少なくとも3年熟成させるとカルヴァドスと呼べる。

　「熟成により3つが進行します」。ノルマンディでもっとも有名なシードル生産者のひとり、クリスチャン・ドルーアンは言う。「熟成によって樽のキャラクターが移り、風味、骨格、渋味が現れます。時間がたつと、バニラ、シナモン、コーヒー、スモークのノートが生まれ、つぎに、樽を通じた呼吸によりカルヴァドスが空気に触れることでゆるやかに酸化し、生のリンゴの風味が、マーマレードや焼きリンゴ、ドライフルーツのものに変わります。そして最終的に、『天使の分け前』が失われてしまいます。1年熟成するたびに樽の中身の3-4パーセントほどが蒸発して、風味が凝縮し、まろやかさが生まれます」

　カルヴァドスには3つの呼称がある。主流はカルヴァドスAOC。ノルマンディ何部のカルヴァドス・ドンフロンテはリンゴと梨で作る蒸留酒だ。カルヴァドス・ペイ・ドージュは最高級の酒で、近年の技術である連続式蒸留器による1回の蒸留ではなく、伝統的な単式蒸留器による2回蒸留を行う。

　このほか、多くの農家が独自のカルヴァドスを生産しており、これを支援するための移動蒸留器もあるくらいだ。長年粗悪なシードルを蒸留してきた歴史もあり、粗悪品でも廃棄はされない。だが、ペイ・ドージュAOCをもつドルーアンは、最高の結果を得るためには最上のシードルを蒸留しなければならないと強調する。「シードルにもっとも多いまちがいは、ビネガー（酢）になってしまうことです。ビネガーを蒸留してできるのは、カルヴァドスではありません！　それを樽で熟成させておいしい酒になるよう願っても、無理な話です。百年熟成させたところで、百年ものの、ビネガーまがいの酒ができるだけです！」

　カルヴァドスはさまざまな種類の樽で熟成させ、異なる熟成年数のものを慎重にブレンドする。ボトルに記された年はブレンドしたうち一番新しいもので、高品質のカルヴァドスは、通常は記載された年よりずっと熟成が長いものがブレンドされている。ドルーアンは60年ものを使っているほどだ。

　カルヴァドスは人を魅了する酒だ。オーク樽で何年も熟成して洗練され、蒸留酒の温かな輝きがくわわり、なおかつ原料の果実の性質を残している。フランスのカルヴァドスや、それに匹敵するサマセットのアップルブランデーの生産者はみな、それがリンゴを最高に表現した酒であり、シードル生産者の手による究極の芸術だと思っているはずだ。

次ページ：カルヴァドスの神殿。ピエール・ユエのセラー。

世界各地のシードル——フランス

現代化の仕掛け人——ドメーヌ・デュポン

　1887年、ジュール・デュポンはラ・フィガネリという荘園に到着した。農場と果樹園を備えており、デュポンはここで小作農として働きはじめる。家畜を飼育しつつ、デュポンはシードルとカルヴァドス作りも手がけ、この売り上げが非常によかったため、1916年にはラ・フィガネリを買い取ることができた。

　その息子のルイは1934年に家業を継ぎ、家畜の飼育に力をそそいだが、カルヴァドスも作り地元の商人に大量に販売した。1974年にルイが亡くなると、妻のコレットが、ルイ・デュポン・ファミリー・エステートと改名した事業の運営権を手にし、1980年に息子のエティエンヌに渡した。

　エティエンヌは酒類事業のとくにカルヴァドス作りに魅了され、父親よりもはるかに大きな熱意でこれにあたった。コニャック地方で単式2回蒸留法について熱心に学び、新しい果樹園も作った。1996年の「原産地呼称統制」(AOC)ペイ・ドージュ創設には大きく貢献し、エティエンヌがフランスの生産地の中核にあることを証明している。エティエンヌの事業には、2002年に息子のジェロームがくわわった。そしてふたりはデュポンを、世界一有名なフランス産シードルとカルヴァドスのブランドに育て上げた。

　デュポン家のメゾンの両側には、優雅な背の低い小屋がある。アーチつき玄関のレンガ造りの建物だ。片側にはシードル・ショップと事務所が入り、私たちが訪ねたときには、新しい搾汁エリアが建設中だった。もう一方には樽が並ぶ鍵つきの小屋があり、ここでカルヴァドスが眠っている。アメリカ、日本、ロシアなどから観光客がとぎれず、敷地をぶらつく姿がある。これも驚きではない。アメリカでは、まともなワイン・リストならデュポンのシードルはつねにオン・リストされ、1本35ドル程度だ。

　「ええ、私たちは、シードルの品質にこだわる相手と取引しています。」とジェローム・デュポンは言う。「工業的に生産されたシードルもありますが、それは彼の興味をひきません。それでも私たちは、ヨーロッパだけでなく、北アメリカ、オーストラリ

伝統とイノベーションを組み合わせて輝かしい効果を生む。世界で称賛を集めるシードル生産者のひとりにとって、それは家族内の仕事だ。

ア、アジアにも輸出しています」

カルヴァドスに使うだけでなく、シードル自体を表現しようとする愛情がはっきりとうかがえ、これがデュポンの名声のゆえんでもある。だがまた、フレッシュな炭酸リンゴジュースやポモーからアイスシードルも含む多様なシードルまで、製品のすべてがすばらしい品質であり、あちこちで賞を獲得している。

「昔から、ノルマンディのシードルとカルヴァドス生産者は農民でした」とジェローム。「農民は伝統的手法を用いましたが、その科学について知っているわけではなかった。伝統は重要ですが、私たちはワイン生産の原則、つまりワイン醸造学についてもおおいに研究しています。たとえば、私たちのカルヴァドス・ペイ・ドージュは単式2回蒸留により澄み切った繊細な酒が生まれるし、カナダのアイスワイン・スタイルのクリオコンセントレーションでは、デザートワインの「ギブレ」ができます。伝統とワイン醸造学、それにノルマンディのリンゴ品種を正しく組み合わせれば、

この地の「テロワール」に沿った、豊かで表現力のある醸造に必要なすべてがそろいます」

優雅さと信頼性をあわせもち、ラベルでも伝統と現代性を表現している。これがフランス産シードルを復活させる勝利の方程式なのだろうか。ジェロームは笑みを浮かべる。「そうですね。カルヴァドスの愛飲家は蒸留酒が好きな人が多いですし、シードル好きの人には、昔からのファンと、クラフトビールの流行後に登場した新しい世代がいます。私たちはさまざまなタイプの人々にアピールしようとしているのです。ですが最優先すべきは、リンゴの性質と「テロワール」を一番うまく表現するシードルとカルヴァドスを作ることだと思っていますし、それを食事や調理との相性に一番生かしたいんですよね」。これこそ勝利の方程式だろう。

左から:デュポンのカルヴァドスのブレンドには、数十年ものの蒸留酒も使用される。父と子のチーム——リンゴを愛でるジェローム・デュポン。カルヴァドスを最高のできだと称賛する父親のエティエンヌ。カルヴァドス・ペイ・ドージュを支えるふたり。

ドメーヌ・デュポン
ノルマンディ、ペイ・ドージュ地区
ヴィク＝ポンフォル、14430
www.calvados-dupont.com

ノルマンディ

10世紀、フランスの北部沿岸地域は侵略を受けた。ヴァイキングが入り込み勝手気ままにこの地を荒らし、ついにパリの門前まで侵攻した。フランス王はノースマン(北の人)と交渉し、年貢を納め侵略者たちから土地を守る代わりに、彼らにパリの北西、沿岸地域の所有権を認めた。ノースマンはノルマンと呼ばれるようになり、すぐに新しい土地の言語や多くの習慣になじんで、その名から、ノルマンディという地名がとられた。

ノースマンの伝統では、リンゴは不死の果実だ。女神のイズンはリンゴの木の番人で、神や女神たちにリンゴを食べさせ永遠の若さを保たせた。一般にも、リンゴは長寿、知恵、愛の象徴だと思われている。リンゴ栽培者にとっては、ノルマンディには、豊かな収穫を得るための完璧な土壌と気候があった。そしてアルコール飲料をさかんに消費することがごくふつうの文化にあって、この地は、必然的にシードル作りに励むことになる。

これは、ノルマンディ産のワインがまずかったせいでもある。

19世紀初期に、ワイン関連の著述家がこう記している。「ワインを味わったという人などめったにお目にかかれない。ノルマンディ南部のとても有名なワインでさえだ。飲んだことのあるひとにぎりの人たちも、口をそろえて、ノルマンディのワインは飲める代物ではないと言う」

公平に言うと、この地方の気候はブドウには適さず、13世紀の気温低下以降はことにそうだった。ブドウは穀物に代わられ、戦争と食糧不足(フランスはかなり苦しんだ)の時代には穀物がビールよりもパンに使われ、ノルマンディで飲む酒としてシードルが登場した。

伝統的な果樹園は、背の高い木を植えその下で家畜を飼育して根に栄養を与え、土地を2倍活用していた。果樹園をもつ農家にとってこれは非常に理にかなっており、またシードル生産は、ノルマン人農民にとってごくふつうに行うものになった。ペイ・ドージュ地区のやせて硬い土壌では、木々は必死に生育しようとしなければならず、このためこぶりな実が育って風味が凝縮され、すぐれたシードルができる。それとは反対に、カルヴァドス南部のドンフロンテ地区の粘土と石灰岩の土壌は、強く深く根を張るペリー用梨に理想的だった。19世紀には、ノルマンディの「シードル」、「ポワレ」(ペリー)、カルヴァドスの品質がフランス全土で認められていた。

もちろんノルマンディは、第二次世界大戦でナチスからヨーロッパを解放した、連合軍侵攻の舞台だ。Dデイの爆撃で主要な町は破壊され、その後数か月は、連合軍が進軍してこの地方の狭い道と高い生垣をズタズタにし、第二次世界大戦中もっとも激しい戦いが行われた。だが、ドイツ軍から隠していた樽を掘り出し、地元住民たちが解放者たちにもカルヴァドスをふるまった行為は、すぐに報われることになる。これでカルヴァドスの名声が世界中に広まったのだ。現在も王立カナダ騎兵連隊はじめ、複数の部隊の公認飲料だ。

今日では、連合軍が上陸した海岸を見物する観光客のほかは、戦争による荒廃を思い出させるものはない。ノルマンディはおとぎ話に出てくるような景観をもち、中世からずっと変わっていないかのようだ。青々とした斜面と曲がりくねった道のところどころで木骨造りの黒と白の建物がアクセントをくわえ、その多くは海外からの観光客向けの「ジット」(貸家)や、裕福なパリ市民のセカンドハウスだ。クロード・モネはここで育った。沿岸部とノルマンの田舎はモネの作品のモチーフの中心であり、この印象派の画家の着想源となっている。

上:カルヴァドスの封蠟に押した生産年のスタンプ。
次ページ:ドメーヌ・クール・ド・リヨンのクリスチャン・ドルーアンの農場におかれることになった、古い移動シードル蒸留機。

"コスト面で競争しようとすべきではない。品質に集中することがはるかに重要です"

世界各地のシードル――フランス

フランス人にとってノルマンディは大人のプレイグラウンドだというイメージができたのには、その飲酒習慣もひと役買っている。「トゥルー・ノルマン」、つまり「ノルマン人の穴」は、大量の食事の途中でカルヴァドスを一杯飲み、胃に穴を開ける（余地を作る）習慣として有名だ。さらにこの地方には「カフェ・カルヴァ」が今も残っており、どこへ行ってもみな、食事の最後にはコーヒーを飲み、コーヒーの最後にはもう一杯のカルヴァドスを、まだ温かいカップに残る少量のコーヒーに混ぜいれる。

ノルマンディはフランス産牛乳、バター、チーズの主要産地でもあり、これは果樹園兼醸造所にとって利点でもある。チーズ好きにとっては、カマンベール、リヴァロ、ポン・レヴェックという地名を地図でさがすのもたまらない。どれも、シードル産地の中心からわずか数キロにある。フランス産シードルとその柔らかでクリーミーなチーズがまたとない組み合わせであるのも、偶然ではない。

ノルマンディのシードルは昔から変わらず、多くが農家の生産で、40キロメートルにおよぶ「シードル街道」では、昔ながらの納屋をのぞき、リンゴが圧搾されるのを見学し、シードルをもち帰ることができるところが何軒もある。だが、チーズで身も心も満たされた観光客にとって心おどる発見の旅ではあるが、各農家のシードルの品質がピンからキリまであるため、シードルに、真剣に味わうものというより、昔風のちょっと変わったものというイメージができてもいる。

シードル用の果樹園は1970年代に姿を消しはじめ、掘り返されてもっと実入りのよい穀物畑に変わり、生き残った伝統ある木も嵐で倒れた。1980年代には、EUの牛乳輸出入割り当てにより農家の収入が大きく落ち込んだ。このため政府は、もっと現代的で収穫量の多い、短い根の台木による、「バス・ティージュ」仕立てに対する補助をはじめた。この品種はわずか4年で実が採れる。工業的製造を行うシードル・メーカーはこれ幸いと採れた実を買い取り、農家には収入が約束された。しかし、1990年代の経済停滞でリンゴ価格が落ち込むと、多くのリンゴ栽培農家は収入増加をめざし、自身の圧搾機購入を決めた。

アダム・ブランドはイギリス人だが、イギリスのコマーシャ

左上：ノルマンディの伝統的建築は、ここを訪ねる大きな理由だ…。

中央上：……とはいえ、ほんとうの魅力は果樹園が生み出すものにある。

ル・ブランドの価格と質の低下に幻滅し、1991年にノルマンディに移住した。ブランドは、シードル生産者にリンゴを売って得た金と時間で、高品質のシードルとペリーを作るべく試作を行った。

ブランド(風味豊かなシードルの生産者には不似合いの名である点は認めている[blandには「つまらない」といった意がある])はノルマンディという「原産地呼称統制」地域の中心で、AOCの厳密な基準に適合する品種を栽培している。「AOC自体には頭を悩ませはしません。政府の運用が細かすぎる点が頭痛のタネなのです。大きな手間がかかりますから。けれどもそのリンゴが非常に高品質のシードルを生むのはたしかです」とブランドは言う。

ノルマンディの中心にあるのは、カルヴァドス県の北部に位置するペイ・ドージュ地区だ。1996年以降、「シードル・ペイ・ドージュ」AOCは最高レベルのフランス産シードルの代名詞だ。リンゴの種類と生産工程の各段階が細かく規定されている。これによって品質と伝統は維持されるが、現代に大きくアピールできるイノベーションを取り入れるとなると、制約は多いだろう。

だが不満を抱える一方で、大半のシードル生産者は、品質が最重要である点は認めている。「ここフランスは、世界で一番生産コストの高い国のひとつです」。シードルとカルヴァドスの生産者クリスチャン・ドルーアンは説明する。「コスト面で競争しようと考えるべきではない。品質に集中することがはるかに重要です。たとえば、できるだけ多く果汁を搾り出そうとはしません。1トンのリンゴからとるのは580リットル、新型の圧搾機なら850リットルです。でも圧搾機が搾るのにまかせるとタネや皮の風味まで出て、少々雑なものになります。シャンパーニュと同じです。一番搾りのものが、最高の果汁なのです」

ブランド、ドルーアン、ドメーヌ・デュポンといったシードル生産者は、ノルマンディのファームハウスの伝統的シードルとは一線を画したシードル作りを行っている。彼らはワインの繊細多感さをシードルに取り入れ、ワインもどきにするのではなく、ワインと同じように、慎重に手をかけ作っている。こうしたシードル作りを続ければ、シードルにずっと以前からついてまわる、古臭く大衆向けというイメージを変えるのも難しくはないだろう。

右上:クリスチャン・ドルーアンのドメーヌ、クール・ド・リヨンの魅力あふれるシードル・ショップ。

世界各地のシードル──フランス

テロワール信仰者──エリック・ボルドレ

私たちがフランス一有名なシードル生産者に初めて会ったとき、彼は握手したかと思うと、自分の果樹園がある地域の地質図を広げた。

「この地の岩盤は3種類。高地では、ブルターニュと同じ花崗岩。ここより上は結晶片岩で、乾燥してミネラル分豊富。そして中間地帯は、花崗岩が結晶片岩に交じっている。〈グラン・クリュ〉（「最上格付け」）の複雑な地質で、それぞれ果実に与える性質が違う」

エリック・ボルドレが熱く語っているときに、ワインのブドウとシードルのリンゴにテロワールという概念を同じように用いることはできないと口を挟む者がいたら、それは勇敢というより、まったく愚かな行為だ。

ボルドレの果樹園は地質面では変わっている。これまで訪ねたどの果樹園とも違う。現在ボルドレが修復中の廃墟、シャトー・ド・オートヴィルの周囲に果樹園が広がり、コールタールで黒く塗ったセラーではボルドレ作のシードルが熟成され、異なる地質がとなりあっているようすが目に見える。シャトーの片側は乾燥してミネラル分が多く、草が茂り野草が鮮やかな花を咲かせ、虫がぶんぶん飛んでいる。プロヴァンスにいるのかと思うほどだ。だが向きを変えて反対側に目をやると、青々と豊かな牧草はサマセットのようだ。

ボルドレは、ペイ・ドージュ地区は自分の土地の手前で終わっているとジョークを飛ばす。土壌のタイプがここを境に変わるのは、ここがノルマンディとブルターニュのすぐ外、ペイ・ド・ラ・ロワール地方の先端地域にあって、ふたつの有名なシードル生産地呼称の適用外になるという事実にも表れている。これは、ボルドレが自らの製品に、フランスでシードルに使われるcidreという語ではなく、「sidre」を用いる一因だ。「とはいっても、花崗岩と石英の土壌、梨の木、それにシードル文化はみな、ここの性質がノルマンディにちかいことを裏付けている」と力説する。

このアウトサイダーという地位はボルドレにぴったりだろう。ボルドレはこの農場で育ったが、ここを離れて12年間パリのレストランで、その大半をソムリエとして働いた。そこでボルドレはワインについて非常に多くを学び、プイィ・フュメで有名な故ディディエ・ダグノーを自分の師と仰いでいる。

ボルドレは家業に戻ると、自分を育てた果樹経営とはまったく異なるアプローチを取り入れた。シードルの管理団体が生産者に推奨するリンゴ品種を無視し、自分で調べて短い根をもつ新しい品種を植え、同時に、失われつつある地元産のペリー用梨の保存という生涯の夢にも乗り出した。「名前もわからない古い木がたくさんある」とボルドレ。「名前はあとまわしでもいいが、今は、そうした品種を接ぎ木して保存することが急務なんだ。名前は、引退するときにでも調べるよ」。ボルドレは有機栽培の一種であるバイオダイナミック農法も取り入れた。これも、果樹経営で力を入れている方針のひとつだ。

好戦的で一途で断固としていて、短く刈り込んだ白髪交じりの髪、牙のような立派な口ひげ。エリック・ボルドレは、フランスのこの地域で今も捕獲される野生のイノシシ、「サングリエ」のようだ。だが彼の作業の優雅さを見れば、もっと土臭くないものにたとえたくなる。

ボルドレのシードルは、その80パーセントが輸出されるが、繊細で非常に創造的なシードル作りの証だ。ソムリエ、ワイン・ライター、シードル生産仲間が多数称賛し、しかもそれは世界でも名だたる専門家たちだ。ボルドレは呼称も観光ルートに入ることも求めない。必要とするのは、自分の果実と、それを生み出す貴重な「グラン・クリュ」の畑だけだ。

"名前もわからない古い木がたくさんある"

次ページ：エリック・ボルドレ（左下）は、シャトーの廃墟がある畑（左上）で非常にすばらしいシードル（右上）を作り、暗いセラー（右下）で熟成させる。

> **エリック・ボルドレ**
> 〒53250　ノルマンディ、シャルシニエ
> シャトー・ド・オートヴィル
> www.ericbordelet.com

世界各地のシードル──フランス

ポモー

世界の、非常にすばらしいがひとくせある酒は、どれも誕生秘話をもつ。そしてどの話もそうだが、本筋は同じでも、話す人によって細部は少しずつ違う。凍結蒸留には、燻製ビールとポモーがそれぞれ偶然から生まれたという話がついてくる。だれかがたまたま口にして、幸運な失敗からみごとな配合が生まれたことに気づかなければ、廃棄されるところだったというものだ。

ポモーは未発酵のリンゴ果汁とカルヴァドスを混ぜたものだ。リンゴ果汁がカルヴァドスの樽のなかにこぼれてできたということになっているが、どういう状況でそうなったか説明できる人はいないようだ。樽にはしっかり栓がしてあるし、開けたときでさえ口はごく小さい。さらにその上に大量のリンゴ果汁があるはずもないのだが。そこで私たちが考えるのは、あまりおもしろくはないが、ずっとありそうな説だ。未発酵のリンゴ果汁を腐らせずに長く保存し、収穫物を残さず利用する方法として生み出されたのだ。あるいは、焼け付くようなきつい酒は、甘くシャープで新鮮な果汁でまろやかになることから、カクテル用のアイデア（現在でもブルターニュではカクテルにすることが多い）だったのではないか。

ポモーは一般に、3分の2がリンゴ果汁、3分の1がアップルブランデーの「オー・ド・ヴィー」（樽で1年だけ熟成させたカルヴァドスで、このため完全なカルヴァドスとは言えない）だ。これによって平均ABV17-18パーセントとなり、アペリティフや「ディジェスティフ」（食後酒）にぴったりで、またはデザートワイン代わりにもなる。のどごしがよく、これとよく似たアイスシードル同様、チーズやフォアグラととてもよく合う。

ポモーの過去には興味をそそられる。1935年から1972年まで、フランスではこの酒の生産は違法だった。少々厳しく思える。同じようにブランデーとブドウ果汁から作るピノー・デ・シャラントと、アルマニャックから作るフロック・ド・ガスコーニュは禁止対象ではなかったからだ。これは、フランスのワイン生産を保護するための法律だったせいだ（偶然の一致だが、ピノーも1586年にアクシデントから生まれたという伝説がある）。

合法化後、カルヴァドス生産者は精力的にロビー活動を展開し、完璧なポモー生産のための最良のリンゴ品種と、ブレンドと熟成工程を選定した。そしてポモー・ド・ノルマンディは1991年、ポモー・ド・ブルターニュがその6年後にAOCの認定を受けた。

ブレンド後、ポモーは樽で3年以上熟成させる（法定の最短期間は14か月）。若いポモーはカルヴァドスと果汁の新鮮さという性質をあわせもち、冷やすとこれが完璧になる。熟成するにつれ、樽の木から性質が移るのと樽のなかで酸化することで、土のような複雑さをもち、魅惑的なマホガニー色に変わって、熟れたリンゴ、ドライフルーツ、カラメル、バニラ、バタースコッチのノートが生まれ、マデイラワインと比較される性質になる。

ポモーはピノーに知名度では劣るが、フランスのブランドは現在20か国ほどで販売され、サマセットのジュリアン・テンペレイやワシントン州のフィンリバーといったシードル生産者は、独自のポモーを生産する。テンペレイはレモネード配合のピムスのような「オーチャード・ミスト」や、極辛口のスパークリング・シードルを使った、「キール」に似た「オーチャード・ミスチーフ」を作っている。

偶然であれ必然であれ、おもしろい性質と柔軟性をもったポモーが生まれ、果樹園の恵みにすばらしい産物がくわわった。ポモーは、地味だが果樹園の頂点にあるリンゴが生み出す貴重な飲み物を、すべて活用した酒だ。

上：ポモーはアペリティフや「ディジェスティフ」にぴったりだ。
次ページ：この栓の向こうでは、魔法が起こっている！

ブレンド後、ポモーは樽で3年以上熟成させる（法定の最短期間は14か月）

世界各地のシードル──フランス

ブルターニュ

ブルターニュの歴史は、屈することをかたくなに拒んだ抵抗の物語だ。古代ローマ時代のガリアが舞台の漫画、「アステリック・ザ・ゴール」のファンなら知っているように、ここはローマの占領に激しく抗った地域だ。シャルルマーニュが治めるフランク王国の領土になることはなく、フランスとイギリス王の権力争いにもかかわろうとはしなかった。同じくケルト系のウェールズやコーンウォール、スペイン北部のアストゥリアス地方と同様、ブルトン人には、ここは独立した国家だという非常に現実的な思いがある。

今もなおブルターニュは、フランスのほかの地方に対して距離感をもつ。岩だらけの半島は、荒れるビスケイ湾をイギリス海峡から切り離すかのように突き出ている。岩やドルメン（支石墓）がそそり立つ風景は、ストーンヘンジと同じくらい古いものだ。最西端の県であるフィニステールはフランス語で「地の果て」を意味し、古代の人々は、地平線がこの世の果てだと思っていた。

ブルトン人はケルト民族の習慣や伝統を守ることに強くこだわり、ブルターニュの田舎で話される言葉は、ウェールズ語系のものだ。また他のケルト民族と同じく、リンゴはブルターニュの神話によく登場する。リンゴは科学の実であり、魔法や啓示であり、地元の人々は、ここが、伝説の「リンゴの島」アヴァロンの所在地で、アーサー王伝説の本家はここだと信じている。

気候がリンゴ栽培に適しているのはたしかだ。世界的知名度はノルマンディには劣るが、非常にしっかりとしたシードルの伝統をもち、それはフランス全土に知られ、国内産シードルの40パーセント程度を生産している。リンゴ果汁の多くはコマーシャル・ブランドに販売されるが、ノルマンディで可能なことはすべてブルターニュでもできると励む生産の場があり、その努力の結晶にはブルターニュ独自の名がついている。この地では伝統的に「シストル」とも言われるシードルと、ポモー・ド・ブルターニュ、アップルブランデーの「ランビグ」は、それぞれに呼称制度をもつ。

ブルターニュとノルマンディのシードルに品質の違いはあるのか。マノワール・ド・カンキスのエルヴェ・セズネックは、あると信じている。セズネックは、A.O.C.シードル・コルヌアイユをコルヌアイユ地区で製造している。「ブルターニュのシードルはノルマンディのものよりも強く、ドライであることが多い。ブルターニュのほうが日差しが多いため糖度が高く、つまりアルコール度が高くなります。これにより果実に豊かな香りも備わり、アプリコットのノートが特徴です。ですが、一番の違いは風味のミネラル分で、花崗岩の土壌からくるものです。ブルターニュの土壌が、自然と凝縮されて表現されているのです」

ブルターニュでは、シードルとはワイン代わりに飲むソフトでまろやかな酒であり、時代遅れとみられることが多くなっている一方で、ブルターニュの伝統的な「クレープリー」では今もよく飲まれている。自然な甘味のある伝統的な「キーヴド」・シードルは、クリーミーなクレープによく合う。この地域がもつ強烈な個性の表れでもあるが、シードルは、イギリスのティーカップに似た陶器のボール、「ボレー」で供されるのが一般的だ。

風変りではあるが、ブルターニュは観光客を招き、ひきつける土地だ。この地方のシードルもポモーもランビグも、ほとんど輸出されていない。それも、こうした酒の産地に出向いてみる、よい理由になる。

上：ブルターニュの人々（ブルトン人）は伝統的な「ボレー」でシードルを飲む。
次ページ、上：グウェン（「オー・ド・ヴィー」）。樽での熟成を経ていない若いリンゴの蒸留酒。
次ページ、下：マノワール・ド・カンキスのカルヴァドスで重要な品質チェックを行うエルヴェ・セズネック。

世界各地のシードル──フランス

キーヴィング

ひとつジレンマがある。甘いシードルを好きな人は多い。だが自然の力にまかせシードルを完全に発酵させると、糖がすべて発酵して辛口になる。では人工的に甘味料の添加をしないとすれば、自然な甘味を十分にもつシードルを、どうやって作るのだろうか。

その答えはキーヴィングだ。

この聞きなれない工程を見ていくと、現代の微生物学の応用ともいえるものが、何百年も前から行われていたという事実に驚かされる。イギリスでは1600年代半ばからごくふつうに行われていたが、シードルに砂糖や甘味料をくわえるのに比べて面倒なため、結局は消滅し、一部シードル生産者が現在復活させつつある。フランスでは、この生産工程がイギリスよりもうまく維持され、広く行われている。

キーヴィングとは、リンゴの性質を詳細に理解していることから生まれた工程だ。キーヴド・シードルには、ビタースイート種が主に用いられる。リンゴ果汁の酸度が高すぎると、あとの工程で必要な酵素の活動を阻害する。リンゴを破砕したマストを、発酵が始まらないくらい低温の状態でひと晩おく。この低温浸漬により、果肉が酸化し、細胞壁が破壊され、ペクチンが果汁に流出する。

これを圧搾して出てきた濃い茶色の果汁に、シードル生産者はキーヴィング工程の引き金となる酵素をくわえる。伝統的には、塩とチョーク、または木の灰を使用する（なぜこんなものを、といぶかるだろう）が、現代では塩化カルシウムを使っている。

果汁が発酵を始めると、ペクチンがペクチン酸になり、これが酵素と反応して、見た目の悪いゼリーのような物質となる。それは、発酵によって生じた二酸化炭素によって、タンクの上部に押し上げられる。フランス人は、これがあまりおいしそうに見えないという事実に、「ル・シャポー・ブリュン」（茶色の帽子）というかわいい名前をつけることで折り合っている。イギリスのシードル生産者は、めずらしく詩的な表現でこれを「フライング・リー（浮き上がる澱）」と呼んでいた。

タンパク質と結合したゼリー状の「帽子」の下から、または上澄みから、クリアなジュースを取り出す。これには巧い表現が見つからなかったのか、フランス人はこの工程を「デフェカシオン（排泄）」と称する。

通常、酵母が増殖して発酵が進むと「帽子」の茶色は白くなり、シードルが出来上がる。しかしキーヴィングがうまくいくと、別の容器に抜き出した透明な果汁には、もはや酵母が増殖するのに十分な栄養素が残っていない。生き残った酵母が活動を終えたときには、液中には果汁由来の糖分が残った状態で、適切に管理をすれば完全に発酵することはない。

こうして、キーヴィングを経たシードルは酸化による深い色合いがあり、タンパク質の除去で明るく澄み、果汁由来の天然の糖分がたっぷり残ることでとても甘い風味をもつ。だが、もしも完璧でないと、残った酵母がボトルの中で発酵を続け、4週間ほどのうちには、シードルになってしまう。

生産者が、完成したシードルは、かけた手間に見合うものだと確信していることが、なによりこのシードルの品質の証しだろう。

次ページ：「シャポー・ブリュン」。見た目は悪い副産物だが、シードル生産者にキーヴィングというみごとな工程が作用中であることを教えている。

キーヴィングとは、
リンゴの性質を詳細に
理解していることから
生まれた工程だ。

フランス──推奨シードル

シードル・ル・ブリュン／シードル・ビゴー
[CIDRE LE BRUN/CIDRE BIGOUD]
ブルターニュ地域圏プロヴァン
www.cidrelebrun.com

シードル・アルティザナル・ブリュット・ル・ブリュン[Cidre Artisanal Brut Le Brun]
(ABV5.5パーセント)

天然酵母による瓶内二次発酵。かすかなファンキーさと木の香りがする。口に含むとドライだが豊かなリンゴの風味。かんきつ系とファームヤードのニュアンスをもつ。

シードル・アルティザナル・ビオロジック・ル・ブリュン
[Cidre Artisanal Biologique Le Brun]
(ABV4パーセント)

可能なかぎり手をくわえず生産したシードル。リンゴは熟れてわずかに乾燥するまでおき、風味を増している。圧搾後は、果汁がまろやかになるまでおいてから発酵させる。甘くわずかにファンキーで、複雑さとバランスがみごと。

ブランド&フィルス
[BLAND & FILS]
ノルマンディ地域圏ディーヴ＝シュル＝メール
（ホームページ未開設）

ブリュット
[Brut] (ABV5.5パーセント)

かすかに「馬のような」香り、口に含むと甘味と健康的なバーンヤードのファンキーさのバランスがよく、口あたりのよいドライさと渋味のあるあと味。

ポワレ・ドゥミ・セック
[Poiré Demi-Sec] (ABV4.5パーセント)

バターのような黄色で口にたっぷりとした甘味が広がる。ほどよい酸味でバランスがとれ、クリーンでキレのあるあと味。

ドメーヌ・ボルダット
[DOMAINE BORDATTO]
ペイ・バスク、ジャクシュー
www.domainebordatto.com

チャラパルタ
[Txalaparta] (ABV8.5パーセント)

オーク樽で滓と5か月間接触させ、その後瓶内二次発酵。複雑でしっかりした骨格が生まれ、ほどよい渋味が続く。

エリック・ボルドレ
[ERIC BORDELET]
ノルマンディ地域圏シャルシニエ
www.ericbordelet.net

ポワレ・グラニット
[Poiré Granit] (ABV3.5パーセント)

ペリー用の洋梨の根が奮闘する花崗岩の土壌にちなんだ名。酸味が強く果物の風味がガツンとくる卓越したペリー。この低アルコール度にしては驚くほど洗練されている。

シードル・アルジュレ
[Sydre Argelette] (ABV4パーセント)

木が育つ「グラン・クリュ」の土壌にちなんだ名で、背骨となるみごとなボーンドライさを、控えめな甘味がいろどる。すばらしい骨格で、くっきりとしたミネラル分が渋味と酸味を際立たせる。

シードルリー・ドゥ・シャトー・ド・レゼルグ
［CIDRERIE DU CHÂTEAU DE LÉZERGUÉ］
ブルターニュ地域圏エルゲ・ガベリック
www.chateau-lezergue.com

シードル・フェルミエ・ドゥミ・セック
［Cidre Fermier Demi-Sec］
（ABV4.5パーセント）

黄金色で花のような香り。豊かな果実の風味と、ミネラルの酸味と心地よいソフトな渋味とのバンランスがとれている。ブルターニュ産「シードル」の逸品であり、多数の賞を受賞している。

アドリアン・カミュ
［ADRIEN CAMUT］
ノルマンディ地域圏ペイ・ドージュ地区
（ホームページ未開設）

カルヴァドス18年
［Calvados 18-year-old］
（ABV41パーセント）

一部では現在最高のカルヴァドスという評価を受けている。プラム、プルーン、スパイスのノートが、焼きリンゴと豊かな樽の性質を補っている。

レ・セリエ・アソシエ
［LES CELLIERS ASSOCIÉS］
ブルターニュ地域圏プルーディアン・シュル・ランス
www.valderance.com

ブラン・ド・ポム
［Blanc de Pommes］
（ABV3パーセント）

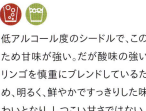

低アルコール度のシードルで、このため甘味が強い。だが酸味の強いリンゴを慎重にブレンドしているため、明るく、鮮やかですっきりした味わいとなり、しつこい甘さではない。アペリティフに最適。

ラ・シードルリー・ド・コルポ
［LA CIDRERIE DE COLPO］
ブルターニュ地域圏コルポ
http://cidrerie.colpo.pagesperso-orange.fr

シードル・ド・コルポ・ブリュット
［Cidre de Colpo Brut］
（ABV4.5パーセント）

わずかに甘く、苦味は少なく、すっきりした酸味。地元のクレープに合わせるのに最適。

ドメーヌ・ドゥクロ・フージェレイ
［DOMAINE DUCLOS FOUGERAY］
ノルマンディ地域圏サン＝ミッシェル＝ダレスクール
www.domaine-duclos-fougeray.com

シードル・エクストラ・ブリュット
［Cidre Extra Brut］
（ABV6パーセント）

渋味が感じられるしっかりした骨格をもちバランスがとれ、アーモンドと甘草の香りを放つ。ほどよい酸味のあと味。さわやかさ、素朴さ、渋味と酸味がすばらしい。

世界各地のシードル──フランス

ドメーヌ・デュポン
[DOMAINE DUPONT]
ノルマンディ地域圏ペイ・ドージュ地区
www.calvados-dupont.com

カルヴァドス・ドゥ・ペイ・ドージュ
[Calvados du Pays d'Auge]
(ABV40パーセント)

薄い金色で上品なシェリーのようだ。花、リンゴ、かんきつ系の香りがして、その風味が口のなかで広がる。しなやかで丸みがあり、心地よさ、温かさにバニラのニュアンスがくわわる。

シードル・デュポン・リゼルヴ
[Cidre Dupont Reserve]
(ABV7.5パーセント)

カルヴァドス用の樽で6か月熟成させ、さまざまな香りが生まれる。リンゴとほのかなパイナップルのニュアンスをともなうバーンヤードのファンキーさがある。強烈な香りから受ける印象よりも、味わいはずっと繊細。わずかにファンキーで、レモンがかったパイナップル、そしてカルヴァドスのテイストでしめくくる。

クリスチャン・ドルーアン
[CHRISTIAN DROUIN]
ノルマンディ地域圏
www.calvados-drouin.com

シードル・ドゥ・ペイ・ドージュ
[Cidre du Pays d'Auge]
(ABV3.4パーセント)

炭酸が強く、フレッシュなアスパラガス、花のニュアンス、パイナップル、天然ゴム、フレッシュなヘーゼルナッツと、多種多彩な香り。フルボディでぴりっとした味わいに、甘いリンゴとジューシーな果実の風味。

フェルム・デ・ランド
[FERME DES LANDES]
ブルターニュ地域圏コート・ダルモール
www.fermedeslandes.com

シードル・フェルミエ・ブリュット
[Cidre Fermier Brut]
(ABV5パーセント)

17種の有機栽培リンゴを使用。黄金のあめ色でかすかにくもり、パンのような香り。フレッシュな風味と、わずかな苦味と渋味をもつ。

ドメーヌ・ド・ラ・ガロティエール
[DOMAINE DE LA GALOTIÈRE]
ノルマンディ地域圏ヴィムティエ
www.lagalotiere.fr

シードル・キュヴェ・プレスティージュ
[Cidre Cuvée Prestige]
(ABV5パーセント)

このシードルの生産者は、リンゴが生育する南向きの斜面の、チョークと粘土質の土壌がこのシードルのすばらしさを生むと信じている。明るい黄色でフルーツの香りが強く、フルボディで渋味が際立つ。

推奨シードル

マノワール・ド・グランドゥエ
[MANOIR DE GRANDOUET]
ノルマンディ地域圏ペイ・ドージュ地区
www.manoir-de-grandouet.fr

シードル・フェルミエ・ブリュット
[Cidre Fermier Brut]
（ABV5パーセント）

くもったオレンジ色で、ビッグな果実の風味に、スモーキーさが明確に感じられる。フルボディだがドライ。ノルマンディのファームハウス・シードル初心者には最適。

ポモー・ド・ノルマンディAOC
[Pommeau de Normandie AOC]
（ABV17パーセント）

家族で完璧に維持するこの農園では、オーク樽で3年間熟成し、美しいあめ色で、ソフトなリンゴと樽の風味とドライフルーツの香りをもつポモーが生まれる。

カルヴァドス・ピエール・ユエ
[CALVADOS PIERRE HUET]
ノルマンディ地域圏
ペイ・ドージュ地区カンブルメール
www.calvados-huet.com/fr/

シードル・ペイ・ドージュ
[Cidre Pays d'Auge]
（ABV3.5パーセント）

もっとも称賛されるカルヴァドス生産者が提供するシードルの逸品。酸味種リンゴの香りに、ほのかに木とバーンヤードのニュアンス。おだやかな甘さと、少しファンキーな味わい。さわやかな酸味が続く。

シードルリー・「マノワール・ド・カンキス」
[CIDRERIE 'MANOIR DU KINKIZ']
ブルターニュ地域圏カンペール
www.cidre-kinkiz.fr

ポモー・ド・ブルターニュAOC
[Pommeau de Bretagne AOC]
（ABV17パーセント）

AOCの規定により、ブルターニュ・ポモーはオーク樽で最短14か月熟成させる必要がある。このポモーははるかに長い2-3年の熟成を経る。これにより豊かで甘味のある複雑さがくわわり、芳醇なフルーツの風味とともに木、スパイス、カラメルの風味が続く。満足のいく余韻が長く残る。

ル・コルヌアイユAOP
[Le Cornouaille AOP]
（ABV5.5パーセント）

フルボディで、土っぽく、素朴でバーンヤードのような香りだが、バランスがとれ、完熟リンゴの風味と粉っぽくミネラル分が感じられるタンニンが、ムースのような美しい泡にくるまれている。バター臭は心地よい酸味に相殺されている。

セレクシオン・コルドン・オル・フィーヌ・ブルターニュ
[Sélection Cordon Or Fine Bretagne]
（ABV40パーセント）

マノワールで一番古いブランデーによる非常に特殊なブレンド。ビッグなリンゴの香りが残り、口のなかでまろやかさ、スムーズさ、複雑さに変わる。

世界各地のシードル──フランス

ルマッソン
[LEMASSON]
ノルマンディ地域圏マンシュ県
www.cidre-lemasson.fr

シードル・ブーシュ・ビオ・ブリュット
[Cidre Bouché Bio Brut]
（ABV5パーセント）

有機栽培のリンゴ使用で瓶内二次発酵。すべてを備えた、甘味、酸味、渋味のある苦味とドライな収れん性とのバランスがとれたシードル。

ロイック・レゾン
[LOÏC RAISON]
ブルターニュ地域圏
www.loicraison.fr

トラディショネル・ブーシュ
[Traditionnel Bouché]
（ABV5.5パーセント）

黄色くかすみ、酸味のあるリンゴとかすかな焦がし砂糖の香り。甘く、わずかにシロップの味わいをもつ。クリーミーな口あたりで、ドライな余韻は短い。フランスのシードル市場のリーダーが作るシードルは、最高のファームハウス・シードルというわけではないが、大量生産のコマーシャル・ブランドにくらべると傑出したシードルだ。

ドゥシェ・ド・ロングヴィル
[DUCHÉ DE LONGUEVILLE]
ノルマンディ地域圏アンヌヴィル＝シュル＝シ
（ホームページ未開設）

アントワネット・ブリュット
[Antoinette Brut]
（ABV4.5パーセント）

これも「工業的製造の」フランス産シードルだが、他国の同類シードルが赤面するできだ。ライトで甘いリンゴの香りと、シンプルで甘い味わい。新鮮な酸味とタンニンのニュアンスをもつ。非常にさわやか。

シードルリー・ド・メネズ・ブリュグ
[CIDRERIE DE MENEZ BRUG]
ブルターニュ地域圏フエナン
www.cidrerie-menez-burg.com/

シードル・ド・フエナン
[Cidre de Fouesnant]
（ABV5パーセント）

コルヌアイユAOCの典型スタイル。くすんだブロンドの色調で、フルーツの性質がみごとに表れている。軽く埃っぽいノートに、余韻が長く続く。

シードルリー・ニコル
[CIDRERIE NICOL]
ブルターニュ地域圏シュルズール
www.cidres-nicol.fr

シードル・ブーシュ・ブルトン
[Cidre Bouché Breton]
（ABV5.5パーセント）

熟れて甘いリンゴの香りに、バニラのニュアンス。ドライでキレのあるフルーツの風味が口に広がり、スパイスのニュアンスとかすかな酸味をもつ。

アライン・ソヴァージュ
[ALAIN SAUVAGE]
ノルマンディ地域圏グランドゥエ
（ホームページ未開設）

シードル・ド・トラディシオンAOCペイ・ドージュ・ドゥミ・セック
[Cidre de Tradition AOC Pays d'Auge Demi-Sec]（ABV3-3.5パーセント）

フルーティなリンゴのシードルだが、思ったほど甘くはない。臓物を使った素朴な料理の完璧なひきたて役となるため、地元のシェフに人気がある。

シリル・ザンク
[CYRIL ZANGS]
ノルマンディ地域圏グロ
cidre2table.com/en/

シードル2010
[Cidre 2010]（ABV6パーセント）

スパークリングで豊かな色のシードル。ジューシーで食欲をそそるリンゴの果実感と天然酵母による酸っぱさを組み合わせ、さらにフランス産「シードル」から想像するよりドライだ。スモーキーなタンニンのあと味。素朴だが洗練されている。

ディス・サイド®アップ
[This Side® Up]（ABV6パーセント）

この瓶内二次発酵のシードルは「テロワール」への賛歌だ。沿岸の崖の上で栽培したリンゴを原料とし、海藻とミネラルの味がフレッシュなリンゴの風味に織り込まれ、チョークのようなドライさとかすかなファンキーさ、それにムースのような美しい泡をもつ。みごとな、シードル好きのための本物のシードル。

GERMANY
ドイツ

世界各地のシードル──ドイツ

ドイツ

フランクフルトの「アプフェルヴァイン」(アップルワイン)・フェスティバルで交わされる会話をほんの少し聞くだけで、ドイツの一部地域におけるシードル熱がほぼ理解できる。

私──「ドイツのシードル作りの文化を学ぶのは非常に興味深いですね。イギリス育ちの私は、シードルを飲むのは世界で我が国だけだと思ってましたからね」
ドイツのシードル生産者(以下ドイツ)──「えっ？　イギリスでシードルを？」
私──「ええ。シードルはイギリスでは大人気ですから。実際、イギリス人はほかの国を全部合わせたよりもシードルを飲んでいますよ」
ドイツ──「それは違うでしょう」
私──「いやいやほんとうですよ。数字も出ていますしね」
ドイツ──「数字だって？　まあ、でもその数字には、フランクフルトのマイン川の南、ザクセンハウゼン地区のバーで飲んだシードルが入っていないんじゃ？」
私──「さぁ、どうですかね。それはなんとも」
ドイツ──「ほらね、では、行きますか」

5万軒超のパブ、数千軒の酒店やスーパーマーケットという市場と、30軒ほどのバーの消費量をくらべていると知っていたとしても、私の会話の相手は引き下がらないと思う。

その一方で、ドイツ以外のヨーロッパではサイダーや「シードル」、「シードラ」という言葉があるのに、ドイツにはシードル専用の語はない。ドイツ人は「アプフェルヴァイン」(つまり「アップルワイン」。エッベルヴォイとなまることもある)、「モスト」(ラテン語の「圧搾した果物」が由来)や「フィーツ」(Viez。「ワイン」を意味するラテン語からの派生と思われる)と呼ぶ。またドイツ版シードル・ルネサンスでは、かならずワインを比較対象とする。

「アプフェルヴァイン」は、ドイツでは「カール・デア・グローセ」と呼ばれたシャルルマーニュの時代までさかのぼれる。シャルルマーニュはシードル作りを熱心に奨励し、統治するフランク王国はノルマンディからドイツ中央部まで広がっていた。総体的には、ドイツはビールとワインのほうが有名だが、歴史上、ブドウとリンゴ栽培は陰と陽の関係にあった。ワインはつねに人気だが、気候の変化や病害虫、課税や規制に応じて、栽培農家はリンゴとブドウ栽培を切り替えてきた。「フィーツ」という名の派生については、ラテン語の「代替品」や「代理」(vice)からきたという説もある。ブドウの収穫がうまくいかないときは、シードル作りに切り替えるのだ。一般には、アップルワインはABV3.5から5パーセントのあっさりとした酒で、ドイツでは、そのさわやかな飲み心地から、農民や旅行者が飲むものという認識がもたれている。

アップルワイン文化は今日も「フィーツシュトラーセ」(シードル街道)では健在だ。ここは、ラインラント・プファルツ州西部のザールブルクからルクセンブルクとの国境まで伸びる、150キロメートルの観光ルートだ。ルート沿いにはリンゴ園が並び、昔ながらの圧搾所である小さな「ケルテライ」(「ワイン圧搾機」の意味だが、現在はワインやシードル生産者のことも言う)や、地元産のライトでフルーティな「フィーツ」を出す簡素なバーが点在する。

だが全国レベルでみると、こうした古い伝統は、輸入業者がビールの代替品として提供する甘い酒に押されている。ドイツ最大のシードル・ブランドは、ウェストンズのストウフォード・プレスであり、それにマグナーズが次ぐ。南アフリカ・スタイルのブランドであるケープ・サイドや、「アップルワインとフルーツジュースの、フルーティでフレッシュな組み合わせ」が売り文句のBCidrといった近年登場したメーカーは、新しいシードル・ファンを呼び込んではいるが、ビールにくらべれば市場は小さい。そのなかで、昔ながらの「アプフェルヴァイン」の伝統は市場関係者に「時代遅れ」と言われている。

だがヘッセン州でそんなことを言ったら、命の危険にさらされる。ヘッセン人の飲み物といったら「アプフェルヴァイン」であり、なにより人気の酒なのだから。

ハンブルク

ザールラント

フランクフルト

次ページ：「アプフェルヴァイン」のおいしさを客に説明する、シードル生産者のディーター・ヴァルツ。

世界各地のシードル──ドイツ

ヘッセン州のシードルにかける情熱の大きさは、2006年にEUが出した報告書に対する反応によく表れている。「ワイン」という語は発酵したブドウ果汁にのみ使用すべきだと論じられたのだが、そうなると「アプフェルヴァイン」という語は禁じられる。これは広く大衆の怒りを買い、人々は、まちがいなくヘッセンの文化とアイデンティティの中心にあるものを守ろうとした。2、3日で、EUの案はひっこめられた。

ヘッセンの「アプフェルヴァイン」産業はフランクフルトに集中する。1903年にはあるアメリカ人旅行者が、フランクフルトに多数の「アプフェルヴァイン」工場があり、発酵用セラーの迷路が続くようすを記録している。フランクフルトには今日も60を超すセラーが残る。シードル市場のリーダー、ケルテライ・ポスマンは、年に約2000万リットルの「アプフェルヴァイン」を生産している。ポスマンのような大規模メーカーは、フレッシュでキレがあり、わずかに酸味のある「アプフェルヴァイン」を、昔ながらのずんぐりした1リットル入りボトルで販売しているが、現在では「アップラー」も増えている。輸入シードルに対抗する、よりスタイリッシュなボトルだ。

大規模メーカーのレギュラー商品はとてもよく似ている。複雑ではなくさわやかで、素朴で田舎っぽい。1980年代以降は、「アプフェルヴァイン」の意味を変えようとする、新世代の生産者の挑戦を受けることも増えている。

ワイン生産者に大きく影響を受けた、フランクフルト近郊のヨルグ・シティーアや、オーデンヴァルト山地のふもとのペーテル・メルケルといったシードル生産者は、新しいテクニックを試みはじめている。昔からある「アプフェルヴァイン」にはいつの時代も高級タイプがあった。たとえば、瓶内二次発酵のシャンパン・スタイルのものが、第二次世界大戦勃発以前にはアメリカに輸出されていた。現在では、スパークリング・タイプと選び抜かれた単一品種のヴァラエタルによるアップルワインに、注目を寄せる生産者が増えている。ドイツ産リンゴのタンニン分の少なさを補うため、ナナカマドの一種の「シュパイアリング」その他サービス・フルーツの使用も復活している。シュパイアリングはクラブ・アップルのような実をつけ、完熟前の実は苦味が非常に強い。シャルルマーニュもこれをシードル作りに有効だと認めており、現在では、この実やマルメロやスロー

ベリーなどの少量の果汁を、定期的にシードルにくわえている。

ノーマン・グローをはじめとする生産者は蒸留の工程を取り入れ、シェリー・スタイルのアップルワインもますます一般的になっている。こうした「アプフェルヴァイン」は、昔ながらの「エッベルヴォイ」風のものではなく、スマートで今風のワイン・スタイルのボトルに詰め、食事に合わせるのにぴったりの飲み物として、地元レストランに売り込まれている。

「昔ながらのアップルワイン文化はすたれ、非常に野暮だと思われるようになって、今や、古い伝統的なバーでしか見られません」。こう言うコンスタンティン・カルヴェラムは、アプフェルヴァインコントールというブランドをもち、著書もあって、世界に「アプフェルヴァイン」を広める大使としても精力的に活動する。「私たちはアップルワインの新しい伝統を作り出そうとはしています。ですが、ひとことで言えば、キレがありフルボディで、地元産の果物で作り、果実感と酸味、渋味のバランスがとれ、その土地で作り土地の文化を反映している。そんな酒を飲みたいとしたら、アップルワインが一番なのですよ」

ヘッセン州のアップルワイン生産者は土地の伝統を復活させつつあるのにくわえ、熱心に、他の生産者から学べるだけ学び、それを融合させようとしている。年に一度、3月の「アプフェルヴァイン・イム・レーマー」のイベントでは、フランクフルトはホスト役も務めて世界中の大勢のシードル生産者を迎える。生産者たちは顔を合わせて情報やシードルを交換し、新旧の「アプフェルヴァイン」に世界のシードルをくわえた見本市も行われる。

一方、ヘッセン以外、とくにドイツを出ると、ドイツにシードルの伝統があることなどほとんど知られていないのが実情だ。だがヘッセンでは、フランクフルトがシードル世界の中心だ。シードルは、ゆっくりとここに集結している。

上:「アプフェルヴァイン」はまさにこの地のアイデンティティの一角をなし、ザクセンハウゼンのレンガ細工にもそれが表れている。
次ページ上:ヴァーグナーなど人気のバーでは、シードルの注文をさばけるよううまく考えている。
次ページ下:ザクセンハウゼンに多数ある広場のひとつ。いつも「アプフェルヴァイン」を飲む人々でにぎわっている。

世界各地のシードル──ドイツ

ザクセンハウゼン

17世紀、フランクフルトのある農民が自作のアップルワインを、マイン川南岸の簡素な居酒屋で売ることを市長に認められた。フランクフルトのダウンタウンからすぐの場所だ。まもなく、これ以外にも続々と居酒屋ができ、ここはフランクフルトの「アップルワイン地区」として有名になった。ザクセンハウゼンの誕生だ。まもなくここは、フランクフルト市民が橋をわたって出かけ、余暇を過ごす場所となった。バヴァリア地方のビール好きの向こうをはって、ここでは「アプフェルヴァイン」をがぶ飲みする。

フランクフルトの大半が破壊された爆撃で生き残ったこの地区は、ガラスと鉄鋼でできた市中心部とは対照的な心地よさが残る。だが凍えるような土曜の朝にここに立つと、ドイツの若者が、連合軍の爆撃機がやり残したことを遂行したかのような有様だった。街はくたびれはてていた。建物はみな二日酔いのようだ。舗道の古い敷石の隙間には割れたグラスやタバコの吸い殻がつまっている。バーガーショップやバー（フーターズまである）もでき、どんちゃん騒ぎのレベルはこの数十年で数段高まったようだ。

だがザクセンハウゼンの中心には、今も「アプフェルヴァイン」がある。バーの多くは自前のものを作り、店の外にかけた常緑樹のリースでこれを知らせる。「アプフェルヴァイン」は、「ベンベル」で供されるのが伝統だ。すんぐりとした灰色の陶器の壺で、青で模様が描かれている。これが家の窓や玄関の上や門口など、とにかく見えるところすべてにおかれ、このあたりは「アプフェルヴァイン」・ハウスばかりだと思えるほどだ。

この時間帯は中央広場周辺のたいていの店は閉まっている。ここでは、通常のバーにくらべ、開店、閉店ともに非常に遅い。だがビルと私はザクセンハウゼンの奥まで足をのばし、ザクセンハウゼン一有名な「アプフェルヴァイン」・バー、ヴァーグナーを見つけた。現在、この店の周囲にはデリやスーパーマーケットやレストラン、バーが並び、見るからに食の中心地だ。

内部はごく簡素な造りで、昔に戻ったかのようだ。木の床は黒光りし、客が集える大きなテーブルと飾り気のないイスがいっぱいに並ぶ。壁にはコート掛けがあって、店と客との一体感と信頼感が伝わる。そしてバー・カウンターの上にあるのは、「アプフェルヴァイン」のグラスの列また列。

「アプフェルヴァイン」の「ベンベル」の容量は、330ミリリットルのグラスの個数が基準で、もっとも一般的サイズは4erと6erだ。グラス自体はダイヤ模様の切子で、明かりを受けてシードルをきらめかせる。切子のデザインになったのはおそらく手づかみでものを食べていた時代で、あぶらで手がべとべとになり、当時は高価だったグラスがすべり落ちやすかったからだろう。

「アプフェルヴァイン」と合わせるのは、悪名高い「ハンドケーゼ・ミット・ムジーク」（手のチーズ音楽添え）だ。「ハンドケーゼ」は手で成形した酸っぱい牛乳のチーズで、きらきらとした乳白色は、皮をむいた梨のようだ。チーズにはキャラウェイ・シードや生のオニオンをトッピングし、オイル、ビネガー、水を混ぜたドレッシングをふりかけ、バターつきパンと食べることが多い。酸味のあるしっとりとしたチーズがもつ酸っぱいビネガーの風味さえ好きなら、「アプフェルヴァイン」に合わせるにはすばらしいひと品だ。音楽（ムジーク）の意味を聞くと、「あとでわかる」と言われるだろう。生のオニオンが消化器官のなかで勝手気ままにふるまうからだ。

ヴァーグナーはとてもアットホームな雰囲気で、すぐ近くにあるフーターズとはまるで違う。ヴァーグナー・ブランドの土産もおいてはいるが、昔ながらの「アプフェルヴァイン」の伝統に忠実だ。ザクセンハウゼンがもっとどんちゃん騒ぎに陥るまで時間をつぶすつもりなら、ここではなごやかな土曜の午後を満喫できる。

上：「ベンベル」。伝統的な青色の模様が描かれた陶器の壺は、「アプフェルヴァイン」を入れ供するのに使用する。
次ページ：「ベンベル」の中身は、写真のような何人もの集まりでは、あっという間に消費されてしまう。

世界各地のシードル──ドイツ

果樹園の住人──
アンドレアス・シュナイダー

アンドレアス・シュナイダーの身体に流れているのはリンゴ果汁にちがいない。

　シュナイダーはこう言う。「両親はニーダー・エルレンバッハに落ち着き、1965年にリンゴを植えました。私が生まれる4年前のことです。私はこの果樹園で生まれ、リンゴの木の下で育ち、父が剪定して枝を集めるのを手伝い、あとになると私が木にのぼって剪定しました。そこで育ったことで自然への敬意が生まれ、私という人間ができたのです」

　アップルワインへの情熱はずっと続いていたものの、シュナイダーは、伝統的なアップルワイン文化は「その顔や個性を失った」と感じるようになる。彼は、美しいボトルに詰めた、単品種のアップルワインへの特化をはじめた。「高い品質だからこそ、客はお金を払おうと思うのです。そのお金で私は実験し、さらに学び、品質を高めることができます」。シュナイダーは現在幅広い種類の酒を生産している。樽から直接供する新鮮な「アプフェルヴァイン」や、ヴィンテージ、単一品種、また自家果樹園のリンゴで作ったボトルド・アップルワイン。スパーリングのアップルワインも、フォースカーボネーションと瓶内二次発酵の両方がある。

　アプフェルヴァインコントロールのコンスタンティン・カルヴェラムはこう解説する。「シュナイダーが作る甘さが残る〈アプフェルヴァイン〉は、〈アプフェルヴァイン〉を好きではない人にもよく飲まれています。ですが自家果樹園の伝統的な古い品種で作った、タンニンとリンゴ酸が強いドライな「アプフェルヴァイン」もそれはすばらしいのです」

　ではシュナイダーの秘訣とはなんだろう。「待つのです」と彼は笑う。「それが〈アプフェルヴァイン〉作りです。春に花が咲いたら、霜にやられないよう願って待つ。夏には果実に最適な天候になるのを待ち、秋には収穫によい日を待つ。搾汁したら2、3日落ち着かせ、発酵室に移して天然酵母に働いてもらう。そして待つ！　50種を超える年もありますが、すべてテイスティングし、最適なタイミングで瓶詰めして低温の貯蔵庫に入れるのです」

　シュナイダーは、フランクフルトがシードル世界の首都だと思っている。ミヒャエル・シュトゥックルと、シュナイダーは年に一度の「アプフェルヴァイン・イム・レーマー」（2014年からはInternational Apfelwinmesse in Frankfurt am Main）を考案した。2009年に初開催のこの催しでは、シードル生産者とその製品が世界から集まる。フランクフルトは彼にとって開催地として都合のいい街だが、それ以上の点にも言及する。

　「ドイツは世界でもっともシードル作りに多様性のある国です。スペインのシードラ、カナダのアイスシードル、ポートやシェリー・スタイルのシードル。あらゆるタイプのアップルワインを生産する国はここだけです」シュナイダーはこう解説する。

　世界中が相互につながる現代にあって、シードル世界は驚くほど多様になっている。これはシードルの魅力のひとつでもある。だがシードルには、アンドレアス・シュナイダーのように、シードル共通のアイデンティティを見出してくれる生産者が必要だ。シュナイダーの言葉を借りれば、「その個性と顔」を。

　「準備万端です。あとは時間だけ。ワインは2000年かけて文化を作ってきたのですから、忍耐強く待つのです！　ライトでフルーティなタイプのアップルワインは、将来の成功のカギとなるはずです」

次ページ：アンドレアス・シュナイダーは、
特徴的なポニーテイルのおかげで、すぐにそれとわかる。

"待つのです！
それが
〈アプフェルヴァイン〉
作りです"

アンドレアス・シュナイダー
〒60437　フランクフルト、ニーダー・エルレンバッハ
アム・シュタインベルグ24
www.obsthof-am-steinberg.de

プロファイル──アンドレアス・シュナイダー

ドイツ――推奨シードル

アプフェルヴァインコントール
[APFELWEINKONTOR]
フランクフルト
www.apfelweinkontor.de

ヴァイン・アウス・アプフェルン2012 トロッケン[Wein aus Äpfeln 2012 Trocken]（ABV6パーセント）

薄い色で繊細、きりっとしていてさわやか。ライトな骨格で非常にクリーン。深いリンゴの香りがなければ、よくできたリースリングを飲んでいると錯覚しそうだ。

ベンベル・ウィズ・ケアー
[BEMBEL WITH CARE]
ヘッペンハイム
www.bembel-with-care.de

アプフェルヴァイン・ピュア
[Apfelwein Pur]（ABV5パーセント）

目立つカン入り。「新世代」をうたう外観だ。シードルはクリーンでシャープ。伝統的「アプフェルヴァイン」よりもかなりドライ。

ディーター・ヴァルツ
[DIETER WALZ]
オーデンヴァルト
www.apfelwalzer.de

アプフェルヴァルツァー・トロッケン
[Apfelwalzer Trocken]（ABV8パーセント）

瓶内二次発酵で微炭酸。心地よいリンゴの香り。果実感、甘味、酸味のバランスがとれている。

フライアイゼン・アプフェルヴァイン
[FREYEISEN APFELWEIN]
フランクフルト
www.freyeisen.de

フライアイゼン・アプフェルヴァイン
[Freyeisen Apfelwein]（ABV5.5パーセント）

破砕した甘いリンゴの香りにわずかにバイオレットをなぞれ、甘いリンゴの風味にカラメルのニュアンスがともなう。その後おだやかなタンニンが顔を出し、ドライなあと味。かすかなチーズっぽさとわずかにぴりっとする余韻。

推奨シードル

ヨルグ・ガイガー
[JÖRG GEIGER]
バーデン・ヴュルテンベルク州シュラート
www.manufaktur-joerg-geiger.de

ビルネンシャウムヴァイン・アウス・デア・シャンパネル＝ブラトビルネ・トロッケン
[Birnenschaumwein aus der Champagner-Bratbirne Trocken]
(ABV8.5パーセント)

この瓶内二次発酵のシャンパン・スタイルのペリーは、しっかりとしたタンニンの骨格をもち、鮮やかな梨の香りとほどよい酸味があり、一方でクリーンさとキレは残る。風味豊かでとても飲みやすい。

ケルテライ・ヨアキム・ドーネ
[KELTEREI JOACHIM DÖHNE]
ヘッセン州カッセル
(ホームページ未開設)

シャウエンブルガー・アプフェルシャウムヴァイン・トロッケン
[Schauenburger Apfelschaumwein Trocken]
(ABV10パーセント)

「メトード・トラディショネル」による発酵で、深い金色。さわやかなリンゴの香り。この「トロッケン」・スタイルはドライ(「トロッケン」の意味)だが、少々残留糖分があり、さわやかさ、酸味、酵母、ドライさが完璧なバランスを作っている。

ケルテライ・ネール
[KELTEREI NÖLL]
フランクフルト
www.noell-apfelwein.de

アプフェル＝セッコ [Apfel-Secco](ABV5.5パーセント)

フレッシュな香りをもち軽やかな炭酸。口あたりがよく、果実感、酸味のバランスがとれて、非常にドライ。わずかに苦味のあるあと味。

ケルテライ・ポスマン
[KELTEREI POSSMANN]
フランクフルト
www.possmann.com

フランクフルター・アプフェルヴァイン [Frankfurter Apfelwein](ABV5.5パーセント)

フランクフルト最大の「アプフェルヴァイン」のブランドが作る。酸味のあるリンゴのライトな香りにドライで酸味のある風味が続き、ライトなかんきつ系のノートをもつ。クリーンなあと味。

世界各地のシードル──ドイツ

ケルテライ・シュティーア
[KELTEREI STIER]
マインタール＝ビショフスハイム
www.kelterei-stier.de

ビシェメル・シュパイアリング
[Bischemer Speierling]
（ABV6パーセント）

「シュパイアリング」、つまり「サービス・フルーツ」を使ったシードル。フルーティでぴりっとした香りが、ライトな青いプラムを思い出させる。未熟のアプリコットとグリーン・アップルのノートが口に広がり、「シュパイアリング」の、ドライできりっとした余韻が続く。

モスト・オブ・アップルズ
[MOST OF APPLES]
ニーダーザクセン州ダーレム
www.mostofapples.de

バリーク・シードル・オブ・アップルズ No.1[Barrique Cider of Apples No.1]
（ABV11パーセント）

本書で紹介するなかでもっとも変わったシードル。毎年性質は異なるが、この年はバニラ、赤トウガラシ、チリ、マルメロ、レッドおよびブラックフサスグリ、ランベンダーとともにリンゴを熟成させている。フレンチオークの樽で15か月熟成させたシードルは風味とセンセーションが多種多彩で、おそらくはほかのなによりデザートワインにちかい。さまざまな風味のなかにシェリーのようなアルコール感とバニラの甘味をもつ。

オブストフ・アム・ベルク
[OBSTHOF AM BERG]
クリフテル
www.obsthof-am-berg.de

クリフテラー・アプフェル＝クヴィッテンティッシュヴァイン
[Krifteler Apfel-Quittentischwein]
（ABV10.5パーセント）

リンゴとマルメロをブレンドしたワインのようなシードルで、フレッシュで刺激的なシードルにするためフラクトースをくわえている。マルメロのノートがリンゴとよく組み合わされている。

オブストフ・アム・シュタインベルグ
[OBSTHOF AM STEINBERG]
フランクフルト
www.obsthof-am-steinberg.de

ゴルトパルメーネ・デラックス
[Goldparmäne Deluxe]
（ABV4パーセント）

フルボディで、ナッツと熟したリンゴの香りをもつ。フレッシュな酸味と繊細なタンニンがたっぷりとした果実の風味を支え、フラクトース、リンゴ酸、タンニンとのバランスがすばらしい。

推奨シードル

ヴィルトリンゲ・アウフ・レース2011
［Wildlinge auf Löss 2011］
（ABV4パーセント）

野生リンゴの品種を澱とともに熟成させるため、ヴィンテージごとに性質が異なる。2011年の年初に発酵を終えており、強いリンゴの香りに、カラメルとバニラのニュアンス。熟したリンゴ果実のたっぷりとした味わいをもつ。

ラップス・ケルテライ
［RAPP'S KELTEREI］
ヘッセン州カルベン
www.rapps.de

マイスターショッペン
［Meisterschoppen］
（ABV5.5パーセント）

伝統的「アプフェルヴァイン」の主流。深いオレンジ色でたっぷりとしたリンゴの風味。やわらかな酸味とチーズのようなかび臭のニュアンス。

トロシュス
［TREUSCHS］
ライヒェルスハイム（オーデンヴァルド）
www.treuschs-schwanen.com

トロシュス・アプフェルヴァイン
［Treuschs Apfelwein］
（ABV7.8パーセント）

リンゴと梨の「キュヴェ」（ブレンド）。きりっとしてフルーティな性質。さわやかで繊細。

ヴァイトマン&グロー
［WEIDMANN & GROH］
フリートベルク／オックシュタット
www.brennerei-ockstadt.de

トリアー・ヴァインアプフェル
［Trierer Weinapfel］
（ABV6パーセント）

ローター・トリアー・ヴァインアプフェル種のリンゴで作った単品種シードル。イギリス・スタイルのシードルで、リンゴを保存後発酵させ、完熟の風味をたっぷりと出す。スパイスのニュアンスに十分な酸味があり、渋味が長く続く。

AUSTRIA
オーストリア

オーストリア

シードルとペリーに目がないという地域は世界に多数あるし、シードルが地域の文化に影響をおよぼしているところもある。だが、シードルとペリーがその地のアイデンティティや風景まで形作っているとまで言い切るところはめったにない。オーストリアでもローワー・オーストリアの北部州にある「モストフィアテル」（「シードル地方」）では、シードル人気が非常に高く、この地域の名はシードルにちなんでいる。

シードルとペリーはオーストリア全土で飲まれている。「モスト」（現地発音は「モシュト」にちかく、ラテン語で「圧搾果汁」の意味）という語はシードルとペリー、またリンゴと梨のブレンドである「キュヴェ」にも使われる。一部地域では、ドイツ同様の「アプフェルヴァイン」の伝統をもつ。だがドナウ川の南、アルプス山脈のふもとでゆるやかに起伏し、おだやかな気候をもつ地は、梨一色だ。「モストフィアテル」におけるペリー熱は世界のどの地域をも凌駕し、ヘレフォードシャーとノルマンディさえも負けるほどだ。

この地域の名はその大きな特徴にちなんでいる。ヨーロッパ最大の梨栽培地で、その地位は不変だ。梨栽培が200年も続く地域もあり、品種は300種にのぼると目されている。

吟遊楽人たちは、1240年ころすでに「モスト」の効能を歌っていた。500年のち、オーストリア大公妃マリア・テレジアが女帝となり、オーストリアの国際的地位を向上させようと改革に取り組むと、「モスト」に大きな上昇の波が訪れた。果樹の植樹に報奨金が設けられたからだ。「モストフィアテル」では梨の植樹に力を入れ、道路沿いにこれが何列も植えられた。マリア・テレジアの息子、ヨーゼフ2世はこの計画を進め、100本以上植樹した者にはメダルを授与し、結婚の祝いにも植樹するよう命じた。

「モストフィアテル」は一躍、梨の木と、梨から作った酒で有名になった。1938年にはこの地域の梨の木は百万本にものぼり、ペリーは農場労働者が好んで飲んだ。

伝統的な製造方法はいたって簡単だ。梨が熟して落果するまで待ち、それを拾い集めて圧搾する。果汁は木製の樽で貯蔵し、6から12週間かけて自然に発酵させる。その後は生産者によって異なり、滓に接触させて風味を出すか、上澄みを樽に移し替えて熟成させるかに分かれる。

「モスト」の大半はボトルに詰めるが、一部は樽に残し、ファームハウスにやってきた客が自分で容器に詰められるようになっている。こうすると樽が空くたびに残った「モスト」は酸化し、品質が一定しないことがある。第二次世界大戦後に「モスト」人気が低下したのは、このためだろう。国民の収入増加とともに、このファームハウス産の酒はビールやワインよりも下に見られるようになった。名物の梨の木は姿を消しはじめ、農家は代わりにトウモロコシを植えた。

復興(ルネサンス)がはじまったのは1990年代だ。「モスト」生産者のグループが、品質を向上させようと力を合わせたのだ。この生産者たちは

上：オーストリアのペリー熱は非常に高く、建物のデザインに梨が取り入れられていることもある。

世界各地のシードル——オーストリア

レストランやバーとも協力してペリーの販売を促進したが、賢明にも風景がカギを握ると気づき、これが決定打ともなった。道路沿いに並ぶペリー用梨の古木はこの地域の大きな特徴であり、4月下旬から5月初旬にかけて花が咲くと、緑の丘陵地は白く染まって輝くようだ。「モスト」生産者はこのみごとな景色を観光の起爆剤とし、「タークデス・モスト」(「モスト・デイ」)を作った。4月の最終日曜日に、10万人もの人々がこの地域を訪れ、景色を楽しみながらペリーを飲む。

この日を満喫するには、現在この地域に設けられている、200キロメートルにおよぶ周回路の「モストシュトラーセ」をたどるのが一番だ。自動車、自転車用の標識もわかりやすく、この道路から延びるハイキング道路も完備されている。木々は絶えず、中庭をもつ四角いファームハウスが目につく。この美しい堂々とした建物については、この地域では、「ファームハウスはみな〈モスト〉が建てた」と言われている。「モスト」のブランドの一部は底が四角

のボトルで販売されているが、これは四角のファームハウスを表している。

もちろん、200キロメートルのシードル・トレイルをたどるとのどが渇く。だから、こうしたファームハウスがホテルやレストランを補い、道路沿いに「ホイリゲ」と呼ばれるバーを開設する。木の梁の下に簡素な家具をおいた居心地のいい部屋では、肉と羊乳のチーズといった簡単な食べ物と一緒においしいペリーを出す。

「モスト」の価値を認め、伝統を復活させようと熱心に活動する人々は、協力して「モストバロンス」という共同体を結成した。参加するためには、「モスト」推進への情熱と、「モスト」愛、その伝統にかんする知識、革新をもたらし伝統を進歩させていくという意欲を示さなければならない。現在「モストバロンス」は19人だ。赤いバンドと白い羽根のついたやわらかな黒い帽子をかぶり、正式な場では式服(男性)とダーンドルスカート(女性)を身に着けている。

1995年以降はあらたに6万本の梨が植えられ、伝統の一部が変化しつつあるのは、彼らの努力によるところが大きい。一部生産者は、非常にあつかいが難しい梨の木は、周囲と離し、ほかの木と養分を取り合わないようにすることが必要だと考えるが、新たな植樹の多くは同じ果樹園のなかで行われている。オーストリア・「モストソムリエ」・ギルドの議長であるミヒャエル・オベライグナーは、その理由をこう述べる。「私が〈モスト〉の生産について学んだのは祖父からなので、昔のやり方のあれこれがよくわかっています。古木が点在することの不利益は、10メートルもの高木になって、落果したときに傷がつく点です。現在は低木仕立てにし、集約的に植えて果実の品質が向上するかどうかみています」

製造工程も変化している。現在ではより科学的になり、天然酵母は養殖酵母に、また清潔さとフレッシュな風味を求め、木製の樽はステンレス製に変わっている。毎年開催される「ゴールデン・ペア」のコンペティションは最高のモストを選ぶのにくわえ、改善を必要とする生産者にフィードバックと指導も行うものだ。「モストバロンス」はいくつもある共同体のひとつにすぎず、共同体の一部は専門性をもちより、協力しあって、この土地の恵みを最高に生かすモストを生み出そうとしている。

今日の「モスト」は4～7パーセントのアルコール度数で、ワインと同じように売られ、飲まれている。スイートやドライがあり、甘口は、温度を下げて発酵をとめ、酵母を除去している。使用するのはかならず100パーセントのストレート果汁で、水や濃縮果汁はくわえない。「モスト」自体もすばらしいが、地元料理との相性も最高で、料理も「モスト」を中心にすえて進化している。

「モスト」が生産されるのはオーストリアの9州のうち4州のみだが、全土で人気がある。需要はしだいに増加しつつあり、特筆すべきは、世界でかつてないほどシードル人気が高まるなかで、オーストリア市場では、大規模な国際的商業ブランドの売り上げが占める割合は5パーセントに満たず、さらに低下しつつある点だ。地元産のものへの興味が増しているからこそ、人々は「モスト」を飲みたいと思う。飲酒習慣だけでなく、料理や人、それをとりまく風景そのものまでを作り育んできた産物が、この地にはある。

上:「モストフィアテル」。起伏のゆるやかな牧草地を周回する、200キロメートルの「モストシュトラーセ」をたどるとこの風景を堪能できる。

オーストリア──推奨シードル

シュタイネルネ・ビルネ
[STEINERNE BIRNE]
ハーグ
www.steinernebirne.at

スペックビルネ・ビルネンモスト・トロッケン
[Speckbirne Birnenmost Trocken]
(ABV6.5パーセント)

明るく薄い黄色で、フレッシュなかんきつ系と梨の香り。口に含むとフルボディだがタンニンは少ない。しっかりとした酸味で余韻が長く残る。

ハンスバウエル
[HANSBAUER]
ハーグ
www.hansbauer.at

フロリナ・アプフェルモスト
[Florina Apfelmost]
(ABV6.9パーセント)

ワインのような薄い色。非常にフルーティで花のような香りとおろしたリンゴの皮の風味をもち、フレッシュで優雅な酸味が口に広がる。

セッペルバウエル
[SEPPELBAUER]
アムシュテッテン
www.seppelbauer.at

アプフェルモスト・バリーク
[Apfelmost Barrique]
(ABV7.2パーセント)

金色がかった黄色で、熟れたリンゴとバニラの香り。オーク樽で1年熟成させ、木の性質を味わえる。

ディー・シュナップシディ
[DIE SCHNAPSIDEE]
オーストリア、ライヒハブ
www.die-schnapsidee.at

アプフェル・エルスター
[Apfel Elstar] (ABV45パーセント)

エルスター種のリンゴのみ使用の単一品種ブランデー。フルボディでその性質が持続するため、このリンゴはアルペン地方の蒸留所で人気がある。ライトでフルーティなこのブランデーは、フレッシュなリンゴの風味をずっと楽しめる。

パンクラツォファー
[PANKRAZHOFER]
オーストリア、トラグヴァイン
www.pankrazhofer.at

ビルネンモスト・ヴィナヴィッツビルネ
[Birnenmost Winawitzbirne]
(ABV6.2パーセント)

ソフトでフルーティな香りに、ごくわずかにカビ臭いニュアンス。非常にシャープで口にさわやかで、きりっとした果実の皮と果肉の風味をもつ。

UNITED KINGDOM
イギリス

イギリス

フランス、スペイン、一時期のドイツと同じく、イギリスのシードル（サイダー）好きたちは自国がその心の故郷だと信じている。多くは、イギリスがシードルの「母国」で、ここで発明され、ここだけで飲まれていると思いこんでいる。イギリスでは、どのシードル関連書もその歴史にかんする記述は短く、ローマ人とフランス人は通りがかりに手助けしただけで、シードル作りの確立はイギリス人主体だったとある。

歴史の古いもの、発展中のもの。世界にはイギリス以外にもシードル文化があると私たちが語るときの、友人や同僚のびっくりした顔を見るのは、本書執筆中の楽しみだった。公平に言うとこうなっても仕方ない事情もあり、著者である私たちは、友であるイギリス人を無知だと決めつけるわけにはいかない。イギリスは世界のシードルの半分ちかくを生産・消費しているのだ。少なくとも、どのパブやスーパーマーケットやコンビニにもひとつはシードルのブランドがおいてある。それにイギリスはまちがいなく、世界最大のコマーシャル・ブランドをもつ国なのだ。

量より質となると話は違ってくるが、それでもそれなりのものに目を向ければ、本書に推奨できるイギリス産シードルは多い。本書の推奨シードルにはどの国よりもイギリス産シードルが多いが、私たちは、自分のセラーの中身にかけて、えこひいきではないことを誓う。イギリスには、シードルを名乗るのは厚かましいほどひどい酒があることも認めよう。料理と酒においては、イギリスには優劣両極端のものが存在するのだ。

シードルはローマ人とともにイギリスに入ったのだろうが、ローマ人とともにその記録は消されている。リンゴがここで栽培されていたことはわかっているが、それを圧搾して果汁にしたとしても、ごく小規模でしかなかったはずだ。はっきりしたことはわかっていない。シードルを意味する語がなくワインとして分類され、果実酒向けのさまざまな語や、聖書にある「シェケール」という語が使われたためだ（「シェケール」がシードルに変化したとする説もあるが、実際には、これはアルコール度数の強い酒全般を意味した）。多くが書き記されるわけではない時代に記録がないからといって、シードルが生産されていなかったとは言えない。だが、シードル生産が特筆すべきものではなかったという意味ではある。ノルマン人が海峡の向こうでシードル文化を確立していたことを根拠に、ノルマン人がシードルをイギリスに再度もち込んだとも言われている。しかし、1205年まではシードル生産が行われていたという確かな証拠はないのだ（ビールについては多数証拠があるのだが）。この年には、リーダムおよびストークスリーの領主であるロバード・デ・エヴァミューが、税の一部を、ペアメイン（フランス原産のリンゴ品種）400個と大樽4個の「ペアメインのワイン」で支払っている。

実際には、イギリスは中世までワインを非常に好んでいた。ワインは、キリスト教徒が秘跡に使用するところにはかならずあり、イングランドの修道院のすべてにブドウ畑があった。だがフランスとドイツでは、13世紀ころ平均気温が低下してブド

次ページ上：ロイヤル・バス＆ウエスト・ショーでおかれた見本。一地方の行事だが、世界最大のコンペティションも行われる。
次ページ下：バローヒルのバス。
ロックフェスのグラストンベリー・フェスティバルで長く続く出し物。

世界各地のシードル──イギリス

ウの木が枯れた。イングランドはフランスにワインを頼りはじめており、イングランドとフランスが戦争中には（この当時の大半がそうだったが）、フランス産ではない代替品をさがし、庇護した。

15、16世紀には非常に多くのリンゴの木が植えられ、17世紀には、シードルを低温で保存するためのセラー付きファームハウスを建てるのが一般的になった。ドアの幅広さは、発酵槽が巨大だったことの名残だ。シードル作りはイングランド南部のさまざまな地域でごくふつうに行われるようになった。この地域の東側は、人口が多く交通も発達し、長期にわたり、リンゴはキリスト教国最大の都市ロンドンでの食用に栽培された。西は、人口は少なかったが、「テロワール」と気候がリンゴ栽培により適していた。

17世紀、科学好きの紳士たちがシードルはイギリス版ワインだと説きはじめ、専用品種栽培に取り組み、キーヴィングや瓶内二次発酵といった醸造法を開発し、そしてフランス産高級ワインにあらゆる点で匹敵する高級品を作ろうとした。多数の手引書が刊行され、専用品種の植樹が推奨されて、すばらしいシードル作りのための情報が発信された。

だがシードルが、イギリスで上質なワインに代わることはなかった。ヘレフォードシャーの紳士たちは、主要都市の紳士たちとはあまりに違っていた。ロンドンの上流階級はポート・ワインを好み、労働階級はポーターのビールをがぶ飲みした。イースト・アングリアはリンゴ栽培に好適な環境でアスポールとゲイマーズが上質なシードルを生産したが、醸造用よりも生食用リンゴが優先された。平地の農地の大半では、果樹ではなく穀物を栽培した。ケントでも同じで、ここはイングランド一の果樹栽培地域だが、ホップ園のほうが有名になった（ホップも豊富に栽培されているヘレフォードシャーとは反対だ）。

西部地方の、とくにヘレフォードシャー、グロスターシャー、ウスターシャーのスリー・カウンティーズ（3州）と、南西のおもにサマセット、デヴォンでは、シードルは大邸宅の洗練さとは無縁の、ファームハウス産の素朴な酒だった。シードルは、手に入れやすくほかには用途のないリンゴで作られ、農場労働者に賃金の一部として払われた。収穫時など農場の繁忙期には労働力が必要なため、屈強な労働者が、高い賃金と最高のシードルを提供する農場を渡り歩くのだ。こうした賃金の一部払いとでもいえるものは、19世紀制定の現物給与禁止法によって違法となったものの、その後も陰では続けられた。

ファームハウス・タイプの需要の減少にはふたつの原因があった。第二次世界大戦後に農業は機械化され、酒好きの渡りの農場労働者は結果として都市部に移動し、ビールを飲むようになったこと。さらに、工業化と交通の発達でコマーシャル・ブランドが隆盛となり、農家はこうしたメーカーに長期契約でリンゴを売り、自分で作るよりメーカーからシードルを買うほうが手がかからなくなった点だ。ビールに押されシードルの消費量が減少するにつれ、大手メーカーが競合者を取り込み、残ったのはひとにぎりの生産者となった。

1980年代半ばには、安価なタイプのシードルの価格は下がり続け、それがシードル全体のイメージとなった。シードルが甘くなると、初めてアルコールを口にする若者が試しに飲むものとなった。さらに安くなると、アルコール中毒のホームレスが路上で飲むものとなった。どちらも、公園のベンチやバス待合所にたむろして飲むようすは、周囲から丸見えだった。そして手にしているのはどちらも、どぎつい色で目を引くが、見苦しくて安価な、2リットル入りのペットボトルだった。イメージ最優先の時代には、どんな宣伝よりもこれを飲む代表的な層によって、シードルは望ましくない飲み物だというイメージが定着してしまった。

シードルの売り上げは急落した。主要な生産地では、リンゴが伐採されて他の作物に替えられた。ほかに興味を示す人がいないなか、バルマーズとゲイマーズが残るシードル市場の大半を吸い上げ、支配するようになった。一時は、バルマーズの旗艦ブランドであるストロングボウが、パブ市場のシェアの90パーセントを占めたほどだ。

市場が求める低い価格に合わせ、また節税のため、一部生産者はアルコール度数が高い「ホワイト・サイダー」を作り出した。果汁は（含まれていたとしてだが）ごくわずかなこの化学物質の混合物（プロとしての必要性から味見した）は、ごくわずかな現金収入しかない人でも小銭で買える最も度数の高い酒として売られていた。

そして大半の人々は、シードルに無関心となった。

とはいえ需要はまだいくらかはあった。ストロングボウは全国に販売網をもち、広告も続けていた。だがいつのまにか「サイダー」という語はラベルから消え、「ストロングボウ」という名だけが残って、少し甘い、ビールの代替飲料となっていた。

そこに、マグナーズが登場した。

酒を飲む行為は儀式にほかならない。パイント・ボトル［1パイント（約568ミリリットル）入りのボトル］と氷をいっぱいに入れたパイント・グラスを手にとり、シードルを氷の上からそそぎ、飲んだらつぎ足す。マグナーズによるこのちょっとしたアイデアは、イギリス人が好きな、夏に飲むくつろぎの1杯にぴったりだった。

若い頃に公園のベンチでアルコポップを飲んでいた世代は、シードルにあまり先入観をもたずにパブにやってきた。彼らにとってマグナーズは、わくわくする新しい酒だった。ほかのブランドも追随すると、シードルはビールよりもずんぐりしたボトル、とい

うイメージもできた。またビールはマッチョの飲み物で、女性はあくまでも脇役という図式の広告が何十年も続いていたため、この素朴な夏のイメージは、男女の区別がなくさわやかなものに映った。

「本物のシードル」にこだわる人は、大規模で工業的生産、商業主義のマグナーズをまがい物とみなしたが、現実には、イギリスのシードル産業にとってマグナーズはたのみの綱だった。「サイダー」と名がついてさえいれば注目を集め、農場の前で直売するようなごく小さな生産者も売り上げが増え、今や、伝統的な生産地では、果樹を伐採するどころか植樹するまでになっている。

イギリスでは今も、「ホワイト・サイダー」や、リンゴの木との関連などあるかないかの工業的製品が生産されている。だが伝統的なファームハウスの生産者には若い世代が増え、新世代のシードル・ファンは、古いスタイルや放置されていた果樹園に目を向け、グルメの観点からも注目されている。農場のショップやデリカテッセンで「リアル・サイダー（本物のシードル）」を買えることもあり、これをおくパブも増えている。リアルエールのフェスティバルや州の見本市、新しく登場したシードル専門家のイベントでも目にする。

シードルは国を代表する酒になったわけではない。だがイギリスの偉大なビールと、新世界の強く酔いがまわりやすいワインとの中間というおもしろい位置にはある。歴史が長く、多くの点で匹敵するものがないほどの伝統をもつにもかかわらず、イギリスの人々には、ほかの酒にくらべシードルの知識はずっと少なく、世界最高のメーカーがここにあることを知りもしない。パブで飲めるのも、シードルと言えるもの、シードル通の人にとってのシードルはごくわずかだ。巨大な商業的生産者や一部の熱心な「本物のシードル」信奉者の意見とは異なるかもしれないが、私たちは、イギリス人とシードルの新しい関係がはじまったばかりだと思っている。

前ページ：グラストンベリーで人生を考えるシードル生産者、トム・ダンバー。
上：シェピーズ・オーチャードで落果するリンゴ。ビルは、このショットをどうやって撮影したのか明かすつもりはない。

アップル・デイ
コミュニティ

上：バローヒルのアップル・デイ。

この20年でもっとも有名なロック・ミュージシャンがリンゴの木の下にひざまずいている。そして木の周囲をまわりながら、ぎこちなくボトルを振る。非常に高価なアップルブランデーをその根元にそそいでいるのだ。

ベストセラーになった自伝でふり返っているが、彼は過去に、酔ってこれよりはるかに突飛なこともしでかしている。だがこの日、インディ・ロックのレジェンドであるブラーのベーシスト、近年ではチーズ生産者として成功をおさめているアレックス・ジェームスの行動を、人々はうやうやしく見守っている。ジェームスの向こうにいる地元の牧師は、ジェームスが木の周囲をまわり、そそぎきるまで、感謝の祈りを詠じる。グラストンベリー・フェスティバルを創設したマイケル・イーヴィスはこれを見守り、さまざまなファッションの見物人とサマセットの農家（一部は奇抜な格好をしている）とともに拍手を送る。これができるのは、バローヒル・スタイルのアップル・デイだけだろう。

アップル・デイがあるのはジュリアン・テンプレイの農場だけではない。何百ものこうしたイベントが各地で開催されるが、その多くには音楽界のレジェンドなど登場しない。だがこの年は、この全国的イベントを創設したふたりの女性がここで過ごす予定だった。スー・クリフォードとアンジェラ・キングは、1982年に圧力団体であるコモン・グラウンドを作り、「地方の独自性」を推進し、人と自然の関係保全を支援しようとした。ふたりはこの目的のために多数の策を考え、1990年10月21日に最初のアップル・デイを開催して、コヴェント・ガーデンの広場で、イギリスの文化、風景および野生の営みにはリンゴが重要だと訴えた。

「お祭りは地元での行動の出発点です」。ふたりは、『アップル・ソース・ブック(The Apple Source Book)』に書いている。「お祭りが精神を高揚させ、連携を生み、目を開かせます」

本ではアップル・デイ運営のアイデアが紹介されている。アップル・デイは現在、毎年10月21日に一番ちかい週末に行われる。小さなホーム・パーティーから何千人もが訪れるイベントまで、どんなものでもよいという。村のホールや学校、教会、パブなど、コミュニティにとって重要であったりシンボルであったりする場なら、開催場所はどこでもよい。国会議事堂でもいいのだ。

「第1回のアップル・デイのポスターには、その一円のあらゆるリンゴ品種の名を載せました」。アレックス・ジェームスが仕事を終えると、アンジェラはビルと私に語った。「2回目以降もずっとそうです。リンゴこそがアップル・デイをはじめた理由ですか

次ページ上：ベースギターをシードルブランデーにもち替えたアレックス・ジェームス。

"お祭りは地元での行動の出発点です"

ら。消えかけている文化があることがわかっていましたから。たくさんの木が掘り起こされていました。1970年代にはフランス産ゴールデン・デリシャスの人気が上昇し、イギリスの業界は、1種にしぼってこれに対抗しようとしました。だから、アップル・デイは果樹の保全を目的としたんです。リンゴはいろんなことをしてくれて、さまざまな品種があって、その多くは〈ここに〉あるんです」。アンジェラは足で土をぽんぽん踏むと言った。「土は何十年もそのままですからね。いろんな命がつまっています」

計画はうまくいっている。『アップル・ソース・ブック』の最新版では、現在イギリスでは、調理用、生食用、シードル用合わせておよそ3000ものリンゴ品種が栽培されているとある。

マルド・シードル(アップルブランデーをワン・ショットくわえた)をお代わりしようと歩いて農場にもどると、妻が言った。「アレックス・ジェームスが私ににっこりしたのよ」。まだ若くハンサムで有名な億万長者が、自分から妻に微笑んだ。おもしろくない私とのあいだに居心地の悪い沈黙が生じる。でも妻はこうも言った。「でもやっぱり、あなたのほうがいいわ」

右:大量のリンゴの山を前にすれば、だれだって童心に返る。

バルマーズ
およびイギリスのコマーシャル・ブランド

世界最大のシードル市場では、まさにシードルそのものをめぐる永遠の戦いがある。一方にあるのはキャンペーン・フォー・リアル・エール（CAMRA）。「リアル・サイダー（本物のシードル）」とは、すべて自然由来の、炭酸ガスもくわえない、火入れ殺菌も精密濾過も行わず、濃縮果汁も使用しないものだと定義する。もう一方には大規模なコマーシャル・ブランド。「本物」の定義は、とくにこうしたブランドを除外するために設定されている。

だがCAMRAの定義に従えば、本書に取り上げる多くのすばらしいシードルも除外され、また、この定義がかならずしも品質保証をしてくれるわけでもない。私たちが飲んだ最高のシードルには濾過や炭酸ガス圧入を行っているものもあり、一方で非常にまずいシードルが「本物」で、大きく手をくわえる必要がある場合もある（私たちも濃縮果汁の使用くらいは認める）。

イギリスの愛飲家の大半が、シードルとはビール同様冷たく泡立つ酒で、たいして味がない、と思っていることにCAMRAが不満を抱いていることはわかる。多くの人が飲みたいのは口あたりのよいシードルであっても、CAMRAは、巨大メーカーが、もっとおもしろみのある味を求める人たちの邪魔をするのがいらだたしいのだ。

イギリスの巨大メーカーのおもしろい点は、大きいことがかならずしも悪くはないところだ。この10年で初めてバルマーズ・シードルを飲んだ人なら、この世界最大のシードル・メーカーが、数々の貴重な製品と王室御用達許可書という、すばらしく誇らしい歴史をもつことに驚くだろう。

バルマーズは1887年、ヘレフォードシャーにおいてHP・「パーシー」・バルマーが、兄のフレデリックの手を借りて創設した。パーシーは子ども時代に病気にかかりきちんと教育を受けられなかったため、裕福な牧師の息子に期待されるような仕事に就くことはできなかった。そこで起業を決意し、母親からの、事業をやるなら飲食関係で（これはすたれることがないから）、という賢明な意見も参考にした。父親は「土にかかわることならあらゆるものに」おおいに興味があり、パーシーは古い圧搾機でペリーの醸造をはじめた。1888年には、兄弟は醸造用の専門施設に移り、事業は成長していった。

バルマーズが同業者と大きく異なるのは、バルマー兄弟がさまざまな飲食物のひとつとしてシードルを作る農民ではなく、事業を成功させようとする起業家だった点だ。兄弟は断固とした決意で仕事を手がけ、自分たちより250年前の、スクダモア卿をはじめとするヘレフォードシャーの名門の人々が品質にこだわった姿勢にならった。

だが交通の便や広く宣伝可能な点ではスクダモア卿よりも有利であり、スリー・カウンティーズ（3州）をはるかに超える市場の形成に成功し、まもなくロンドンでも兄弟のシードルが大量に販売されるようになった。

スクダモア卿同様、バルマー兄弟もフランスを参考にした。パーシーはランスとエペルネのワインとシャンパン生産者を訪ね、1906年に、「スーパー・シャンパン・シードル・デラックス」を発売、1916年には「ポマーニュ」と改名した。1970年代後半から

中央：素朴な農場にはじまり、コマーシャル・ブランドへと大きく発展した。
右：ローリー・リーの有名な本（『ロージーとリンゴ酒』）に出てくるのは人を惑わす秘薬、シードル。メーカーの宣伝などではなかったが、何世代にもわたり、シードルはイギリスの酒というイメージを植えつけた。

1980年代初期にポマーニュの復刻版として販売されたものを、これが姿を消す前に飲んだ人なら、べとべとの極致と言われた甘ったるい炭酸の酒を思い出すだろう。このため、今日ヘレフォードにあるバルマーズの博物館を訪れて、かつて「メトード・シャンプノワーズ」で作られたこのシードルを、何千本と熟成させていた果てしなく続くセラーを歩くと驚いてしまう。ポマーニュは1911年に王室御用達許可書を授与され、ロンドンの最高級レストランで出されるほどの品質だった。20世紀初頭には、シードルは「西のワイン」、ポマーニュは西のシャンパンと言われていた。

1974年に、シャンパーニュ・メゾンのボランジェがイギリスのシードル生産者を相手取り、「シャンパン」という呼称を製品に使ったとして訴訟を起こし、勝利した。製品をアップル・シャンパンと呼ぶことはできなくなったが、バルマーズはすでに1960年代に瓶内二次発酵方式を止めており、6000リットルの巨大発酵タンクでの生産に切り替えていた。バルマーズは1970年に株式公開し、家族が株の大半を保持してはいたが、すべての株式会社に義務づけられる行動をとりはじめた。成長が持続するよう計画し配当を最大化することと、不要なコストを削減することだ。拡大は急速だった。土地が買い足され、樽が増え、テクノロジーが向上すると、ビン詰めの大規模なラインやテクニカルセンターが新設された。まもなく、シードルを熟成させていた樽は巨大なステンレスのタンクに、リンゴ果汁は水と砂糖溶液に変わった。

バルマーズの言葉を借りれば、ここは驚くべき成功をなしとげ、60か国以上に輸出している。国内では、ウッドペッカーとストロングボウの2大ブランドが、他の競合ブランドすべてを合わせたより売り上げが多い。この成功は、賢明な戦略の（それに、昔を懐かしんで笑ってしまう）宣伝によるものだ。1950年代のセックス・シンボル、ダイアナ・ドースは、「ゴールデン・ゴドウィンに『ノー』とは言わないわ」とコケティッシュに語りかけ、同じ名をもつシャンパン・ペリーを勧めた。そして漫画のキャラクター、ウッドペッカーは、「今晩彼女を誘って飲もう、酔っ払おう」と呼びかけた。

だがシードル愛飲家の目からすれば、シードルの品質は急速に低下した。1890年に初めて生産されたエクストラドライのバルマーズ・ナンバー7は品質のベンチマークであり、他の製品がどれだけおもしろみがなくなったか判断できるものだった。だがこの酒は2000年ころ、いつのまにか姿を消した。

大規模なコマーシャル・ブランドの例にもれず、バルマーズも品質規格に基づくのではなく、小売り業者が望む価格設定にせざるをえない。小売り業者が力をつけるに

世界各地のシードル──イギリス

つれてマージンも搾り取られるようになり、メーカーはコスト削減を続けている。

もちろん妥協もいろいろとある。ブラインド・テイスティングをすると、ウッドペッカーや競合するブラックソーンといったブランドのシードルを飲んでも、リンゴ風味をもつと言えるかどうかは難しいところだ。マグナーズは原料にリンゴを使用しているかのような味のシードルを導入し、「プレミアム・メインストリーム」という新しいカテゴリーを確立した。そしてそこに、リニューアルしたバルマーズ・オリジナルとゲイマーズ・オリジナルと、のちにはステラ・シードルがくわわった。

だが多くの愛飲家が、サッチャーズ、ウェストンズ、アスポールといった、いわゆる「スーパープレミアム」と言われるブランド

2010年にイギリス政府はこうしたシードルもどきに難色を示し、厳しい新規制を導入した。製品を合法的に「サイダー」と呼ぶための、リンゴ果汁の最低含有量を課したのだ。その率は35パーセント。市販のサイダーを買えば、65パーセントは砂糖水と香料、着色料をくわえたものかもしれない。ワインがこれと同じ製法だとしたら、どんな気分だろう。

メインストリームのタイプを作る大手メーカーは今も、その気になればすばらしいシードルを生産できるだろう。とくにゲイマーズはすばらしいボトル入りシードルをいくつも生産しているが、宣伝に力を入れているわけではなく、入手は難しい場合が多い。バルマーズはイギリス全土から新鮮なリンゴを大量に購入しており、希釈前の発酵濃縮果汁は「すぐれたシャルドネのような」味だ

に移っていくのに時間はかからなかった。これらのブランドは大成功し、現在では成長と製品の品質維持の両立という試練に直面しているが、それでもほかのメインストリームのタイプよりはクラフト・タイプにちかいという性質を維持している。

市場のもう一方では、メインストリームのタイプから果実風味をつけたシードルにどっと消費者が流れ、スカンジナビア諸国から輸入したコッパルベリやレコルデールリが大きな成功をおさめている。シードルとは発酵リンゴ果汁から作るものだと思っている消費者がレコルデールリのラベルのコピー（現在では変更されているが）を読むと、混乱したかもしれない。100パーセント純粋なミネラル・ウォーター使用と高らかにうたっていたからだ。こうした目をひくボトル入りの製品と、1990年代に派手に販売されていたアルコポップとは、味にほとんど違いがない。

といわれる。バルマーズは今もシードル文化の頂点に君臨しており、作るシードルが過去のものとは違っていても、ヘレフォードでこの企業のことを悪く言う人はほとんどいない。

2003年、バルマーズは醸造会社のスコティッシュ＆ニューキャッスルに買収され、さらにはこの醸造会社が、2010年に世界的な巨大企業であるハイネケンに買収された。19世紀半ばにイースト・アングリアに設立され、その後サマセットに移ったゲイマーズ・シードル・カンパニーは、同年、マグナーズの親会社であるC&Cに買収された。世界の2大シードル・メーカーが現在力をそそぐのは、世界に通用するブランドの構築だ。

シードル用リンゴの品種にかんして熱心に議論され、また、瓶内二次発酵によるすばらしい「イギリスのシャンパン」がすぐにでも再登場するのは難しそうだ。

左：進歩しつつも、古い時代の象徴として荷馬車を使い続けた。

右：長年、シードルは貧しい人向けのシャンパンの代替酒の役割を果たしている。かつてはバルマーズが、シードルがほんとうは高級な酒、というイメージを使ったこともある。

世界各地のシードル──イギリス

シードル大使
ヘンリー・シュヴァリエ・ギルド・アンド・アスポール

キャンペーン・フォー・リアル・エール（CAMRA）には、生造工程や原材料に基づき「本物ではない」とされるシードルのリストがある。そのシードルの多くは掲載されて当然だと思えるものだが、一部には驚くような名もある。アスポールもそうだ。

「私たちは亜硫酸塩を使用しています。これもCAMRAが嫌うもののひとつですね」と、ヘンリー・シュヴァリエ・ギルドは認める。「ですが、250年前にクレメント・シュヴァリエも同じことをやっていたのです。『本物の』シードルとは、どこまでさかのぼって判断するのでしょうか」

アスポールはまちがいなく、他のどの企業よりもシードル作りの遺産を受け継いでいる。チャンネル諸島のジャージー島から移住してきたクレメント・シュヴァリエは、ブドウ栽培の失敗後、1728年に事業を起こした。クレメントはジャージー島からサフォーク州アスポール・ホールの新居へと、大枚を投じてシードル用の石製圧搾機を運ばせた。堀を備えたこの美しい家は、それ以来シードルを作っている。そしてアスポールは記録に残る最古のシードル生産者であるのにくわえ、イギリスでもっとも長く続く家族所有の企業となっている。20世紀後半にはシードルがビール人気に押されたため、事業はシードル・ビネガー生産に軸足を移し、アスポールはこの市場で中心的役割を果たすようになった。

シュヴァリエ家の当代であるヘンリーとバリー・シュヴァリエ・ギルドの兄弟は、1993年に引退した父親から事業を引き継ぎ、シードルに軸足をもどしはじめた。2000年にふたりは同社のプルミエ・クリュを再構築し、1920年代のボトルのレプリカに詰めて再発売した。こうしたプレミアム戦略はうまくいっている。マグナーズがきっかけとなってシードルのブームが到来し、それに乗って、アスポールは5年で売り上げを4倍に伸ばした。

迅速にイノベーションを進めるのに続き、市場におけるあらゆる変化に対応して、アスポールは現在、マルドやフルーツシードルから、2次発酵スタイルのシードルまで手がけ、そのどれもが、他の同種のシードルなら高級タイプのレベルだ。実験に対しては柔軟な姿勢だ。うまくいかなくても、すべて、廃棄せずにビネガーにできるからだ。

アスポールのシードルには炭酸ガスをくわえるし精密濾過も行う。どちらも、「本物の」シードル推進派が毛嫌いするものだ。だがこの基準は、そもそもビールを評価する組織がシードルに課する指標であって、正しいものと言えるだろうか。「果物を発酵させるという点では、作り手側からすると、シードルはビールよりもワインとの共通点が多いことをもっと考慮すべきです」とヘンリーは言う。「リンゴの品種選び、発酵温度、ブレンド。ほんとうに芸術的手腕が必要なのです」

アスポールは製品の品質維持のため、難しい判断も下している。アスポールのシードルは今も100パーセントのリンゴ果汁を使用しており、アルコール度数の低いシードルは、未発酵の、ABV約7パーセントのシードルにリンゴ果汁をくわえバック・スイートニング製法によるシードルの火入れ殺菌は絶対にしない。魅力も将来性もある注文が入っても、自分たちの原則を曲げる必要があるものは断る。

兄弟のうちヘンリーがシードル事業に専念しており、最近、イギリス全国シードル生産者協会（NACM）の会長として3年の任期を終えた。世界中のシードル生産者がヘンリーのことを知り、尊敬している。さまざまな国の生産者がよりよい連携を生もうとして交わす会話には、いつもヘンリーの名が出てくる。マネージメント・トゥデイ誌のインタビュー記事では「上流階級のヒッピー」と書かれたが、ヘンリー・シュヴァリエ・ギルドはその才能を生かし、あらゆるシードルの、懐深いまとめ役となっている。増加する輸出先の国々にアスポールをアピールするだけではない。彼は、まだシードルの楽しみを知らないあらゆる場所、あらゆる人に対するシードル（それも「あらゆる」シードル）大使でもある。

上：バリー（左）とヘンリー（右）・シュヴァリエ・ギルドはアスポールを、人気が高く、おおいに尊敬されるブランドに育て上げた。

> **ヘンリー・シュヴァリエ・ギルド・アンド・アスポール**
> サフォーク州デベンハム
> www.aspall.co.uk

世界各地のシードル──イギリス

サマセット州

「傾いてるぞ！」。圧搾機がまっすぐに立っていない。破砕したリンゴを集めて高く盛り、力を合わせて圧搾するにつれ、木製の板はあるべき位置よりもだんだん左に傾きはじめる。だがそれでも立ってはいて、ルビーレッドの果汁が圧搾機の底からちょろちょろと流れる。だから作業は続く。

トム・ダンバーの納屋では、力仕事がのんびりと続く。納屋のドアは開けっ放しなので、10月の夜にしては暖かいこの日は都合がいい。ミルトンの小さな村のコミュニティ全体がここにそろっている。キングスベリー・エピスコピ初のコミュニティ・シードル作りに集まったおとなたちの興奮が伝染し、子どもたちが干し草の塊のあいだではしゃぎまわっている。私たちの大半は交代しながら、昔ながらのブルターニュ式圧搾機にとりつき、側面に突き出た長いレバーを引いてはスクリューを回す。ほかの人たちはパンと農場産のソーセージをテーブルいっぱいに並べ、働く人たちののどをうるおす何箱ものシードルを用意する。バケツにたまった果汁は、木製の樽の列にそそがれる。樽は晩春までここにおかれ、シードルはメイ・デイのお祝いに村人の口に入る。

シードル関連書の多くでは、こうした光景が憧憬の念をもって過去形で書かれている。進歩と商業主義が消し去った生活なのだろう。だが今このときは、昔にもどったかのようだ。ここに集う大半は若い家族だ。サマセットのシードル作りは今も健在だ。

一般には、イギリス人にとってサマセットといえば、「サイダー（シードル）」である。ここはシードルの魂であり、ふるさとだ。この居心地のいい町で過ごす人なら、サマセットのシードル好きといったら、すぐ浮かぶイメージがある。スモックを着て楊枝をくわえた農家の男が、シードルの入ったコストレル（ずっと昔のシードル用容器）を片手に、笑みを浮かべている。くたくたになった帽子は役に立たず、顔は日焼けし真っ赤だ（酒のせいかもしれないが）。その酒は、ここ「ザマゼット」では「ゾイダー」となまる。見栄えのする場面ではないが、昔の写真にはよくある光景だ。

しかし実際にここに来てみると、ほかとは異質な社会に軽い衝撃を受ける。最高のシードルの多くは、グラストンベリー・トーから数キロ以内で作られている。グラストンベリー・トーは不自然な地形の丘陵地であるため、周辺には神話や魔法にまつわる話がいくつもある。アリマタヤのヨセフがここにキリストを連れてきた、冥界に住む妖精の王、グウィン・アプ・ニーズの故郷だとも言われている。それにアーサー王と女王グイネヴィアはここに葬られた。これはほんとうだ。だれに聞いてもそう言う。

12世紀の歴史家、マームズベリのウィリアムは、グラストンベリーがアヴァロン、つまり「リンゴの島」であり、アーサー王伝説のエクスカリバーの剣が鍛えられた地だとしている。サマセットの風景は大半が非常に平坦で、海抜もゼロにちかい。あちこちに砂岩がむき出しになり、地面は、教会がこの地に排水路を整えるまでは、歴史上の大半は水面下にあった。そしてウェドモア、バルトンズボロー、マートックといった地の、浅く岩だらけの土壌はリンゴの木にはもってこいなのだ。

信じるかどうかは別として、この地の風景と人が出会ってなにかが生じ、それが深く作用してシードルの魔法が生まれた。グラストンベリー・フェスティバルは文句なく世界最高のフェスティバルだ。このイベントにはシードルがもつ楽しいばか騒ぎ精神が

"かなり傾いてる！
左にだいぶ傾いてるぞ！
おれたちみたいに
酔っぱらってるんだ！"

みなぎり、それはサマセットの空気に年中ただよっているようにも思える。ジュリアン・テンパレイのサイダー・バスは、だれもが飲みたがるフェスティバルで一番忙しいバーのひとつだ。この派手な色のバスは、この時期以外は、テンパレイの農場の片隅におかれている。

イギリスが誇れるものを挙げるとしたら、サマセットにも十分その資格はある。ここのシードルは、ベルギーのビールと同程度の評価は得るだろう。この地の昔ながらの伝統と自然発酵がうまく作用しているのだ。アメリカの新進のシードル生産者グレッグ・ホールは、シカゴのグースアイランドの醸造家として科学的分析を用いたアプローチを極め、それを続けているが、有名なシードル生産地をめぐる旅でサマセットに立ち寄った。私たちはシードル・フェスティバルでホールに会った。「くそっ！」と彼は私たちに言った（少なくとも、私にはそう聞こえた。なにせ、彼はアメリカ人だから）。「ここではリンゴの果汁分析をしないんですね。酵母も。糖分も酸味成分もだ。いつもと同じことをやって最高の酒ができるのを祈るだけ。それでうまくいく。なぜなんだ！」

私は、それはグラストンベリー・トーの妖精の仕業だと教えようと思ったが、やめた。サマセットは、ゲイマーズや成長著しいサッチャーズといった大規模メーカーがある一方で、小さなファームハウスの生産者の町だ。ここは、ほかのどこよりも伝統が変わらず残り、シードルの多くが、グレッグが言うようにして作られている。

サマセットにも大地主はいたが、土地は短期で農家に貸し出しし、区画が小さく改良も難しいため、農地は拡張されなかった。「サマセットで一番えらいのは、勤勉な小規模事業者、つまり独立自営の農民（ヨーマン）なんだ」。この地域が非常に特殊である理由を聞いたとき、ジュリアン・テンパレイはこう教えてくれた。「社会的ヒエラルキーがあまりなく、帽子をとってあいさつすることもない」

こうした小規模な貸し農地には、たいていは専用品種の果樹園があり、こうした果樹園は、イギリスが海の覇権を得るにつれ栄えた。イギリス西部のブリストルは、商人や探検家の船が多数着いて糧食を積む主要港だった。海では水よりもシードルのほうがずっと保存状態がよく、また結果として、壊血病予防にも有効だった。

19世紀には、シードルは農場労働者に人気の酒だった。そして第一次世界大戦後、小作農は耕作地を安く買う権利を得たため、他地域では工業化が進んだ時期にも、この地には果樹園をもつ小規模農家が残った。多くが現在でもそうだが、農家は農場の入り口で勝手にシードルを売り、その多くは課税対象にならなかった。そして地元の一部パブもその客だった。

サマセットのシードルに危機が訪れたのは、パブが大規模醸造所と「提携」したときだ。農家はパブに直接売れなくなり、醸造所本社での商談が必要になった。だがうまくいけば何千軒ものパブに売れる。そんななか、ヨーヴィルの醸造所、ブルットン、ミッチェル＆トムズ所有のパブと契約を結んだのが、トーントン・シードル・カンパニーだ。パブ事業の拡大とともにトーントンも成長し、ブルットンがバス・チャーリントンに買収され1960年代に国内最大の醸造所となると、同業者が姿を消すなか、トーントンは全国的ブランドに成長した。

前ページ：ミステリアスで荘厳、魔法に満ちたグラストンベリー・トー。
上：シードル天国をさす標識。

ロジャー・ウィルキンスが
見せているのは、リンゴの搾りかす。
リンゴがすべてを支配する。

世界各地のシードル──イギリス

　一方シェピーズやヘックス、ペリーズといった長寿のシードル・メーカーは、運や適切な決断やすばらしいシードルに恵まれて生き残った。こうしたメーカーはサマセットを訪れる観光客相手の商売も利用した。シェピーズは賞を受賞した立派な博物館とビジター・センターも設置している。

　農家がリンゴの木の伐採に対する補償を受け、代替作物を植えると、さらに厳しい状況が訪れた。1894年にはサマセットには約97平方キロメートルのリンゴ果樹園があったのだが、1973年には約10平方キロメートルに激減した。一方、サマセット州議会（カウンティ・カウンシル）は州の遺産と名物が消えかけているのを見て、農家に報奨金を出してリンゴの植樹を奨励した。1本につき10ポンドが支払われ、1986年から1996年までに1万5000本のリンゴの木が植えられた。

　植樹されたリンゴの多くは、シードル生産者たちが復活を熱望するようになっていた古くからの品種だった。1986年にはあるライターが、「農家がするのはオールド・キングストン・ブラック種の思い出話ばかりだが、この木はほんのわずかしか残っていない」と書いている。シードル作りには万能のこのリンゴは現在非常に需要が多く、また入手しやすくなっている。

　ヤーリントン・ミルは、水車のそばの塀の外にあった木のタネから成長した（このあたりでは「グリブル（自生）」と言う）リンゴだ。育てて別の品種をこの木に接ぎ木しようと、果樹園に移植したのだが、接ぎ木する前にすばらしいビタースイートのリンゴの実をたくさんつけたのだ。

　サマセットのシードル用リンゴは200品種ほどあり、新品種も登場している。さらに、意外な救世主のおかげで、シードルへの興味も育っている。

"マグナーズだ。あんなのはゾイダーじゃない。いまいましいル・コ・ゼード［スポーツドリンクのブランド］だ！　だがあれがなければ、おれたちはみんな、昔どおりにはやれてないだろう。"

　こう言うロジャー・ウィルキンスは注目の的だ。彼がウェドモアのマジリーに所有する古い農場は、伝説のシードル用リンゴ生産地域のひとつにある。道のつきあたりにあるこの農場を目にすると、本物が手つかずで残り、サマセットのファームハウスの伝統が息づいているのを目のあたりにした気分になるだろう。そのとおりだし、そう思うのはあなただけではない。TV局のスタッフも大勢訪れている。有名シェフのジェイミー・オリヴァーはここが大好きだ。ロックバンド、ザ・クラッシュの故ジョー・ストラマーは、世界で一番好きな場所だと言った。ミック・ジャガーの兄弟はご近所で、私たちはジェリー・ホール（元スーパー・モデル、ミック・ジャガーの元妻）とわずかな差で会えなかったようだ。それに粗末なセラーの奥の壁にステンシルを描いたのは、たぶん覆面芸術家のバンクシーだ。

　私たちが行くと、常連たちは、ジェイミー・オリヴァーが来たときほどはカメラに写りたがらなかった。常連の奥さんたちの多くは、夫が日曜のランチタイムをここで過ごすのを知らず、彼らは楽しみを台無しにしたくないのだ。

「飲むか？」ロジャーはあいさつと一緒に聞いてくる。私たちがうなずくと、「スイートとドライ、どっちだ」と言った。

ドライを選ぶと、無言で半パイントのグラスを差し出した。だが魅力的な若い女性がふたり到着すると、ロジャーは一転ショーマンとなり、シードルには世界を救う力があること、最近、「アメリカの複数の州で6つも農場を経営してる女性がやってきて」、その女性に赤字削減についてアドバイスしたことを語っている。「おれは読み書きはできないが、足し算と引き算はできるからな！」

　ここのシードルはすばらしい。チーズとビネガーのニュアンスをもち、これがもっと多いと、サマセット自慢の、荒っぽく泣く子もだまる強いシードルになるのだろう。だがここのシードルはファンキーな要素とのバランスが完璧で、リンゴが際立ち、荒っぽくも上品すぎでもない。無頓着だが飲む人の気を引く。この酒を作った人物のようだ。

　「ケーキかパティスリーを一緒にどうですか」

　トーントン駅のプラットフォームにあるカフェは、イギリスのほかの駅のカフェと同じく、コマーシャル・ブランドだけを売っている。ロジャー・ウィルキンスの農場やバローヒル、トム・ダンバーの納屋からわずか数キロしか離れていないのに、ここで買えるのはストロングボウだけだ。駅でビルの車を降りて数分もたたないが、標準化され均一化した現実世界に、サマセット訪問が夢のことのようだ。だが、映画のなかで魔法のような夢の世界が終わるときと同じく、見おろすと、私の手にはロジャー・ウィルキンスのドライなシードルが入ったプラスチック容器がある。紅茶のお供に脂肪分の多い軽食を「売りつけられる」のを断ると、サマセット伝統のシードル作りが残っている現実が、さらに奇跡的なことに思えた。

次ページ上：シードルの圧搾作業を行うトム・ダンバーの納屋。仕事中だと言ってはいるが、著者はグラスを手にしている。
次ページ左下：ロジャー・ウィルキンスは注目の的だ。世界を正している。
次ページ右下：ロジャー・ウィルキンスの納屋の装飾。バンクシーが描いたようだが、そうでなければ、バンクシーだと思わせたい人物だろう。

世界各地のシードル──イギリス

右：ジュリアン・テンパレイの優雅で美しいサマセットの果樹園。ここはその一部にすぎない。
下：サマセット・シードル・カンパニーの20年物のブランデー。限定版のボトルで、ダミアン・ハーストのデザインというだけでも収集の価値がある。

情熱の扇動者──ジュリアン・テンパレイ

初めてジュリアン・テンパレイに会ったとき、ビルは私をビールのライターだと紹介した。テンパレイは私の頭のてっぺんからつま先までじろじろと見て、「ビールだって？」とはきすてるように言った。「ビールについて書くことなんかあるのか。ビールなんて、北の人間が家に帰って奥さんを殴る前に飲むものだ」。私はテンパレイが北部の人間に話していることがわかっているのか聞きかけて、たぶん、わかって言っているのだと判断した。

それからの40分、テンパレイは私に話をしたのだが、とぎれない独白にしか聞こえなかった。彼の内からわきあがってくる幅広い講義。シードルについて知るべきだと思うことのすべてを、テンパレイは私に話す。ときおり話についていけなくなった私は、それが、テンパレイが同時に数個の話題を取り上げているからだと気づく。特定の人について彼が語ったことのほぼすべては、礼儀あるいは名誉棄損を考慮すると、ここには書けない。

人物評価がまっぷたつに分かれる男。それがジュリアン・テンパレイだ。

一部では、テンパレイは糸の切れた凧の典型、きまぐれな変わり者で、シードル業界の代表として物事を進めるのは無理だと思われている。こうした意見の人たちは、テンパレイは他人と仕事をしないし、つきあいは悪い。注意して見ていると、そんな例にはことかかない、と言う。これに異を唱える人たちもいて、自分が作った蒸留シードルをサマセット・ブランデーと呼ぶ権利や

ヨーロッパの地理的表示保護（PGI）を得るために、断固として戦っている例を挙げる。ファームハウスのシードル生産者を、酒の最低単位価格の適用外にする運動も行っている。この制度がファームハウスの事業をだめにするというのだ。それに、エネルギーと個性にあふれたテンパレイの存在は、サマセットのシードルにとって、メディア事情通の、自己主張する気満々の大使がいるということでもある。

「シードル生産者はクズどもの集まりだ」とテンパレイは言う。「私たちはお互いが嫌いだ。自分以外は大嫌いなんだ」

バローヒル自体は緑のカーペットを敷いたような人工的なドーム型で、頂上に1本だけ木がある。サマセットの地形の多くと同じく魔法のような風景だが、自然に生まれたにしては、便利すぎ、整いすぎている。この丘陵地の片側にはテンパレイ家の農場があり、納屋や保存庫のあいだの一角に、大小の意外なものがある。初めて訪ねたときには、古いトラクターや大型馬車、小型のヨッ

プロファイル――ジュリアン・テンパレイ

バローヒル・サイダー・アンド・サマセット・サイダーブランデー・カンパニー
〒TA12 6BU　サマセット州マートック、キングスベリー・エピスコピ　バローヒル、パス・ヴェイル・ファーム
www.ciderbrandy.co.uk

トや2階建てバスがあった。また、蒸留器や保税倉庫、シードル・ミル、古い木製樽があふれた納屋、オフィス、それにシードル・ショップもある。そして40品種のリンゴを植えた約65ヘクタールの果樹園が丘陵地の斜面をおおっている。

　バローヒルはすばらしいシードルを作る。テンパレイを嫌いな人でも、それは認めざるをえない。テンパレイは古い伝統の熱い守護者で、ブレンドするときも、大量の破砕リンゴがこれだと思える色になるまで、自分の目で確かめる。「コマーシャル・ブランドは、ラガービールを参考にして、シードル作りをわかっているつもりになっている。私たち農民のやり方は違う。手がかりにするのはワインだ。職人の仕事をしなければ」

　テンパレイのペリーもすばらしい。「これが中流階級のディナー・テーブルにのるとはもったいないことだ」。だがテンパレイが一番熱心に取り組んでいるのは、アップルブランデーであるのはまちがいない。蒸留技術者のティム・ストッダートが作る酒だ。

　「リンゴからブランデーまで、果樹園の恵みはすべてシードルに凝縮されている。シードルと蒸留酒作りはともにある。片方だけではだめだ。チーズに魅力を感じる酪農家のようなものだ。ブランデーまで作って、シードルは評価の対象になるんだ」

　だがブランデーだけに終わらない。ブランデーは未発酵のリンゴ果汁とブレンドされて、ABV18パーセントのアペリティフ、キングストン・ブラックと、ABV20パーセントの「ディジェスティフ」、サマセット・ポモナに生まれ変わる。そしてこれらは、「メトード・シャンプノワーズ」で作ったボーンドライのシードルと混ぜて、「オーチャード・ミスチーフ」をはじめとする上品なカクテルになる。

　シードルについて語るテンパレイの話はわかりやすい。シードルについて主張するときに使う好きな言葉は「神秘性(ミステイーク)」だ。貴族然とした物腰のテンパレイだが、地元サマセットで一番好きなことのひとつは、階級がない点だと言う。

　イギリスのシードルは矛盾に満ちている。それが目に見えてわかるのが、ジュリアン・テンパレイだと言えそうだ。

"私たち農民のやり方は違う。手がかりにするのはワインだ。職人の仕事をしなければ"

右：お気に入りのジョセフィーヌとフィフィとポーズをとるジュリアン・テンパレイ。どちらもフランス製の蒸留器。

異教徒の祭り——ワッセイル(乾杯)！

顔を塗りたくり、1970年代の壁新聞で作ったように見えるコートをはおり、花とダチョウの羽根をさした帽子をかぶった男性が、小さなトーチをもって私たちのほうに向かってくる。その目は炎を反射してぎらぎらしている。

不気味でも、もはや走って逃げることはできない。私たちは足首までぬかるみにはまっている。この炎のサークルの外は真っ暗闇だ。それに私たちは野原の真ん中にいて、最寄りの村からは数キロある。シードルの世界を探検中にありえない状況に陥ることは、これが初めてではない。

その男はトーチを私の頭上に挙げ、私のそれに火を移した。まもなく、黄色い炎を手にした人の列ができ、夜の闇にまばゆい明りを発する。私たちは、顔を塗りたくった男と同じような格好の人たちについて行く。顔の色と羽根でそれとわかるし、足のまわりにつけたベルの音で居場所が知れる。彼らは私たちを、炎のサークルの中心にあるリンゴの木へと導く。一行のリーダーがシードルをリンゴの根元にそそぎ、シードルにひたしたケーキを枝にさす。派手な格好をした男たちは、木のまわりで歌をうたい、ダンスを踊り、そして叫ぶ。「ワッセイル！」。それから、人の輪から数人の男が踏み出して、耳をつんざくような音をさせショットガンを枝のあいだに放つ。これで仕事は終わった。ぬかるみを木造の納屋まで引き返し、大量のシードルを飲む。

ふつうは、クリスマスの飾りつけをしまった1週間後、1月の雨の土曜の夜にやることではない。だがシードル人気の高まりとともに、伝統の祭も人気になった。

この名は昔の、中期英語のあいさつ、「ワス・ヘール(Wæs hæl)」、すなわち「お元気で」に由来する。グレゴリウス暦導入以前は1月17日が十二夜であり、この日の夜にワッセイルが行われた。

この習慣は、イングランド南西部のリンゴ生産地で、翌年の豊作を祈する儀式として残った。この儀式がもつ奇妙な要素は、冬の微睡から木を目覚めさせ、悪霊を枝から追い払うものだ。

こうしたワッセイルの根幹はいつ行われても変わることはないが、そのテーマは多様だ。大半の儀式には、地元で選んだ「ワッセイル・クィーン」がいる。巨大なかがり火をたくところもある。観衆に向かって民俗舞踏のモリス・ダンスを踊るだけのものもあるし、地域によっては全員参加の儀式もある。子ども中心で、教育と劇を行うものもあれば、子ども厳禁の、飲めや歌えのどんちゃん騒ぎのところもある。

他のすばらしい伝統と同じく、ワッセイルは昔からあるものだ

上：アーディスリー、トラム・インで行われた
レオミンスター・モリス・ワッセイル。
右：モリス・ダンスから脱落したシャイな男性。
一杯やって気分をあらたにする必要がある。

が、どのコミュニティも独自色をくわえている。祭りの人気は上昇中だ。ブランドも関係ない手作りの祭りが、私たちを大地と季節の移り変わりに立ち返らせてくれるからだ。それに学者たちが言うところでは、イギリスでは1月の第3月曜日──ワッセイルの夜にごくちかい──が1年でもっとも気がふさぐ日だというのも理由だろう。

クリスマスにかけた全費用のクレジット・カード請求書が届く時期なのに、それ自体の記憶はおぼろげになりつつあり、新年の決意は挫折するころ。さらに冬はまだ何か月か続く。現代のワッセイルはこうした統計など、ひわいなジェスチャーで吹き飛ばし、自然や人と人との交わりを祝う、1年で最高のパーティーのひとつだ。

ところで、こうしたショットガンやダンスや、乾杯にトーチが、その年のリンゴのできになにか違いをもたらすのだろうか。

もちろん、違いはあるはずだ。

ヘレフォードシャー州

サマセットがイギリス産シードルの心のふるさとなら、ヘレフォードシャーは知恵と野望の中心だ。今日、この地には世界最大のコマーシャル・ブランドと多数の小規模生産者がある。17世紀はじめ以降、シードル生産は、農家の片手間の仕事から真の科学へと変身したが、その中心にあるのがヘレフォードシャーだ。

ジョン・スクダモアは、ヘレフォードシャー州ホルム・レイシーに1601年に生まれた。20歳でヘレフォードシャーの市長に選任され、外交官としても秀で、シャルル1世統治期の駐フランス大使を務めた。そしてヘレフォードシャーにいるときには、リンゴ栽培とその醸造に情熱をそそいだ。

おそらくスクダモアは瓶内発酵を初めて行ったのにくわえ、醸造品種でもとくに有名なレッドストリークを導入した。これには、ホルム・レイシーで実生の樹を発見した。あるいは、フランスの高水準のリンゴ栽培に触発されて、そこからもち帰ったなど、諸説がある。スクダモアはリンゴを増やしてシードルを作り、背が高く優雅な、脚付きグラスで飲むことを勧めた。

当時は大勢の人が、シードルはイギリス版ワインだと周囲に説き、健全な事業投資として大規模なリンゴ栽培を奨励し、スクダモアもそのひとりだった。王立協会の創設メンバーであるジョン・イーヴリンは1664年に、「ヘレフォードシャー全体が、ひとつの果樹園となっているとも言える」と述べている。イーヴリンがそう書いたのは『シルヴァ(Sylva)』という樹木にかんした本のなかだが、そのうちの1巻である『ポモナ(Pomona)』はよく知られており、シードル作りについてはさまざまな人物が寄稿し、とくに著名なのがジョン・ビールだった。

この書をはじめとする多くの研究が、すぐれたシードル作りの参考とされた。レッドストリークなど手をかけて増やしたリンゴは、ほかに使いようがない古いリンゴの木の先端に接いだありきたりの木とは、違いが歴然としていた。圧搾機で搾り出す前のフリーラン果汁のみで使用したシードルも開発された。また、リンゴを山積みにして追熟する方法も採られた。果樹園か、もしくは乾燥用のロフトで果実を保存することで、乾燥による脱水とデンプン質の一部に糖化がおこる。これにより果汁中の発酵可能な糖分が多くなり、アルコール度数が高めのシードルができるのだ。キーヴィングや瓶内二次発酵による製品は、クリアで、発泡していて、アルコールも高めで、輸入ワインに劣らずおいしく、また高価で取引された。

こうした製品はファームハウスが作る素朴なシードルとは大きく異なるため、一部ではふつうのシードルには「cider」、高級タイプには「cyder」とつづりを変えて区別する者もいたが、それらは似ていて意味も紛らわしく、定着はしなかった。

だが、ロンドンのクラブの道楽者やしゃれ者たちの好みは別のところにあり、18世紀には、「高級シードル」とそれを作るレッドストリーク種のリンゴはほとんど姿を消していた。

バルマー兄弟が1887年に事業をはじめたとき、ふたりは厳しく高い水準に立ち返ることにした。バルマーズはほぼ100年にわたり、瓶内二次発酵による高品質のシードルとペリーをふたたび世に広めようとはしたが、大規模なだけに、均一で口あたりだけはよいシードルに移行せざるをえなかった。とはいえヘレフォードシャーでは、ファームハウス醸造も一般的に続けられた。ウェストンズはバルマーズよりもシードル作りの歴史は長く、イギリス全土でその製品を目にするようになっている。バルマーズのような大規模ブランドに変身しつつあると快く思わない人もいるが、マッチ・マークル村のウェストンズを訪ねると、裏手に果樹園をもち、まさに農場スタイルを維持している。敷地のひとつにはぴかぴかの新しい発酵用タンクが並んでいる。だがウェストンズは巨大なオークの発酵槽を誇りにしており、現在88個が使用され、最古の樽は200年前のものだと言われている。

大事なのは熟成だ。コマーシャル・ブランドのストウフォード・プレスでさえ、4から6週間かける。ヘンリー・ウェストンズ・ヴィンテージはオーク樽で6か月から9か月熟成させる。熟成は樽ごとに異なり、もとの味わいに複雑さを与え、ウエストンズの個性とよりよい酒造りに反映されている。

小規模な生産者も、ヘレフォードシャーだけでなく、有名なスリー・カウンティーズのほかの2州、グロスターシャーとウスターシャーでも奮闘している。とはいえ、ここでいう「小規模」とは、比較的という意味だ。デニス・グワトキンのシードル農園は単一品種のリンゴから作るシードルとペリーに特化し、すべてを樫の樽で熟成させる。グワトキンは食物と酒をあつかうフェスティバルにはつねに参加し、食通があふれんばかりの部屋でも、長くむさくるしい髪とひげですぐにそれとわかる。この地方で大きな敬愛を受けるシードル生産者、トム・オリヴァーとアイヴァー・ダンカートンのふたりも、来歴はまったく異なるが、農園を基盤としている。オリヴァーは祖父がシードル作りをしていた農場で育ったが、ダンカートンは元TV局の幹部で、30年前に「よき生活」を求めて田舎に移住した人物だ。

次ページ：時間をかけてゆっくりと。暗い冬のあいだに、シードルは熟成する。

世界各地のシードル──イギリス

上：リンゴは圧搾直前に洗う。
次ページ：ワンス・アポン・ア・ツリーのサイモン・デイは、ワインの繊細さをシードルに取り入れ、400年前のヘレフォードシャーの伝統を復活させている。

「細かいことにこだわらなかったんですよね」。フルーティでシャープなブレークウェルズ・シードリング種のリンゴを洗い、背後の納屋に運び入れながら、アイヴァーはビルと私に言う。「ヤギを飼ってチーズを作ることにしたんですが、チーズ向きのヤギではなかった。それで芽キャベツを育てました。実は私はこれが嫌いで。それから妻のスージーが、バルマーズが買い取らないリンゴがたくさん転がってることに気づいて、そこからはじめたんです。ロング・アシュトン研究所にいたジェフ・ウィリアムスに相談して、彼が教えてくれたことをやったわけです。自分のリンゴを理解しろってね」

とても簡単に聞こえるが、だとするとアイヴァー・ダンカートンは謙遜の達人だ（実際、彼は息子が「アパレル業界で働いている」とも言ったが、超人気ブランド、スーパードライのクリエーターでありオーナーだ）。

農場には常連客用の駐車場もある。圧搾を見学し、ダンカートンが作るさまざまなビオ・シードルを買うのだ。ノルマン様式の美しく古い納屋がショップになっている。「前の持ち主は絶対禁酒者だったんです。ここでやっていることを見たら、震えあがるでしょうね。今はもういませんけどね。残念だな、いい人たちだったから。へそ曲がりだけど、いい人たちだった」

アイヴァーのような生産者はすべて訪ねていけるし、ヘレフォードシャーシードル街道にも多数の生産者がいる。ツーリスト・オフィスにルート・マップがあって、この周回路は標識も完備しているので、車や自転車でたどれる。ヘレフォードを出発して16の生産者を回るコースだ。私たちはレドベリーの中心街にあるスリー・カウンティーズ・サイダー・ショップでルートの案内パンフレットをもらった。この店では壁を背に樽が並び、別に購入した容器にシードルをそそぎ入れて持ち帰る。その容器は繰り返し使うのがふつうだ。黒板には仕込み状況が書かれ、壁の棚には、スリー・カウンティーズの生産者が手掛けたボトルがぎっしり並んでいる。

このショップはワンス・アポン・ア・ツリーの考案だ。ここは比較的新しい生産者で、パットリーのマークル・リッジにあるドラゴン・オーチャードを本拠としている。醸造家のサイモン・デイは栽培家のノーマン・ステイナーと協力して、植樹から販売法まで、あらゆることに大きく心をくだいている。デイにはワイン醸造の経験があり、どのコース料理にも合うシードルというビジョンのもと、ペリーからイングランド唯一のアイスシードル、おそらく世界で唯一のアイス・ペアシードルまで、多様なシードルを作っている。750ミリリットル入りの美しいワインボトルに入ったシードルは、ディナー・テーブルにあっても場違いではない。ホルム・レイシーから数キロの地で、スクダモア卿のパイオニア精神は立派に息づいている。

世界各地のシードル──イギリス

作曲家──トム・オリヴァー

トム・オリヴァーは農業大学を卒業後、「家族の農場には戻らない、農場を離れて音楽界で職を見つける」と言って両親を驚かせた。そして音楽界で成功し、腕のよい音響技師となって、伝説のバンドもいくつか手がけた。

今日、トムはシードルとペリーの生産者として世界で大きな敬愛を受けているが、音楽界の本業も手放さない。彼と会ったのは、ロンドンのコンサート・ホールからすぐのホテルだ。スコットランドの伝説のフォーク・ポップ・デュオ、プロクレイマーズのライブの音響チェックを控え、トムは昼食をかきこんでいた。トムは現在も、このデュオのロード・マネジャーと音響技師を務める。

「ミキシングしていると、耳が完璧なバランスをとらえます。なぜほかの人には聞きとれないのでしょう。シードル作りも同じ。完璧なバランスが大事なんです」

トムと兄は曾祖父の代から家族が所有する農場で育った。あるときから農場は醸造用のリンゴと梨の栽培をはじめたが、ふたつの大戦間に、バルマーズ社と金銭問題でもめたこととひどい事故が原因で、祖父は果樹栽培をやめてホップを植えた。「そんなわけです。それ以降祖父は、飲むのもやめたんですよね。まぁ、とにかく収穫期にはね」

トムが1999年に戻ったとき、農場の将来は見通せなかった。イングランドの二大ホップ生産地のひとつというヘレフォードの地位は外国産ホップの輸入によって脅かされ、ホップから安定した現金収入を見込めなくなっていた。トムはシードルに目を向けたが、子ども時代に身近にあった飲み物はもうなく、伝統を持つ醸造用品種が減少している状況に、危機感をいだいた。トムは保存のために数品種──梨40本とリンゴ60本──を植え、果樹栽培に情熱をそそぎはじめた。

だが2001年にシードル作りをはじめるとすぐに、果樹栽培よりも醸造に夢中になり、以前の熱い気持ちが戻ってきた。すぐれた音感で完璧にミキシングする才能を、シードル作りに発揮したのだ。「私はいつも、決められた手順通りの仕事はしません。毎年シードルを熟成させるたび、『このシードルはどんなテイストなのか、果実の望みは？』と自問します。スイートになりたいのか、ドライなのか。どんなバランスになるかはわかっているので、私の好みに関係なく、そこからどうすればいいかを導き出す。ニュートラルだったりあっさりしていればボリューム感を出すだろうし、ハードで飾り気がなければ、その性質を広げてやるものが必要です。あっさりのものとエキゾチックなものが混ざり合えば、いいシードルができるでしょう。果実の性質を読み取り、それが十分に生かせるよう耳を傾ける。そのモットーは変わりません」

つまり、トムの作るシードルは毎年異なるのだが、だれもがこれを快く思うわけではない。トムはシカゴのヴァーチュー・サイダーとのコラボレーションで生産したシードルに苦情が寄せられたことを教えてくれた。「まずく」はないが、その客の期待を満たすものでもなかった。「その人はまっさらな気持ちでシードルを飲まなかったんです。シードルに先入観は禁物ですよ」

先入観をもたないこともだが、トムは、すぐれたシードル作りの秘訣はごく簡単なことだと考える。正しいやり方をすること。急がず、果実自体に表現させ、その能力をフルに引き出してあげることだと言う。「一番大事なのはリンゴの木とブレンドの仕方であって、そのほかはささいな問題です」とトムは結論づける。

上：「緊急の連絡はここに……」
次ページ：自分の持ち場にいるトム・オリヴァー。

"このシードルは
どんなテイストなのか、
果実の望みは?
スイートになりたいのか、
ドライなのか"

オリヴァーズ・サイダー&ペリー
〒HR1 3QZ　ヘレフォードシャー州オクル・パイチャード
ムーアハウス・ファーム、オールド・ホップ・キルンズ
www.theolivers.org.uk

世界各地のシードル──イギリス

ウェールズ

東と南の有名なシードル生産地にくらべると、ウェールズは、主要生産地としては少々見劣りがするかもしれない。だが、もちろんイングランド南西部やスリー・カウンティーズ(ウエスト・カントリー)と同等の取り上げ方をする価値はある。それこそ、わずか10年で、シードルに無関心な状況からイギリスの三大生産地へと、ウェールズが大きく変身した証しだ。

目をこらしてさがしても、郷土史誌には、ウェールズのシードルについての記載はわずかしかない。1980年代の記事はいくらかあるが、どれも過去形で書いている。以前はあったが、もう行われていない、というように。

ウェールズは、イギリスのほかの銘醸地と似た気候だ。西岸ちかくにあって、ほどよい気温と北大西洋海流による十分な降水量の恩恵を受けている。唯一の問題が、リンゴ栽培にはまったく適していない山がちな地形だ。だが、ウェールズ南東にあるモンマスシャー州だけは大きく異なり、険しく切り立つ崖のある谷ではなく、ゆるやかな緑の斜面が広がっている。ウスク川とワイン川の谷には特有の微気候があり、遅霜や厳しい冬に見舞われず、隣接するヘレフォードシャーとともに旧赤色砂岩の土壌をもつ。

少し詳しく調べてモンマスシャーとヘレフォードシャーの関係がわかれば、モンマスシャーも有力な生産地であることに納得がいく。この2州は、ビールをめぐるドイツのバヴァリアとチェコ共和国のボヘミアを思わせる関係にある。バヴァリアとボヘミアは国境で分けられてはいるが、気候と地理だけでなく、名産であるビールに対する姿勢や情熱、それを取り巻く文化も共有する。ヘレフォードシャーとモンマスシャーにも、地図どおりの境界があるわけではない。実際、ヘレフォードシャー西部では何百年にもわたり、ウェールズ語が話されていた。

だがシードル文化において、モンマスシャーは、有名な隣州のおこぼれにあずかっているわけではない。ウェールズのシードルは他州とは異なる方向に発展し、モンマスシャーはその独自のアイデンティティの中心にある。

ウェールズのシードルにかんする最も初期の記録にあるのは、イギリスの他地域のものと同様、表面的なことだけだ。初めて詳細に書かれているのは、16世紀後半のエリザベス1世統治期のものだが、おそらく、はじまりはずっと古く、品質は高かったはずだ。ブリストルや、ときにはロンドンにも輸出されていたからだ。

だが長らくは小規模のままで、一般の関心はあるが、シードルは農家の渡り労働者が気分転換に飲むものと思われていた。ヘレフォードシャーの荘園がシードルを改良し大型の圧搾機を取り入れたころ、岩地が多く住民の少ないウェールズでは、農場ごとに仕込み飲まれるのが一般的だった。多くの農家が果樹園をもち、もっていないところはほかからリンゴを買おうとまでした。

現物給与を違法とする法律も、ここではたいして影響をもたないようだった。ウェールズのシードル産業をだめにした一番の要因は、機械化の波だ。農耕用機械が季節労働者にとって代わり、工業化したヘレフォードシャーの巨大メーカーは、ウェールズの農家が作ったリンゴを買い取り、そのリンゴで、農家が手軽に買える安くて飲みやすいシードルを作った。

古い伝統はすっかり失ってしまったが、ウェールズは今、シードル界に華々しく復活している

上：ウェールズのシードルとペリー。ウェールズのオリジナルグラスで。
次ページ：大量のリンゴ。ウェールズのシードル生産者、アンディ・ハレットがしばらくは忙しくなるだけの量だ。

1970年代には、ウェールズ産シードルは姿を消していた。だがそれほど間をおかず、復活ははじまった。1976年に、バルマーズの地所の支配人であるラフル・オーウェンが、自身でシードル作りをはじめたことに端を発する。さらに1984年にオーウェンは、ラドノーシャー地区バドランドにホワイト・ノーマン種の果樹園が放置されているのを見つけ、そこへ移り事業を再開した。まもなく販売をはじめ、それは現在も続いている。オーウェンは、地元のショーやフェスティバルに木製の古い移動圧搾機をもち込み参加する常連だが、自身の農場にもサイダーハウスがあり、ときには自分も店に出ている。

その後まもなく、マイク・ペニーがモンマスシャーでトロッギ・サイダーを設立し、ヴィクトリア時代の用具を使い、シードルと秀逸なペリーを生産した。そのほかにも数人の生産者が現れ、2000年ころにはどっとその数が増えた。バルマーズにリンゴを収める農家の一部は、かつての販売価格で売れなくなると、試験的に自分で醸造をはじめた。またモンマスシャーの「ブルーム・アップル」やウェスト・ウェールズの「ペン・ケイルド」といった、姿を消したウェールズ産リンゴ品種を復活させ増やして、ウェールズのアイデンティティを再生させようという気概をもつ人たちも登場した。

2003年には、デイヴ・マシューズやアラン・ゴールディングら新進の生産者で作るサイダー・ダイが、ウェールズ・ペリー・サイダー組合を結成してこの動きをまとめ、情報を共有した。この組合は年1回のウェールズ・ペリー・アンド・サイダー・フェスティバルを開催して酒質のレベルを大幅に上げるのに貢献し、ウェールズ産シードルは国内のコンペティションやフェスティバルで賞を総なめするまでになった。

今日、ウェールズ産シードルとペリーの品ぞろえは豊富だ。その歴史に見合い、シードルとペリーには職人の技が感じられる。生産者の多くは小規模で兼業であり、野原の片隅や道路わきの生垣に忘れられていた専用品種をさがし出し、地元のパブ数軒やフェスティバルにシードルを出している。一方で、急成長し、全国的に注目を浴びるブランドになった生産者もある。いまやウェールズ産シードルの巨匠であるグウィント・イ・ドレイグは、透明感がありあっさりとして飲みやすいシードルを作り、イギリス全土で人気を博している。ブラエンガウニーの生産者であるアンディ・ハレットはさまざまな異なる手法とスタイルを開拓し、ハレッツのブランドで発泡性シードルを、ブラエンガウニーの名でスティル・シードルを販売している。タイ・グウィンは音楽事業に幻滅したふたりの兄弟がはじめた。バルマーズにリンゴを供給していた継父の農場に戻ってボトリングした発泡性シードルを生産し、なかでもダビネット種によるヴァラエタル・シードルは秀逸だ。

ウェールズ議会は、この地域の農地や丘陵地やカントリー・インを、食と観光の目玉に成長させようと力を入れている。シードル生産者に資金を提供して事業発展を支援するほか、アバーガベニー・フード・フェスティバル（9月半ば）などのイベントがイギリス有数の食の祭典になるよう後押ししている。アバーガベニーからすぐにあるクライザ・アームズやノース・ウェールズ、ハルキンのブルーベル・インをはじめとするパブは、知名度を利用し、

多数の賞を設けて、駆け出しのシードル生産者を売り出すのに力を貸している。移動が難しい地に人口が少ないというウェールズにとって、地元産のシードルは驚くほどのエネルギーと求心力をもっている。

昔の伝統はすっかり失ったが、ウェールズは今、シードル界に華々しく復活している。

前ページ上：ブラエンガウニー・ファームの風景。ウェールズ・ペリー・アンド・サイダー・フェスティバルの開催場所だ。
前ページ下：ブラエンガウニーのアンディ・ハレットとハレッツのシードル。ハレットが作る裏メニューのスペシャル・シードルはつねに人気だ。
右：ウェールズはいつも雨、というのはまちがいだ。ウェールズのサイダー・フェスティバルでご機嫌のふたりはサングラス着用だ。

世界各地のシードル──イギリス

サイダーハウス

「何にする?」と妻に聞いた。「シードルにきまってるでしょ」。配膳口の2段式ステーブル・ドアの向こうから、女性がぴしゃりと言った。「それはそうだけど、ミディアムかドライかって聞いてるわけで……」と私はおずおずと答える。

モンキー・ハウスへようこそ(私たちがそう言ってもよければ、だが)。ウスターシャー州ウッドマンコートの農場にあるこの間に合わせのバーは、モンキー・ハウスという名をもつわけではない。だが、今ではみながそう呼ぶ。ここでどんちゃん騒ぎをしたあと、常連客のひとりが深夜、殴られ傷だらけになって家にたどり着いた。心配した妻が、パブでケンカに巻き込まれたのかと聞くと、その男はこう答えた。「違う。帰ってくる途中、木に群れてたサルにやられたんだ!」

この話が広まって、パブをモンキー・ハウスと呼ぶようになった。本当の意味のバーではないし、ビールも売らない。主人のきまぐれに合わせ営業時間もまちまち、客はだいたいが外に腰かける。まったくパブとは言えない。今や絶えかけているイギリス名物、サイダーハウス最後の生き残りの1軒と言ったほうがいい。

イギリスに残る本物のサイダーハウスはごくわずかだ。4軒のみ、とも言われている。サイダーハウスは、シードルしか出さないパブ、というだけでなく、パブと、農家の台所や納屋の中間に位置するような、もっと内輪の店だ。

その知識がない人はたいていが、閉店のさびしいお知らせのときに、初めてサイダーハウスという言葉を耳にする。閉店のいきさつはどこも同じだ。農家の、ひとつの家が何代も続けてきた小さなパブ。夫婦でやってきたが、子がいないか、子が成長すると、家をもてるだけの職を求めてそこを離れた。夫婦は年をとり、片方が亡くなる。残った81歳の妻はいまだ店で強烈な個性を発揮しているが、店を続けるには体力がもたないと気づく、あるいは妻自身が亡くなったあと、継ぐ者がいない、というのがお決まりの話だ。

サイダーハウスの売りは、金がかからない点にもある。目立たない場所にあって、シードルだけを売っている。あっても、ソフトドリンクやポークパイ、農場でとれたものくらいで、因習的な商売のルールに則った営業などしない。何百年ものあいだ、帳簿など関係なく、法律の適用外で営業してきた。ある意味、イギリスのパブの純粋なエッセンスだけを濾しとったものといえ、酒を飲み、金を手渡し、気の合う仲間が集う堅苦しくない場所で、小売り店のような雰囲気はない。

残っているサイダーハウスは私たちが思うほど少なくないのかもしれないが、だれもが行けるとは言えないだろう。農家が、酒を出す免許はあろうとなかろうと、樽を保存する納屋にぐらぐらの椅子をおいている。そこが一般にはオープンでなく、数人の「友人」向けの内輪の店なら、サイダーハウスと言えるかどうか、判断しようもない。

ひとつ、断言できることがある。イングランドの田舎で、こうした店に行こうと声をかけられることがあれば、行けるうちに行っておくことだ。だが例のサルたちには気をつけるように。とても危険な場合もあるから。

上:モンキー・ハウスは写真を撮らせてはくれなかった。名物のハンギング・バスケットを出していなかったからだが、ここ(サマセット、ピットニーのハーフウェイ・ハウス)もすばらしい。

サイダーハウス(モンキー・ハウス)
〒WR8 9BW　ウスターシャー州
デフォード、ウッドマンコート
Tel.01386 750234

イギリス──推奨シードル

アンプルフォース・アビー・オーチャーズ
[AMPLEFORTH ABBEY ORCHARDS]
ノース・ヨークシャー州アンプルフォース
www.abbey.ampleforth.org.uk

サイダーブランデー
[Cider Brandy]
（ABV40パーセント）

アンプルフォースの修道院が1802年からリンゴを栽培しているが、商業的シードル生産がはじまったのは、果樹園の運営が2001年にブラザー・レイナーに譲渡されて以降だ。樫の樽で5年間熟成させたこの魅力的なブランデーは、まだ若いため、リンゴが十分に香りたち、おだやかで温かみのある満足感が続く。

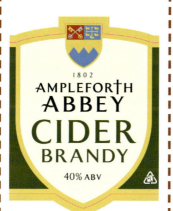

アシュリッジ
[ASHRIDGE]
デヴォン州トットネス
www.ashridgecider.co.uk

ヴィンテージ・ブリュット
[Vintage Brut]（ABV7.5パーセント）

ビン内二次発酵で、バターのような黄金色。繊細なリンゴとミネラル分の香り。ワインのような骨格で酸味があり、チョークのようなドライさと優雅な果実感とが完璧なバランスをもつ。

アスポール
[ASPALL]
サフォーク州デベンハム
www.aspall.co.uk

インペリアル・サイダー2011・ヴィンテージ［Imperial Cyder 2011 Vintage］（ABV8.2パーセント）

シードル用リンゴの強い香りと、スモーク、ピート、ゴムのニュアンスをもつ。1921年のオリジナル・レシピに従い、ムスコヴァド糖をくわえるおかげだ。傷んだリンゴ、麦芽、そしてぴりっとした風味には、グレープフルーツとピートのニュアンスがある。うわべは飲みやすそうだがその下には暗さがあり、まろやかなあと味がしばらく続く。

プレミア・クリュ
[Premier Cru]
（ABV7パーセント）

シードル用、食用、生食用のリンゴを巧みにミックスして気持ちをそそる。クリーンで優雅で多彩な性質。酸味がほどよく、おだやかなタンニンの、ソフトでドライなシードル。シャンパン用のフルート・グラスで供するとよい。

ブラエンガウニー
[BLAENGAWNEY]
ウェールズ、ケアフィリ
www.blaengawneycider.co.uk

ハレッツ・リアル・シードル
[Hallets Real Cider]
（ABV6パーセント）

深いオレンジ色で、調理したリンゴの香りに、カラメルのニュアンス。フルボディで力強い風味。熟した果実とカラメルのノートが進化し、メロンとトロピカル・フルーツ、おだやかな樫のニュアンスがくわわる。果実の余韻が続く。

ブラインドフォールド
[Blindfold]
（ABV5パーセント）

豊かなフルーツの香りのなか、チーズが強烈に訴えかける。フルーティさとかんきつ系の甘味が口に広がり、かすかにカラメルのニュアンスがある。

ボールヘイズ
[BOLLHAYES]
デヴォン州クロンプトン
（ホームページ未開設）

ドライ・サイダー
[Dry Cider]
（ABV8パーセント）

瓶内二次発酵で、深く豊かな色とフルーティな香りにレザーのニュアンスをもつ。レザーっぽさは驚くほど強くシードルから発し、シードルはあくまでもドライ。残留糖質はあってもごくわずかで、タンニン、樫および非常にドライなリンゴの皮の風味。このタイプが好きな人にはたまらないシードル。私たちもそうだ。

世界各地のシードル──イギリス

ブリッジファーム
[BRIDGE FARM]
サマセット州イースト・チノック
www.bridgefarmcider.co.uk

ブリッジファーム・サマセット・サイダー
[Bridge Farm Somerset Cider]
(ABV6.5パーセント)

シードル関連の賞の受賞常連。オレンジ色で不透明。果実味が豊かで農家の庭（ファームヤード）のような香りをもち、ビッグでジューシーなボディ。生産者はサマセットの小規模メーカーで最高の部類に入る。スイート、ミディアム、ドライがある。

ポーターズ・パーフェクション
[Porter's Perfection]
(ABV6.5パーセント)

ポーターズ・パーフェクション種の単品種シードルで、100年は使用されている圧搾機で伝統的なラック・アンド・クロス（棚と布）方式により圧搾。豊かなフレッシュ・アップルの香りとビッグでフルーティな味わい。酸味のあるエッジとかすかにタンニンのニュアンスをもつ。

バローヒル・ファーム・アンド・サマセット・サイダーブランデー・カンパニー
[BURROW HILL FARM AND THE SOMERSET CIDER BRANDY COMPANY]
サマセット州キングスベリー・エピスコピ
www.ciderbrandy.co.uk

ファームハウス・サイダー
[Farmhouse Cider]
(ABV6パーセント)

グラストンベリー・フェスティバルに登場する大人気の「シードル・バス」で供されることで有名。ファームハウス・シードルに望むすべてがつまっている。樫の樽で熟成し、フレッシュ・アップルの甘味に木とバニラで風味づけした昔ながらの「スクランピー」。おだやかなタンニンと酸味がしっかりと支えている。飲むのが止まらない危険なシードルのひとつ。

キングストン・ブラック・アップル・アペリティフ
[Kingston Black Apple Aperitif]
(ABV18パーセント)

キングストン・ブラックが、完全無欠のシードル用リンゴとみなされていることはまちがいない。このリンゴの新鮮な果汁がシードルブランデーにブレンドされ、苦味、甘味、渋味のバランスが完璧にとれたみごとな例となっている。食欲をそそるドライなあと味で、アペリティフとして完璧。

サマセット・アルケミー・サイダーブランデー[Somerset Alchemy Cider Brandy]
(ABV40パーセント)

バローヒルがサマセットのシードルブランデーの伝統を復活させ、現在、多様なヴィンテージを出している。アルケミーは15年もの。オークとシェリー樽で熟成し、もっと若いシードルブランデーがもつフレッシュな情熱はいくらか失っているが、スムーズでまろやかな芳醇さをもつ。

サイダー・バイ・ロージー
[CIDER BY ROSIE]
ドーセット州ウィンターボーン・ホートン
www.ciderbyrosie.co.uk

ドーセット・サイダー・ドラフト
[Dorset Cider Draught]
(ABV6.5パーセント)

不透明なオレンジ・ゴールドで、甘いリンゴとハチミツのようなフローラルな香り。渋味のリンゴ、わずかな酸味の風味がありとてもジューシーな味わい。スパイシーで樫のような、またリンゴの皮のニュアンスをもつ。

コーニッシュ・オーチャーズ
[CORNISH ORCHARDS]
コーンウォール州デュロー
www.cornishorchards.co.uk

ヴィンテージ
[Vintage] (ABV7.2パーセント)

砂糖、風船ガム、グリーン・アップルの香りが、フルーティな甘味とまろやかなタンニン、豊かでミディアムボディの風味に変わり、かすかな酸っぱさをもつ。伝統的なファームハウス・シードルがきりっとしたグラニースミス種のリンゴに出会って生まれたようなテイスト。

推奨シードル

コッツウォルド・シードルCO
[COTSWOLD CIDER CO]
オックスフォードシャー州コールズヒル
www.cotswoldciderco.com

コールズヒル・ハウス・サイダー
[Coleshill House Cider]
(ABV9パーセント)

瓶内二次発酵で、西洋梨型キャンディ、バニラ、グリーン・アップルの香り。キレのあるグリーン・アップルの風味で、酸っぱいレモン、甘草、クローヴのニュアンスをもつ。渋味のある土っぽい味わいでしめくくる。

ダンカートンズ
[DUNKERTONS]
ヘレフォードシャー州ペンブリッジ
www.dunkertons.co.uk

ブレークウェルズ・シードリング
[Breakwells Seadling]
(ABV7.5パーセント)

大胆でほかとは違う単品種のシードル。濁っており、シャープなグリーン・アップルの風味に、スパイシーで酸っぱいルバーブ(ダイオウ)のノートが続き、非常にウールっぽく渋いあと味。

ペリー
[Perry]
(ABV7.5パーセント)

透明で淡い色の有機栽培スパークリング・ペリーで、繊細なフローラルの香り。甘いフルーツの風味はバランスがみごとで、ほんのりとエルダーフラワーが香る。ハチミツのニュアンスをもち、なめらかなあと味が続く。

ゲイマーズ
[GAYMERS]
サマセット州シェプトン・マレット
www.gaymers.co.uk

デヴォン
[Devon] (ABV5.8パーセント)

ゲイマーズの高品質「カウンティ・レンジ」シリーズのシードルは、大規模シードル・メーカーでも、大衆市場に迎合しなければ良質のシードルを作れることを証明する。木とスモークのニュアンスを感じる香りと、豊かで甘く、たっぷりとしたリンゴの風味。

ゴスペル・グリーン
[GOSPEL GREEN]
ウェスト・サセックス州
(ホームページ未開設)

サセックス・シードル
[Sussex Cyder] (ABV8パーセント)

瓶内二次発酵による、力強い、シャンパン・スタイルの発泡性シードル。新鮮なワインのような香りに、かすかなリンゴのノート。ブドウのような風味がし、ドライなリンゴとごくわずかなタンニンも感じられる。

世界各地のシードル──イギリス

グワトキン
[GWATKIN]
ヘレフォードシャー州アビー・ドア・ファーム
www.gwatkincider.co.uk

ノーマン・サイダー
[Norman Cider]
(ABV7.5パーセント)

名前を見ればわかるように、本来はノルマンディからの輸入リンゴで作ったシードルで、口に含むとフランス産シードルの一部と似ている。ビッグで、熟した果実と農家の庭(ファームヤード)のような香り。ソフトでジューシーな甘いリンゴの風味に、酸味のあるエッジとチーズのニュアンスをもつ。

グウィント・イ・ドレイグ
[GWYNT Y DDRAIG]
ウェールズ、ポンティプリッド
www.gwyntcider.com

ゴールドメダル・サイダー
[Gold Medal Cider]
(ABV7.4パーセント)

ウェールズ最大の生産者によるオリジナル・シードル。2004年CAMRAの全国コンペティションで、ウェールズ初となる金賞を受賞した。濾過し、わずかに炭酸ガスをくわえている。伝統的ファームハウス・シードルと商業的シードルの中間に位置するが、そのバランスがみごと。飲みやすく心地よい。だがフルボディでたっぷりとした果実感があり、おだやかなタンニンと酸味をもつ。

ハリーズ
[HARRY'S]
サマセット州ロング・サットン
www.harryscidercompany.co.uk

ハリーズ・ミディアム・ドライ
[Harry's Medium Dry]
(ABV6パーセント)

深いあめ色でエールにちかい。搾汁したての甘いリンゴ果汁の香りに、風船ガムとオレンジの花のニュアンス。熟した、ジューシーな果実、傷んだリンゴとリンゴの皮の風味が、適量のタンニンと完璧にマッチしている。

ヘイ・ファーム
[HAYE FARM]
コーンウォール州セント・ヴィープ
www.hayefarmcider.co.uk

ヘイ・ファーム・サイダー
[Haye Farm Cider]
(ABV7パーセント)

ミディアム・タイプのファームハウス・シードル。甘味と酸味をもつリンゴの香りに続き、口に含むとビッグでジューシーな味わい。ぴりっとした、酸味の強いバーンヤードのあと味。

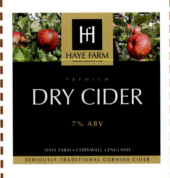

ヒーリー・コーニッシュ・サイダー
[HEALEY CORNISH CYDER]
コーンウォール州トルーロー
www.thecornishcyderfarm.co.uk

クラシック・リザーブ・ウイスキー・エディション
[Classic Reserve Whiskey Edition]
(ABV8.4パーセント)

ウイスキー用カスクで熟成。深いカラメル色で、おだやかなピートっぽさとスモーキーさをもつ酒。だが甘い、ハチミツ漬けフルーツのような味わいが、力強く、危険なほど飲みやすいシードルに映える。

ヘックス
[HECKS]
サマセット州ストリート
www.hecksfarmhousecider.co.uk

キングストン・ブラック
[Kingston Black]
(ABV8パーセント)

シードル用リンゴの王様、キングストン・ブラック単品種のシードル。クリーンできりっとしたリンゴが香る。甘くジューシーで酸味が強く、木、バニラ、かんきつ系のニュアンスをもつ。

ファームハウス
[Farmhouse](ABV6.5パーセント)

ヘックスのスイート、ミディアム、ドライのファームハウス・シードルは木製樽で熟成させ、購入するときに樽から直接そそがれる。リンゴの香りに、バーンヤードのニュアンス、酸味のあるアンダートーン、ドライなあと味。全国レベルの賞の受賞常連シードルだ。

ヘニーズ
[HENNEY'S]
ヘレフォードシャー州ビショップス・フローム
www.henneys.co.uk

ヴィンテージ
[Vintage]
(ABV6.5パーセント)

この大きな賞賛を集めるシードル・メーカーが出した2011年のヴィンテージは、ぴりっとしてコクがあり、やや酸っぱく、おだやかなタンニンが感じられる。クリーンなあと味が続く。洗練されたシードル。

ホーガンズ
[HOGAN'S]
ワーウィックシャー州オルスター
www.hoganscider.co.uk

ドライ
[Dry](ABV5.8パーセント)

きりっとしてクリーンな香りにはじまり、口に含むとキレがありシャープでぴりっとした味わいとなる。タンニンは強くはない。さわやかでライトだが、非常に満足がいくシードル。

世界各地のシードル——イギリス

ライム・ベイ・ワイナリー
[LYME BAY WINERY]
デヴォン州アクスミンスター
www.lymebaywinery.co.uk

ジャック・ラット・ヴィンテージ
[Jack Ratt Vintage]
(ABV7.4パーセント)

賞獲得のスクランピー。2012年のイギリスの食品ベスト50に入った。強い果実の香りに樫のニュアンスをもち、フルボディで、なめらかさ、ジューシーさがあり、みごとなタンニンとキレのあるあと味。

ラ・メア・ワイン・エステート
[LA MARE WINE ESTATE]
ジャージー州セント・メリー
www.lamarewineestate.com

ブランチェージ
[Branchage]
(ABV6パーセント)

リンゴの皮と湿ったリンゴ果肉の香りに、甘酸っぱさ、ソフトなタンニン、樫、クローヴ、杉の風味をもつ。ファンキーさが少々ある。満足感を味わえ、ジューシーで、飲み口のよい酸味のあるあと味。

ミンチューズ
[MINCHEW'S]
グロスターシャー州テュークスベリー
www.minchews.co.uk

マルバーン・ヒルズ・ペリー
[Malvern Hills Perry]
(ABV7パーセント)

不透明な薄い色で、甘味の梨の香り。ミディアム・ドライの味わいで、やや樫の風味をもつ。非常にジューシーでタンニンはおだやか。世界でもっとも称賛を受ける生産者のひとりが送り出す、すぐれたペリーの典型例。

マックリンドルズ・サイダー
[MCCRINDLE'S CIDER]
グロスターシャー州ブレイクニー
www.mccrindlescider.co.uk

ロイターピン
[Loiterpin] (ABV8.5パーセント)

「メトード・シャンプノワーズ」によるペリーで、澱の上で12か月熟成。このためビッグでファンキーな香りが生まれ、試してみるべきペリー。ムースのような口あたり、素朴でぱりっとしてビスケットのような味わい。届きそうで届かないところに果実が隠れているような感じ。その結果、口にしたいという気をそそり、きわめてあとをひく。

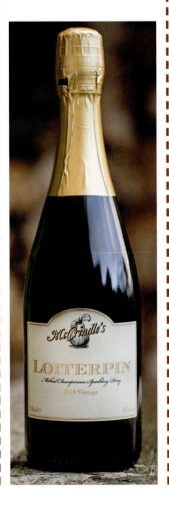

推奨シードル

ニュー・フォレスト・サイダー
[NEW FOREST CIDER]
ハンプシャー州バーリー
www.newforestcider.co.uk

ゴールド
[Gold]（ABV3.8パーセント）

みごとなフルーティさ。香水のような香り。ややファンキーなエッジが、ボトルを開けたときから口に含むまで続き、メロン、パイナップル、アプリコット、フレッシュなリンゴ果汁の風味がほとばしり、みごとなほどソフトなタンニンですべてのバランスがとれている。このアルコール度数の低さにして驚くほど良質のシードルで、際立つスタイルは、キーヴド・シードルを大きくアピールする。

ヌークス・ヤード
[NOOK'S YARD]
チェシャー州ノースウィッチ
www.nooksyard.com

チェシャー・ペリー
[Cheshire Perry]（ABV6パーセント）

やや濁り、フレッシュ・フルーツの香りにチーズのニュアンスが隠れている。ドライで、ややスモーキーで酸っぱく、あと味はフルーティ。おもしろい風味をクリーンなフレッシュさと繊細さと組み合わせ、非常に飲みやすくなっている。

オリヴァーズ・サイダー・アンド・ペリー
[OLIVER'S CIDER AND PERRY]
ヘレフォード
www.theolivers.org.uk

オリヴァーズ・ヘレフォードシャー・ペリー[Oliver's Herefordshire Perry]
（ABV5.4パーセント）

瓶内二次発酵で、シャンパン・スタイルの発泡性ペリー。ライトなかんきつ系の香りに、うっとりするようなクリスマス・スパイスのノート。豊かな味わいで、しっかりとしたボディ。スパイス、スモーク、フルーツのニュアンスがあり優雅で鮮やか。ドライでキレのあるあと味で、何度も口にしたくなる。センセーショナルなペリー。

オリヴァーズ・ヘレフォードシャー・サイダー（ドライ）
[Oliver's Herefordshire Cider（Dry）]
（ABV5パーセント）

瓶内二次発酵。濁ったオレンジ色で、すばらしい香りに口にするのを忘れるほど。カビ、湿った藁、おだやかな樟脳、バーンヤードのファンキーさが、禁断のシードルに対する期待を高める。そして期待を裏切らないシードル。非常に複雑な風味で、杉、樫の木、麻布、チェリー、アプリコットが、全体を支配するぴりっとしたリンゴにうまくブレンドされている。真に偉大なシードル。

ワンス・アポン・ア・ツリー
[ONCE UPON A TREE]
ヘレフォードシャー州レドベリー
www.onceuponatree.co.uk

ワンダー・デザート・ペアワイン
[The Wonder Dessert Pear Wine]
（ABV12パーセント）

この世界初の「アイスペリー」に名をつけたとき、メーカーはもったいをつけているわけでもなく、妥当な理由から「デザート・ペアワイン」とした。「タルト・タタン」の香り。粘性があり、豊かでスムーズな甘味の梨を味わえ、アプリコット、マルメロ、メロンのニュアンスをもつ。スイートなあと味が続き、もう一杯ほしくなる。

マークル・リッジ
[Marcle Ridge]
（ABV7.5パーセント）

これを味わうと、ワンス・アポン・ア・ツリーのシードルがワイン生産者の手によるものだと納得する。リンゴの花の香り。クリーンでドライなシードルで、バランスがすばらしく、タンニンはやわらか。

世界各地のシードル──イギリス

オーチャード・ピッグ
［ORCHARD PIG］
サマセット州グラストンベリー
www.orchardpig.co.uk

チャーマー
［Charmer］（ABV6パーセント）

ライトで繊細。かすかなフルーツの香りに、バターの甘味とほどよいタンニンの味わい。短くキレのあるフィニッシュ。非常にシンプルだが、元気のないメインストリームのブランドに代わるものとして満足のいくシードル。

ペリーズ・サイダー
［PERRY'S CIDER］
サマセット州ダウリッシュ・ウェイク
www.perryscider.co.uk

プレミアム・ヴィンテージ・サイダー
［Premium Vintage Cider］
（ABV6パーセント）

フレッシュなリンゴと焼きリンゴの性質と、カラメルの甘味をもつミディアム・シードル。ビッグでジューシー、渋味があり、サマセットでも歴史あるシードル生産者一家の古典的スタイルを、現代風に翻案したシードル。

ピルトン・サイダー
［PILTON CIDER］
サマセット州ピルトン
www.piltoncider.com

ナチュラリー・スパークリング・サマセット・シードル［Naturally Sparkling Somerset Cider］（ABV5.5パーセント）

イギリスではめずらしいキーヴド・シードル。力強く、ひきつけるような香り。押し寄せてくるフレッシュな甘いリンゴの香りに思わず口にしたくなる。ソフトなムースのような舌触りで、かろやかな甘味と鮮やかな果実感。

ピップス・サイダー
［PIPS CIDER］
ヘレフォード州ドーストーン
www.pipscider.co.uk

ミディアム・サイダー
［Medium Cider］（ABV7.5パーセント）

長年、大規模生産者向けにリンゴを栽培していた一家が、2010年にピップス・サイダーの生産事業に乗り出した。リンゴの専門家としての力量が光っている。慎重に選んだ7種のシードル用リンゴのブレンドで、その風味は驚くほどあとをひく。繊細なタンニンの骨格。

推奨シードル

リックス・ファームハウス
[RICHS FARMHOUSE]
サマセット州ハイブリッジ
www.richscider.co.uk

ミディアム・ドライ
[Medium Dry]（ABV6パーセント）

まずぴりっとしたエッジのある香りがし、かすかなファンキーさももつ。だが、口に含むと非常にスムーズでシルキーになり、ドライな、渋味のあるあと味。

ロージーズ・トリプルD
[ROSIE'S TRIPLE D]
レクサム州ホースシュー・パス
www.rosiescider.co.uk

パーフェクト・ペア
[Perfect Pear]（ABV6パーセント）

色はホワイトゴールドで、カラメル風味の果実の香りを軽く感じる。ビッグでフルボディな梨の風味で、ライトでキレがあり、クリーンなあと味。この美しい酒はあとをひくおいしさ。

ロス・オン・ワイ・サイダー・アンド・ペリーCO
[ROSS-ON-WYE CIDER AND PERRY CO]
ヘレフォードシャー州ロス・オン・ワイ
www.rosscider.com

ロス・オン・ワイ（ブルーム・ファーム）・トラディショナル・ファームハウス・ドライ・スティル・サイダー[Ross-on-Wye (Broome Farm) Traditional Farmhouse Dry Still Cider]（ABV7パーセント）

マイク・ジョンソンは同業のシードル生産者から尊敬され、シードル発展への貢献に対し、ポモナ賞を受賞。ドライでライト、スムーズ。果実感が口に広がり、ソフトで渋味のあるあと味。

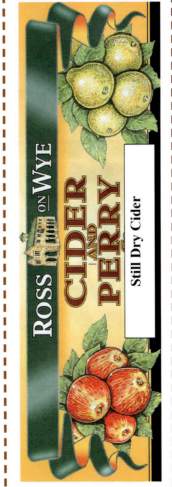

ロケット
[ROCQUETTE]
ガーンジー島カテル
www.rocquettecider.com

トラディショナル・ロケット・サイダー
[Traditional Rocquette Cider]（ABV6パーセント）

ガーンジー島唯一のシードル生産者が、この島の全住民を満足させるべく、幅広いシードルを生産している。この旗艦シードルは、完全有機栽培のリンゴによるもの。スパイシーなリンゴの香り。ひと口めは非常に甘く、その後、しっかりとしたコクのあるタンニンが主張し、ドライなあと味が長く続く。

世界各地のシードル──イギリス

サンドフォード・オーチャーズ
[SANDFORD ORCHARDS]
デヴォン州クレディトン
www.sandfordorchards.co.uk

シェイキー・ブリッジ
[Shaky Bridge]（ABV6パーセント）

クラフトビールのパブで、メインストリームのシードルの代わりにおかれていることが増えている。クリアで飲む気をそそり、微発泡。ウッディなスパイス、おだやかなファンキーさ、ぴりっとする酸味がからみ合う。適度に成熟したシードルで、ライトさ、リフレッシングさは、パブで飲むには十分。

シェピーズ
[SHEPPY'S]
サマセット州トーントン
www.sheppyscider.com

ゴールドフィンチ
[Goldfinch]（ABV7パーセント）

ぴりっとした酸味種のリンゴの香りに、キレのあるシャープな風味。おだやかなタンニンが効き、力強くドライなシードルを作り上げている。しっかりとした骨格とわずかにスパイシーさをもつ。

トロッギ・サイダー
[TROGGI SEIDR]
モンマスシャー州アールズウッド
（ホームページ未開設）

ペリー
[Perry]（ABV6.5パーセント）

梨の香り、花蜜とエルダーフラワーのニュアンス。しっかりとして洗練された骨格にジューシーな果実を組み合わせ、これが抑制されエレガントに表現されている。すぐれたペリーだけができる表現だ。ビッグで複雑だが、飲みやすいことこのうえない。

サッチャーズ
[THATCHERS]
サマセット州サンドフォード
www.thatcherscider.co.uk

ヘリテージ
[Heritage]（ABV4.9パーセント）

近年、主要な商業ブランドよりもやや洗練度の高いものへの興味が急速に増したことが追い風となり、サッチャーズのシードルは大衆受けするようになった。ヘリテージには、それが一番よく表れている。バランスがとれ飲みやすいミディアム・ドラフトシードルで、すばらしいリンゴの香りと風味をもち、おだやかな酸味とドライなあと味。

タイ・グウィン
[TY GWYN]
ウェールズ、モンマスシャー州
www.tygwyncider.co.uk

ダビネット
[Dabinett]（ABV6.5パーセント）

このダビネット単品種のシードルはよく「ミディアム」といわれるが、このようなすばらしいシードルを表現するには、こうした単純な尺度では十分ではないことがわかる。まず甘いリンゴが香り、風味は繊細でフルーティ。非常にスパイシーなニュアンスをもち、クリーンなあと味が長く続く。

推奨シードル

ウェストンズ
[WESTONS]
ヘレフォードシャー州マッチ・マークル
www.westons-cider.co.uk

ヘンリー・ウェストンズ・ヴィンテージ
[Henry Westons Vintage]
(ABV8.2パーセント)

ウェストンズのシードルは昔ながらの樫の大桶で熟成させ、それによる性質がはっきりと表れている。グリーン・アップルの甘味とタンニン、樫、バニラとのバランスがよくとれ、クリーンで優雅、さわやかだが、満足のいく飲み心地を得られる。

ウェスト・クロフト・シードル
[WEST CROFT CIDER]
サマセット州ブレント・ノール
www.burnham-on-sea.co.uk/west_croft_cider

ジャネット・ジャングル・ジュース（JJJ）
[Janet's Jungle Juice（JJJ）]
(ABV6.5パーセント)

濁った暖かな金色でジューシーなリンゴとトロピカル・フルーツ・サラダの香り。口に含むとフレッシュな果実味。かすかなチーズのニュアンスと、心地よいドライなあと味。フルボディだが驚くほど飲みやすい。飲むとついつい進み、翌朝後悔する可能性もあり。

ウィルキンス・サイダー・ファーム
[WILKINS CIDER FARM]
サマセット州マジリー
www.wilkinscider.com

ファームハウス・サイダー
[Farmhouse Cider]
(ABV6パーセント)

シードル界のレジェンド、ウィルキンスの堂々とした人となりにふさわしいのは、ビッグなシードルだ。幸い、彼のシードルはその人同様、大いなる性質と個性をもつ。強い農家の庭（ファームヤード）のような香りとチーズっぽさのニュアンスが、これが小心者が飲むシードルではないことを物語っているが、ジューシーな口あたりは心地よく、ドライで渋味のあるあと味にさらに引き込まれる。飲むのをやめられないシードル。

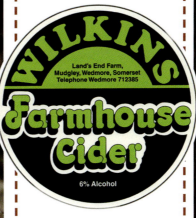

ウォーリーズ
[WORLEY'S]
サマセット州ディーン
www.worleyscider.co.uk

プレミアム・ヴィンテージ
[Premium Vintage]
(ABV6.2パーセント)

バターのような金色で、スパイシーでウッディな香り。口に含むとビッグで、きついタンニン、わずかな果実味とファームハウスのファンキーさの味わい。クラシックなサマセット・スタイルで、豊かで満足のいくシードル。

IRELAND
アイルランド

アイルランド

アイルランドといって連想するのは、シードルよりも色が濃く、飲みごたえのある特別な酒だ。
ギネス

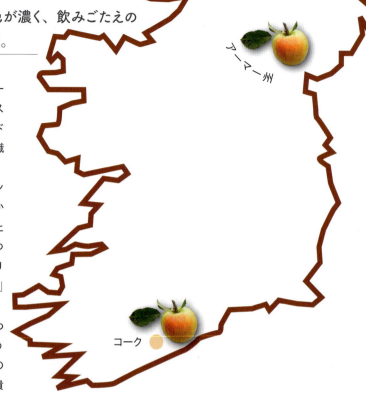

このため、国レベルでは、アイルランド人ひとりあたりのシードル消費量が世界一だというと大きな驚きかもしれない。ギネスと同様、シードルの大半は、定番の飲み方をもつ、アイルランドを象徴する一大ブランドのものだ。しかしここ数年は、目的意識をもち意欲的に取り組むことで、小規模生産が復活している。

スペイン北部、フランス北西部、ウェールズおよびイングランド南西部と同様、アイルランドは、北大西洋海流が生むおだやかで降水量の多い気候の恩恵を受けている。ミース州で発見されたリンゴのタネは5000年も昔のものだ。また今日もときおり見つかるアイルランドのクラブ・アップルは、初めて栽培化されたリンゴ品種の古代の祖、「マルス・シルウェストリス（Malus sylvestris）」の直系の子孫で、とげのある枝で判別できる。

他地域と同じく、シードル作りがはじまったころの記録は失われ、果樹園で初めて採れたリンゴがシードルに使われたのかどうかも判然としない。紀元7、8世紀には、古代アイルランド人の諸権利、慣習をまとめたブレホン法で、リンゴの木は「森で高貴な7つ」のひとつに分類された。法は野生と栽培種のリンゴを区別し、リンゴの木の伐採という憎むべき罪に多大な罰金を科した。

12世紀に初めてシードル作りにかんする明確な記載が登場し、アルスターの部族長が、自家製シードルの品質を称賛されている。これより、シードル作りが当時確立していたことがうかがえるものの（この部族長が「初めて」シードルを作ったと示唆する記録はない）、ほかに記録はほとんどない。1650年代になってようやく地籍調査が行われ、このときの果樹園にかんする記述が多数見つかっており、イングランドやウェールズ同様、アイルランドでも果樹農家によるシードル醸造が確立していたことがうかがえる。

18世紀と19世紀初期には、アイルランド産シードルは、国内外でその品質の高さを称賛されていた。18世紀後半にダブリンで行われた品評会では、白ワインを偽装したものではないことを証明してようやく最高賞が授与された。それほど高いレベルだったのだ。

19世紀の大飢饉では、多くのものと一緒にシードル作りもほとんど姿を消したが、1900年代初期に国の援助で復活し、1934年には、ウィリアム・マグナーという人物がティペラリー州クロンメルでシードル作りをはじめた。ヘレフォードのバルマーズ社の支援を得たこの企業は、ファームハウスのシードル生産者たちを踏み台に急成長した。そして20世紀後半、アイルランドのシードル市場はひとつのブランドが支配した。
マグナーズ

多くの国々では、シードルに対する興味が戻ってきたのはマグナーズの登場がきっかけだった。だがアイルランドではこの名はすでによく知られており、この国では、食品や飲料の産地や製法に対する興味が幅広く育ったことから、シードルへの興味も復活した。シードル生産者の新世代が登場すると、ブラディ・ブッチャー、メイデンズ・ブラッシュ、グリーシー・ピピンやレッド・ブランデーといったいかにも危険な名をもつ、アイルランドの伝統的リンゴ品種の発掘をはじめた。そして70種を超すリンゴが保存され復活している。

新設の生産者集団であるサイダー・アイルランドは12名ほどの会員を擁し、みな、アイルランド産リンゴのみ、それも100パーセントのストレート果汁を使用することに誇りをもっている。シードル用リンゴの生産は南部の3、4州に集中しており、北部では、伝統品種にくわえ調理用や生食用リンゴも使用している。

北アイルランドおよびアイルランド共和国では、高品質で興味をひく多様なシードルが次々と生まれている。最後に、ひとこと。アイルランドでシードルを注文するときはかならず、氷の上にそそいでもらうことをお忘れなく。

次ページ：アイルランド産シードルの復活は、果樹園を大事にすることにつきる。昔ながらの、ありのままの姿を取り戻すのだ。

世界各地のシードル──アイルランド

シードル界の巨人──マグナーズ／バルマーズ

ENJOY MAGNERS SENSIBLY

　マグナーズが2005年から2006年にかけてイギリスに登場し、世界最大のシードル市場に革命を起こしたとき、最大のライバルであるバルマーズは、自社とこのよそ者とが混同されないよう手を打つことはなく、それどころか、バルマーズ・オリジナルをあえてマグナーズのシードルと同じ外観にして再度発売し、消費者に2社が同一ブランドだと思わせる動きをとった。

　歴史を最初からたどったほうがよいだろう。ウィリアム・マグナーが1934年にアイルランドでシードル作りをはじめた当時は、有名なリンゴ産地で、農業省の奨励金と助言を得てよみがえった多くの生産者のひとりにすぎなかった。だがマグナーは一般的なファームハウスのシードル生産者ではなく、それよりはるかに抜け目のないビジネスマンであり、農場に回ってくる移動圧搾機に頼らず、自前の圧搾機を使った。さらにオークの大きな発酵槽もそろえ、マグナーの事業は急成長した。

　イギリス、ヘレフォードのバルマーズ社は、まもなくマグナーに注目することになる。マグナーが、アイルランド最高評議会議長で自分の友人でもあるエイモン・デ・ヴァレラを説得し、アイルランドがバルマーズから輸入するシードルに、1ガロン（約4.5リットル）あたり1シリングを課税させたからだ。アイルランドでの販売を熱望するバルマーズは、1937年に、ウィリアム・マグナーとの新会社設立に合意した。双方が50パーセントずつ株を所有する、バルマー、マグナー&Coで、アイルランドではバルマーズのブランドでシードルを販売するのだ。

　まもなくアイルランドのバルマーズは、シードルと、リンゴのソフトドリンク、シドナを年に約900万リットル販売するまでになった。1946年に、バルマーズはマグナーから株を買い取り、社名をバルマーズ・リミテッド・クロンメルとした。

　商標問題にかかわる裁判にてこずったのち、1964年にバルマーズはアイルランドの事業を売却し、事業は、サマセット州に本拠をおくライバル企業のシャワリングスに渡った。この譲渡には、アイルランドにおけるバルマーズという名の使用許可も含まれていたものの、世界のその他の地域では、バルマーズ社がこの名の独占権を有していた。

　1991年、アイルランドのバルマーズは1パイント・ボトル入りシードルを発売し、氷入りのグラスにそそぐ飲み方を提案した。これはおおいに人気を博し、このため多くの人が、氷にシードル

マグナーズとバルマーズは同じではないのか。イギリスのあちこちのパブで耳にする問いであり、シードルにまつわる多くの不思議と誤解のひとつだ。

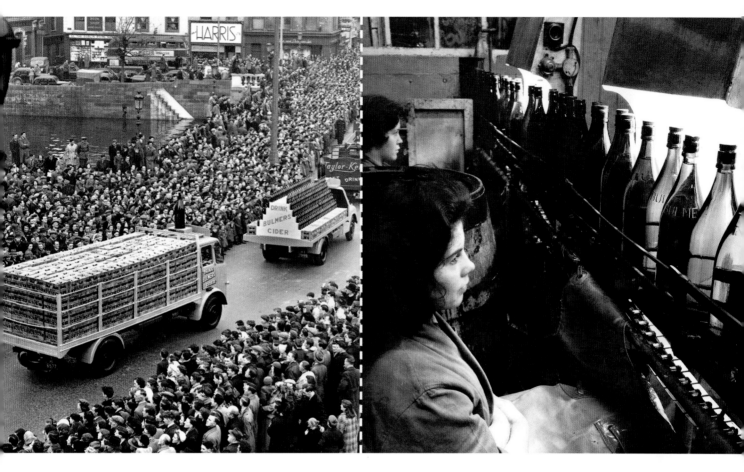

をそそいで飲むのが、アイルランドの伝統だと信じ込んでいる。だが、サイダー・アイルランドのマーク・ジェンキンソンは懐疑的だ。「子どものころは、パブに氷なんてありませんでした。そんなこと高級ホテルでするぜいたくで、氷を頼んだりすれば怪訝な目をされましたよ。それがふつうになったのは1980年代半ばころ。リンゴのソフトドリンク、シドナに氷を入れて飲むのが流行り、そこからはじまったのだと思います」

1999年、現在バルマーズ・アイルランドを所有するC&Cは、買収を経て独立企業として、世界進出を決めた。商標権の問題が浮上するとC&Cは事業の起源に目を向け、製品に、長らく忘れられていた創業者名、ウィリアム・マグナーにちなんだ名をつけた。

このため現在は、アイルランドのバルマーズはその他地域のマグナーズと同じボトルと味だ。だがアイルランド以外のバルマーズはマグナーズとはまったく別物で、飲みくらべてみればわかる。

マグナーズは、1パイント・ボトルと氷入りグラスというアイデア（と、ニュージーランドの果樹園で撮影した広告）でイギリスに旋風をまき起こした。消費者はこれに飛びつき、競合他社はマネをした。そしてマグナーズはこれを世界に広めた。

マグナーズは紛れもない巨大企業だが、大半のメーカーよりはシードルの品質について考慮している。マグナーズが使用するのは、17品種の食用、調理用、シードル用リンゴだ。氷なしで飲むドラフトサイダーは、シャープでタンニンの多いダビネットとミシュラン種のリンゴを多く使用する。他社とマグナーズの果汁の配分比較をお教えしたいのだが、マグナーズは製法も、その原材料についても公開しようとはしなかった。

マグナーズは現在40か国で販売されている。C&Cは、アメリカの2大シードル・ブランド、ウッドチャックとホーンズビーも買収し、北アメリカ市場の大半を手中におさめている。イギリスで革命をはじめたマグナーズは、世界で飲まれるシードルになるべく断固たる道を歩んでいる。

前ページ：マグナーズの広告。
夏の牧歌的なシードルの雰囲気を完璧にとらえている。
上：ウィリアム・マグナーを買収後、バルマーズ・アイルランドは急成長して、シードル・メーカーの巨大コンツェルンになった。

世界各地のシードル――アイルランド

アイルランド――推奨シードル

アーマー・サイダー・カンパニー
[ARMAGH CIDER COMPANY]
アーマー州ポータダウン
www.armaghcider.com

カーソンズ・クリスプ
[Carsons Crisp]（ABV4.5パーセント）

圧搾したての新鮮なリンゴ果汁を使用し、添加物や香料はくわえていない。深みのある金色。クリーンで甘味種のリンゴの風味にドライなあと味。

クレイギーズ・アイリッシュ・サイダー
[CRAIGIES IRISH CIDER]
ウィックロー州
www.facebook.com/CraigiesCider

バリーフック・フライヤー
[Ballyhook Flyer]（ABV5.8パーセント）

ダビネット、カティ、ブラムリー種のリンゴのブレンド。フレッシュでフルーティな香り、ドライな風味にパンのようなニュアンス。

ルウェリンズ
[LLEWELLYNS]
ダブリン州ラスク
www.llewellynsorchard.ie

ダブル・L・ボーンドライ・サイダー
[Double L Bone Dry Cider]
（ABV6パーセント）

自家果樹園で栽培したリンゴを収穫し、熟成させてから圧搾。瓶詰め直前にブレンドし、新鮮なリンゴ果汁をくわえて瓶内二次発酵させる。名でわかるように、非常にドライでぱりっとしている。シードルの目利き向きのシードル。

ロングヴィル・ハウス
[LONGUEVILLE HOUSE]
コーク州マロー
www.longuevillehouse.ie/artisan-produce

ロングヴィル・ハウス・サイダー
[Longueville House Cider]
（ABV5パーセント）

ダビネットとミシュラン種のリンゴのブレンド。ミディアムスイートだが、クリーンでドライ、みずみずしく、さわやか。グラスからすぐに消えてなくなりそうに思えるシードルのひとつ。

マックス・アーマー・シードル
[MAC'S ARMAGH CIDER]
アーマー州フォークヒル
www.facebook.com/pages/Macs-Armagh-Cider/148853781815654

マックス・ドライ・シードル
[Mac's Dry Cider]
（ABV6パーセント）

「やるべきことをやり、〈お楽しみ〉(クラック)を広める」というミッションを抱き、マックスは、自然な技法と原材料のみで、ドライでスイート、「ライト」なシードルを作っている。このドライ・シードルは完全に発酵し、まちがいなくボーンドライで渋味が強く、わずかにファンキーさと干し草の風味がある。

マシヴァーズ
[MACIVORS]
アーマー州ポータダウン
www.macivors.com

トラディショナル・ドライ・サイダー
[Traditional Dry Cider]
（ABV5.6パーセント）

フルボディで複雑、フレッシュでフルーティだが、優雅な骨格。2013年インターナショナル・ブルーイング・アワードの5パーセント超ベスト・シードル部門で銀賞を受賞した。

推奨シードル

マッカンズ
[MCCANN'S]
アーマー州ポータダウン
www.mccannapples.co.uk

アップル・カウンティ・トラディショナル・カントリー・サイダー
[Apple County Traditional Country Cider]（ABV6パーセント）

ごく薄い金色で、甘い、食用リンゴの香り。口に含んでもその甘さが続き、わずかに藁のニュアンスをもつ。タンニンが突出するが心地よく、クールでドライなあと味。

ストーンウェル
[STONEWELL]
コーク州キンセール
www.stonewellcider.com

ミディアム・ドライ・アイリッシュ・クラフトサイダー [Medium Dry Irish Craft Cider]（ABV5.5パーセント）

ゴールデン・デリシャス種の甘くフローラルな香り。その甘さが口でも続く。かすかなスパイスのノートに、ほどよい酸味のエッジが効いてくる。

テンプテッド?
[TEMPTED?]
アーマー、リズバーン
www.temptedcider.co.uk

ミディアム・ドライ・アイリッシュ・クラフトサイダー [Medium Dry Irish Craft Cider]（ABV5.7パーセント）

ブラムリー種とデザート用リンゴを使用し、ケント風に作ったシードル。つまり、ビッグで食用リンゴの香りがあり、ぱりっとした酸味と抑え目のタンニン、おだやかさのあるドライなあと味をもつシードル。

トビーズ・ハンドクラフテッド・シードル
[TOBY'S HANDCRAFTED CIDER]
アーマー州オーチャード・カウンティ
www.tobyscider.co.uk

トビーズ・ハンドクラフテッド・サイダー
[Toby's Handcrafted Cider]（ABV6パーセント）

瓶内二次発酵のシードルで、刺激のある新鮮なリンゴの香りとパン酵母のニュアンス。口に含むと、フレッシュで、生食用リンゴの青っぽい味わいに、かんきつ系のニュアンスをもつ。ドライなあと味が長く続く。

ヨーロッパのその他の国々──推奨シードル

デンマーク

スカンジナビア半島で最大のシードル生産国ではないが、非常に興味をひくことはたしか。この国のシードルの伝統は、ヴァイキングの時代までさかのぼる。リンゴの果実を保存するためにシードルを作ったのかもしれない。ノルマン人の影響がはっきりとうかがえ、ノースマン（北の人）の旅は一周してここに戻ってきたようだ。

コールド・ハンド・ワイナリー
[COLD HAND WINERY]
ユトランド州ランダース
www.coldhandwinery.dk

マルス・X・フェミナム
[Malus X Feminam]
（ABV20パーセント）

アイスシードルとリンゴの「オー・ド・ヴィー」のスペシャル・ミックス。ワイン樽で8か月熟成させる。飲めば、期待を裏切らない特別（スペシャル）なシードルだとわかる。強烈な焼きリンゴの香りのあとに、アルコールが燃えるような味わいが控えめにくる。フレッシュな酸味とリンゴの甘味とでバランスがとれ、ハチミツとカラメルのノートをもつ、すばらしいシードル。

ファユ・サイダー
[FEJØ CIDER]
ファユ島
www.fejoecider.dk

ファユ・サイダー・ブリュット
[Fejø Cider Brut]（ABV6パーセント）

深いオレンジ色で、バーンヤードのファンキーさと酸味のある香り。果実感が大きい味わいとも言えるが、もっとつきつめると、ビネガーにちかい酸味、ファンキーさ、木の風味がすべて溶け合い、ドライな余韻が長く続く。

ケルネガアーデン
[KERNEGAARDEN]
ファユ島
www.kernegaarden.dk/index.php/cider

エーブル・シードル・ドゥミ・セック
[Æble Cider Demi-Sec]
（ABV5パーセント）

ノルマンディ・スタイルの、自然発酵およびビン内二次発酵のシードル。酵母のような香りと、調理したリンゴの香り。わずかに野菜っぽいファンキーさが感じられ、酸味の強いキレのあるフレッシュな風味に、木とアスパラガスのニュアンス。ムースのような泡がすばらしい。フランス・スタイルのしゃれたシードル。

イタリア

エコメラ
[ECOMELA]
ウーディネ県ヴェルゼーニス
www.ecomela.it

モスト
[Mosct]
（ABV4.5パーセント）

伝統的シードルを苦労の末復活させた。果樹栽培がさかんなこの地方の、家族で飲める人気のシードルだったが、1950年代に姿を消していた。フレッシュでナチュラル、優雅なシードル。酸味が前面に出て、果実感をほどよいタンニンが補っている。

ノルウェー

**ハルダンゲル・ザフト＝
オグ・サイダーファブリック**
[HARDANGER SAFT - OG
SIDERFABRIKK]
ウルヴィック、レクヴェ・ガルド
www.hardangersider.no

ハルダンゲルシードル
[Hardangersider]
（ABV10.5パーセント）

リンゴは14世紀からハルダンゲル地方で栽培されてきた。その果汁は、ヨーロッパ保護呼称統制（PDO）で保護されている。この100パーセント自然原料のシードルは、リンゴの皮の香りとファンクっぽいニュアンスに、ミディアムスイートのリンゴの風味をもつ。ドライな余韻が長く続く。

ポーランド

サイダー・イグナツフ
[CYDR IGNACÓW]
ブウェンドゥフ
www.cydrignacow.pl

サイダー・イグナツフ
[Cydr Ignacόw]
（ABV5.5パーセント）

ポーランド産シードルのニュー・フェイスの典型例。伝統に従い、イグナツフの果樹園で栽培した数種のリンゴを圧搾したての果汁を使用し、秋に作る。ここはグロジェツ地方の小さな村で、ヨーロッパ最大の果樹栽培地域のなかほどにある。シードルはその後春まで熟成させる。色は薄い藁色。香料や着色料は添加しない。フルーティで、新鮮なリンゴの香りにかすかに梨のノート。口に含むと、ミディアム・ドライだがフレッシュで、繊細な甘味と心地よい桃の果実の余韻が感じられる。食事によく合う。

スウェーデン

スウェーデンにも多くのシードルがあるが、本書で紹介する他国のシードルと同レベルのものを見いだせていないのは残念だ。巨大ブランドの**コッパルベリ**〈Kopparberg〉（www.kopparbergs.se）と**レコルデールリ**〈Rekorderlig〉（www.rekorderlig.com）は世界で評判をとっているが、果実の風味や人工甘味料をくわえ、シードルとは似ても似つかない。ボトルのラベルに、使用している水の品質の高さをうたっているブランドがあれば、なぜそれをシードルというのか疑問に思うべきだ。アルコポップをシードルと呼んでいるだけなのだ。
スウェーデン最大のシードル・メーカーは**ヘールユンガ**〈Herrljunga〉（www.herrljungacider.se）だ。それより小規模な**ブリスカ**〈Briska〉（www.briska.se）は長く続く家族経営のシードル・メーカーで、その基盤にあるのは「クラフト」シードルだという。だが飲んでみると、残念ながら、世界的に有名な同業者のものとは少し違う。

スイス

シドレリー・ドゥ・ヴァルカン
[CIDRERIE DU VULCAIN]
フリブール州ル・ムレ
www.cidrelevulcain.ch

トロワ・ペピンズ
[Trois Pépins]
（ABV5パーセント）

このオーガニック・シードルは、3種のフルーツの出会いから生まれた。マルメロがフローラルの香りを生み、生き生きとした酸味と、リンゴと梨の甘味とのバランスがとれている。

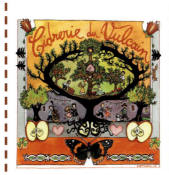

THE AM

ERICAS
南北アメリカ

UNITED STATES
アメリカ

世界各地のシードル――アメリカ

アメリカ

アメリカで問題なのは、「サイダーを1杯ください」と注文すると、なにが出てくるかわからないところだ。アメリカの連邦政府は酒税上でシードルを、「アルコール度数8パーセント以下の、リンゴを原料とする醸造酒」と定めている。十分明快だろう。だが、たとえばペンシルヴァニア州では、「サイダー」をリンゴを搾って得られるあめ色で不透明なストレート果汁と法で定めている。そしてこれを、おおかたの人は「サイダー」だと思っているのだ。

次ページ：小型の、昔ながらの自家用リンゴ圧搾機。かつては、アメリカのほとんどの家庭にこうした圧搾機があった。

アメリカでは、その歴史と法律が複雑に絡み合い、シードルに新たなスタイルが生まれた。その環境がリンゴを変化させたことも一因だ。アメリカの多くのものと同様、シードルの歴史も、大きな不満や失望、奇妙な紆余曲折、スリリングな驚きで彩られている。

今日、シードルのファンや生産者が、興味はあっても知識がない人にシードルとはなにか、リンゴの関係を説明しようとすると、ワインとブドウの関係をもち出す必要がある。また「サイダー」が建国時代の重要な飲み物だったにもかかわらず、この酒を歴史から消そうとする不当な運動に苦しみ、それがようやく正されはじめていることを理解している国民はごくわずかだ。

アメリカの在来種は、ひどく酸っぱいクラブ・アップルだけだった。ヴァージニア州に最初に渡った入植者は旧世界のリンゴの接ぎ木を持ち込んだものの、新世界の厳冬と予測不可能な春の遅霜に適応できなかった。うまく育ったのは、現地でタネからとった実生のリンゴだけだった。こうして、最初の植民地が建設されて数年後には、実生のリンゴが植えられた。初期のワイン用ブドウもさんざんなできだったが、リンゴの木は無限ともいえる遺伝的多様性のおかげで、タネから育った木（「ピピン」）には新しい環境になじむものも生まれ、ヨーロッパからの移民が受粉を助けるミツバチをもち込んでからは、さらにうまくいくようになった。

こうした偶然育った実生の木は、アメリカ独自のリンゴ品種である。ジャーナリストのマイケル・ポーランはこう書いている。「実際、リンゴは入植者と同じように、以前の生活を捨て野に戻らなければならなかった。そして新天地で生まれ変われたのだ。ニュータウン・ピピンやボールドウィン、ゴールデン・ラセットやジョナサンも、こうして生まれた」

生まれたての新品種が東海岸から大陸を横断し、広まるのを後

世界各地のシードル──アメリカ

押ししたのは、ジョン・チャップマン（p.174参照）のような人々だ。果樹園とは、祖国を思い出すもの。定住し実りを得る生活が目に見えるもの。そして野生植物の順化を意味するものでもあった。

アメリカ生まれの初期の品種の多くは食用には向かず、ほぼシードル作りに使われた。当時は、謹厳なピューリタンでさえもアルコール飲料を必要とした。またビール作りに必要なホップと大麦が、ここではうまく作れないこともわかっていた。シードルは、未知の土地では水に代わる安全な飲み物であり、家にリンゴの木があり、秋にはその実でシードルを作り、厳しい冬に備え家族全員分のシードルを保存しておく。そうする家がほとんどだった。

アメリカ合衆国第2代大統領ジョン・アダムズは、毎日朝食にタンカード（大型のとって付きジョッキ）1杯の「ハード・サイダー」[アメリカではシードルを一般にハード・サイダーという]を飲み、91歳まで長生きした。当時は子どもも朝食にシードルを飲んだ。果樹栽培者のトム・バーフォードは、18世紀、アメリカ人が飲むひとりあたりのシードルの量は、今日のソーダやソフトドリンクと同程度だったと考えている。

偶然生まれたリンゴのタネと、それからできた品種が広がり、人は、おいしく環境に合うリンゴがあると名をつけ、その木を熱心に増やした。人口の75パーセントが農業に従事し、1850年には1000種を超す交配リンゴが記録されており、その大半はシードルに用いられた。19世紀半ばには、一攫千金の新品種を求めてゴールドラッシュが起きた。第2のゴールデン・ラセットを見つければ、富と名声が手に入るのだ。

1840年、ウィリアム・ヘンリー・ハリソンが大統領に選出された。国民に、自分が「丸太小屋とハード・サイダーで育った」質素な候補者だと訴えかけたことは有名だ。国の誕生から問題を抱えた青年期まで、アメリカは世界有数のシードル国家だった。

変化は1870年代にはじまった。政治不安によりドイツから大量の移民が流入し、同時に農場から都市部への移住が起こった。そして、シードルは農場に伝わる家庭的な酒、ドイツの国民的飲料であるラガービールは都市部の飲み物という図式が生まれた。

その後、禁酒運動のためあらゆるアルコール飲料が悪者あつかいされるようになり、果樹園経営者は食用リンゴに転換した。1900年には、植物学者のリバティ・ハイド・ベイリーが、「リンゴを（飲むのではなく）食べたほうが、身体によい」と指摘した。そこでリンゴ栽培業界はリンゴと健康とを結びつけようとし、「1日1個のリンゴは医者を遠ざける」というスローガンを広めた。

シードルの伝統を葬り去った元凶は禁酒法だと言われることは多い。食べられないシードル用品種は（片づけてでもおかないかぎり）邪魔者扱いされ、食用リンゴの栽培へと変わっていった。そして以前にはスイート・サイダーと呼ばれていたリンゴジュースが、「サイダー」と言われるようになった、というわけだ。

だが、アメリカの伝統にとどめをさしたのは、禁酒法時代の終わりだったとも言われている。13年におよぶ禁酒の時代を経て、アメリカは酒に飢えていた。ビールは数週間で生産できるが、姿を消した専用リンゴを栽培するには5年はかかる。アメリカ人はそんなに長くは待てなかった。一方では、甘いものを求める消費者を満足させるため、アメリカではソフトドリンク業界が誕生していた。そして鉄道輸送がはじまると一大市場が生まれ、人気の生食用リンゴがシードル用品種を完全にはじき出した。レッド・デリシャス種のリンゴは食べるにはいいが、トム・バーフォードによると、「これから作るシードルは最悪」だという。新しい世代も、レッド・デリシャスのシードルを「口にしたなかで最悪のシードル」と切ってすてた。アメリカのシードル産業は、危機的状態にありながら禁酒法時代を生き延びたが、1940年代半ばに息絶えたのだった。

1970年代には、ビールの代用品として「6本パック」のシードルが市場に登場した。雑な作りで甘いこのシードルは、未発酵のリンゴジュースが「サイダー」の座に落ち着いていたため、「ハード」・サイダーという名にあまんじなければならなかった。だがこの名は当時あまり使われなかった。ワインを「ハード・グレープジュース」と呼ばれる状況を想像してみれば、シードルが抱えたジレンマもわかるだろう。

しかしその後の数十年で、本物のシードルが、はじめは遠慮がちに、ふたたび登場しはじめた。スティーヴン・ウッドはじめ、アメリカ生まれにこだわらず旧世界のリンゴ品種を導入する生産者もいたし、食用のリンゴ品種から上質のシードルを作る生産者もいた。さらに、入植者がかつて栽培していたが、野原や道端や果樹園の隅でツタがからまり忘れ去られていた品種も掘り起こされ始めた。

今日、シードル生産はニューイングランド、五大湖および太平洋岸の北西部周辺でさかんだ。本章では、これらの地域をそれぞれ詳細に取り上げる。だがシードルは現在50州で販売されており、生産者は全国に広がっている。シードルの復活は、クラフトビールのブームに負うところが大きい。そしてクラフトビールがそうだったように、世界の動向とアメリカの忘れられた過去を手本に、それを土台に、すばらしいシードルを作ろうと真摯に探究を行っている。クラフトビールのブームのはじまりを見逃した多くの人にとって、シードルは、最初からブームを楽しむチャンスだ。現在も、アメリカは旧世界の伝統と熟練の技術に敬意を表している。だが、アメリカの新世代の生産者の一部は、すでにヨーロッパのコンペティションで賞を獲得し、目標とするシードルを超えている。

本書の刊行に合わせるように、アメリカ・サイダー生産者協会（USACM）が設立された。アメリカのシードルが昔の栄光を取り戻し、さらに高みへと向かう日も遠くはないだろう。

次ページ：シードルは、北アメリカの
大きな農場のスタンドで売られているもののひとつ。

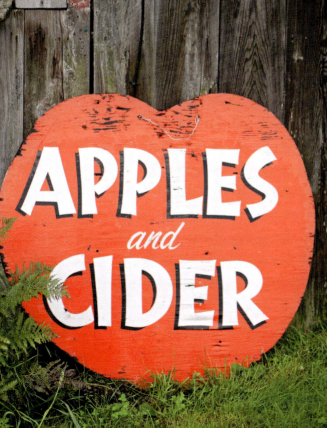

民話の英雄──ジョニー・アップルシード

アメリカは若い国かもしれない。だが若さを補うように、その過去を細かく記録し、称え、そして神話化している。

アメリカで生まれた伝説の人物は数多い。実在の人物が死後にエピソードが誇張され、伝説の巨人となるのはよくあることだ。一部は事実、一部は創作だが、みな歴史におけるスーパーヒーローであることはまちがいない。デヴィー・クロケットやダニエル・ブーン。それにジョニー・アップルシードのような人物だ。

子どもたちは学校でジョニー・アップルシードのことを学ぶ。アップルシードの生涯については、ディズニー映画や本、歌に取り上げられている。この貧しくも清らかな男はつねに動物にやさしく、辺境の荒野を裸足で歩き、丁寧に、私心なくリンゴの木を植えた。疲れて腹を空かせた移住者が幌付き馬車で到着したときに、自然の恵みが迎えてくれるように。

こうした話からは、（子どもの話という観点から）不都合な真実は省かれている。ジョニー・アップルシードが植えたのはシードル用であり、疲れ果てた辺境の人々の空腹を満たすのではなく、のどの渇きをいやすためのものだった。

ジョニー・アップルシードはジョン・チャプマンとして、1774年にマサチューセッツ州レオミンスターで生まれ、果樹栽培の訓練を受けてオハイオへと向かった。当時ここは、入植地と未開の土地のあいだにある辺境の地だった。チャプマンが質素で禁欲的生活を送ったのは事実だ。戸外で眠り、大人とよりも、先住民や子ども、動物との交流を楽しんだ。チャプマンは、麻布のブカブカした服をまとい、帽子代わりにブリキの鍋をかぶっているという描写も多い。まただれにも親切で、キリストの言葉など、福音書の説教をしたのも事実のようだ。ある伝記作家は、チャプマンが「ひどく変わり者だった」とまとめている。

だがチャプマンは、抜け目のないビジネスマンでもあった。毎年、チャプマンはペンシルヴァニアのハード・サイダーの圧搾所でリンゴのタネを集め、西の辺境オハイオへと向かった。彼は、入植者たちがつぎに向かう先がわかるという、気味が悪いほどの

才覚があった。その場所を選んで苗木を植え、動物から守る囲いを作り、ときには自分で世話をし、また次に移動する。若木が2、3年育ったころに入植者が到着すると、チャプマンは植えた木を1本6セントで売った。

需要はつねにあった。無用な土地投機を防止する目的で、定住する者は、土地の払下げを受けるために最低50本のリンゴや梨の木を植える必要があったからだ。リンゴの木が育ち実をつけるまで10年かかることを考えると、果樹園は文字通りその地に根を下ろす定住の象徴だった。利益を手にチャプマンは移動し、さらに土地を買ってまた苗木を植えた。1845年に亡くなったときには、所有する土地は約485ヘクタールに増え、裸足の奇人は大金持ちの聖人となっていた。

だが、チャプマンが植えたのがシードル用リンゴだとわかるのはなぜか。それは接ぎ木ではなく、タネから育てているからだ。遺伝的多様性により、どのタネからもリンゴは、親とはまったく異なる木に育つ。唯一共通しているのは、その実が、ヘンリー・デヴィッド・ソローの言葉を借りれば、「あまりに酸っぱく、リスの歯は浮き、カケスは金切声をあげる」という点だ。こうしたリンゴは、発酵させた「ハード」・サイダーにしか向かなかったのだ。

辺境の荒野では、飲むのに適した水を手に入れるのは難しかった。そしてシードルと、その蒸留酒でアルコール度の高いアップルジャックは、冷え込む夜には身体を温め、また辺境の生活の厳しさをやわらげてくれた。

シードルは西部開拓になくてはならないものであり、それを広めたのがジョニー・アップルシードだった。多くのタネを植え、育ったリンゴのそれぞれの遺伝子コードが新しい環境に適合することで、何千もの新しい品種が生まれた。アップルシードをキリスト教の聖人と呼ぶ人もいるが、ジャーナリストのマイケル・ポーランに言わせれば、ジョニー・アップルシードはむしろ異教の酒神、アメリカ版ディオニソスなのだ。

世界各地のシードル──アメリカ

橋渡し役──アメリカのメインストリーム

アメリカ最大のシードルのブランドはそれほど巨大ではない。クラフトメーカーに敬意を表せる程度の規模だ。

　雨で灰色にけむる日、私たちはウッドチャックを見に出かけた。雨のなかに黒くたたずむ工場は巨大な建物ではなく、小さいがうまくいっているブルワリーといった規模だ。だがウッドチャックはアメリカ市場では巨人で、国内で消費されるシードルの10本に6本を生産している。

　ウッドチャックの最高財務責任者ダン・ロウェルは、私たちがこれまでに話を聞いたコマーシャル・メーカーの関係者のような、企業の操り人形のような話し方はしない。ひとつには、話題が、ブランドやその地位ではなく、リンゴと風味についてだったからだ。「私はヴァーモント州で育ち、子どものころはスティーヴ・ウッドの地所でリンゴをもいだものです。でも彼は、私たちをコマーシャル・ブランドだと思ってるでしょうけどね」

　おそらくそうだろう。だが、ウッドチャックにも取材に寄るよう勧めたのは、スティーヴだ。

　ウッドチャックは客の多くから「サイダー・ビール」と呼ばれているし、実際「6本パック」を売りにするメーカーの大半は、果樹園やワインではなく、ビールを基準にしているのだ。これ自体が良質なシードル作りの、障壁ではかならずしもないが、そもそもの心構えが違うような気がする。原料のほとんどが濃縮還元果汁であるにもかかわらず、それを「ナチュラル」と謳って販売することを心苦しく感じていたとしても、大規模なコマーシャル・ブランドは水や香料などをくわえることも多い。

　だがアメリカの事情は、世界最大の大量消費市場向けシードル・ブランドを抱えるイギリスとは、まったく異なる。1990年の創立時にウッドチャックがめざしたのは、イギリスのウッドペッカーのの模倣だった。じきに「もっとアメリカ人の口に合う」ものを、という方針に転換するのだが、ウッドチャックは今もイギリスからストロングボウのシードルを輸入している。そして法律上「サイダー」と呼べる果汁含有率は、イギリスよりアメリカの方が高い。これをウッドチャックは、有効に利用しているとも思え

る。ところで、自分の作るシードルをきちんと理解している人たちが本気で心配していることがある。世界的な大規模ブルワリーの一部が作る特定のシードル（原材料に「リンゴ濃縮果汁、デキストロース、水」とあり、ブロガーに報酬を支払って、おいしいと宣伝させている）があまりにもまずい。それは、手軽に飲める酒、ビールの市場が危機に陥らないよう、シードル離れを起こそうと巧妙に仕組まれたものでは、というのだ。

しかし、クリスピンやホーンズビーといった大規模ブランドや、ハープーンやサミュエル・アダムズなどのブルワーの製品は、それほど斜に構えて見るようなものではない。大規模という言葉は、本物をつくる職人とは違うことを意味しているのに、クラフトタイプの原則にこだわる生産者もいてスティーヴ・ウッド

ウッドチャック・サイダリー
〒VT 05753　ミドルベリー
ポンド・レーン、153
www.woodchuck.com

が「ハイブリッド」と銘打った領域に到達しようとしている。彼らの製品は多くが甘いが、これは現在のアメリカ人の標準的な味覚を反映しているのだ。クリスピンの製品は、シードルというより炭酸入りのリンゴジュースのようだが、少なくとも、リンゴが使われているような味はする。アングリー・オーチャード・トラディショナル・ドライには大量の砂糖が入っているため、シードルとは似ても似つかない。だがクリスプ・アップルはこれよりずっとましだ。

市場がイノベーションを望み、シードルは急増する傾向にある。だが、ウッドチャックのジンジャーやパンプキン木樽熟成といった、限定生産を謳う、フレーバード・タイプは、その他の一般的なフルーツ風味のシードルよりはおもしろみがある。

アメリカの大量消費市場向けシードル・メーカーにやさしい目を向けるとしたら、彼らは、甘いばかりのメインストリームから、キャラクター豊かなクラフト・タイプへの橋渡し役になろうとしていると言える（イギリスで、実際にこれが成功した例もある）。批判的に見るならば、作っているシードルは劣っているのに、クラフトシードルがもつイメージと神秘性だけはちゃっかりいただいている、とも言える。

どちらにしても、アメリカの商業的なシードルは、他地域のものほどひどくはない。メーカーが一定の規模以上になると、シードルの性質が規模に反比例して低下することを思えば、悲惨なシードルになるほどには、アメリカのメーカーは大規模ではないのだ。今のところは。

前ページ：配送されるのを待つウッドチャックのシードル。
上：アメリカ最大のサイダー・メーカー、ウッドチャックは、今も素朴な雰囲気を保とうとしている。

イーストコースト

アメリカのシードルの物語は、ニューイングランドの美しい緑の丘陵地からはじまった。

　アメリカ人にとっては、ここはすべてのはじまりの地だ。最初の果樹園は、マサチューセッツ・ベイの入植者が上陸の年にタネから植えて栽培したもので、この実生のリンゴは当初はほとんどがシードルに使われていた。1743年から1759年までハーヴァード大学のホリョーク氏がつけた日記には、ひと秋にシードル16樽を貯蔵室に入れ、あとで蒸留酒をシードルにくわえて「もっと強くした」と記されている。

　シードルは、荒れた土地ではほかの飲み物よりも作るのが容易で、ビールが登場したあともシードルのほうがずっと安かった。1767年には、マサチューセッツ州の住民は年に平均約132リットルのシードルを飲み、これには子どもも含まれている。ニューイングランド、ニューヨーク州、ペンシルヴァニア州の圧搾所はタネを提供し、リンゴを全国に広めた。ニューヨーク・シティの有名なニックネーム(ビッグ・アップル)は、リンゴが豊富な地域の中心にあることからついたものだ。

　こうした威勢のよい飲み方は禁酒運動で消えたが、世界一厳しい法律も、大量のリンゴ果汁がとれる州で、果汁から自然に生じる発酵までも禁じることは難しい。1973年に、著述家のブレスト・オートンはこう述懐している。「ニューイングランドの田舎に住む私たちの多くは、秋になるとスイート・サイダー(リンゴ果汁)の入った36ガロン(約136リットル)樽を買って、発酵させ、それから瓶詰めして、瓶には砂糖を少量たして、フランス人はシャンパン・シードルと呼べる、私たちが言うならスパークリング・サイダーを作る。元気が出るおいしい酒だ」。禁酒法がこれを禁止できたとは思えない。

　マサチューセッツ州西部に位置するバークシャー地方北部では、霧のかかる森林があまりに広く、いかに厳しい禁酒主義者でも、そこからリンゴを根こそぎにすることはできないだろう。そこではボールドウィンやコックス・オレンジ・ピピンといった植民地時代の古い品種が、ツタのからまる古木となっている。この地には、ウェスト・カウンティ・サイダーのジュディス・モロニーがいる。彼女はジョニー・アップルシードのように裸足で雨

"だれがシードルを作っていて、だれのシードルがおいしいかも知っていて、あちこちで内輪に交換されているんですよ"

にぬれた草の上を歩き、私たちにあいさつした。「こんにちは、イギリスのお若い方」。私たちはすぐに彼女が好きになった。「湿地のそばで見つけたヒラタケ入りの」コーン・チャウダーで軽い昼食をとりながら、彼女は、このあたりの人たちは、家庭内でしか消費されず、売り物にならなかったとしても、決してシードルづくりをやめなかったと教えてくれた。「この町ではみんなが、だれがシードルを作っていて、だれのシードルがおいしいかも知っていて、長年、あちこちで内輪に交換されているんですよ」。ジュディスはおもに、この地で生まれたリンゴ品種からヴァラエタル・タイプの、見た目も味もワインのような上質なシードルを作る。

ニューヨーク州グランヴィルのスリーボロ・サイダーハウスも、これと似た、昔ながらの雰囲気をもつ。1990年に、ダン・ウィルソンとスーザン・ナップの夫婦はこのとても美しい農場を引き継いだ。赤錆がういたよろい板と白い配管のついた建物に、この地方でとれたスレート板で葺いた苔むした屋根がのる。ダンの両親が1974年にここを買い、ハードボイルド作家のミッキー・スピレイン(ダンのおじ)は、古いコーチング・ハウスを執筆用の落ち着ける隠宅にしていた。

ダンとスーザンは2001年に試験的にシードル作りをはじめ、2007年に、毎年リンゴ狩りにやってくるグループ向けのサイダーハウスを開いた。製品の大半はアルコール度7パーセント超で、課税対象としてはフルーツワインに分類される。だが、ワインと似ている点は、アルコール度数だけではない。「ニューヨーカーは地元での買い物が好きですから、ワインではなくて、シードルを飲むべきなんです」とダンは言う。「シーズン中には接客スタッフが足らず、フルタイムで7人雇っています。飲むと気に入ってくれて、それからこう聞くんですよ。『これはどのブドウから作ったんだっけ?』だから、お客さんにはシードルとはなにかも説明しなくてはならないんです。」

リンゴの生育状況によって結果は大きく変わることもある。ニューイングランドの冬は長く、遅霜で春の花がだめになり、収穫できなくなることも多い。病害虫や鳥獣害も問題だ。ヤマアラシはリンゴが大好物だが、落果は食べない。ヤマアラシが通ると、丈の高い草のなかをボーリングのボールがふらふらと通ったような跡がつく。木にたどり着いて実をとろうとのぼると、枝の皮がはがれて悲惨な状態になる。

ヴァーモント州北部のエデン・アイスサイダーを訪ねたときに、1度出くわしたことがある。後脚で歩き、前足で拝むようにリンゴを運んでいた。ぜいたくなマントをはおった小さな老人のようで、とてもかわいい。つぎの日にそいつを撃つのが、私たちのような「お若い」感傷的なイギリス人ではないのは幸いだ。

前ページ:ニューハンプシャー州、ファーナム・ヒルの果樹園からのすてきな眺め。
下:ウェスト・カウンティ・シードルのジュディス・モロニー。自身のファームハウスのキッチンで。

世界各地のシードル――アメリカ

　エデンはカナダとの国境からわずか数キロで、アルバートとエレノア・レガーが2007年にニューヨーク・シティから移ってきた当時、ケベック州産アイスシードルとの競合問題に取り組む必要があった。ふたりはアメリカ産交雑リンゴのブレンドを増やしてアイスシードルにアメリカ色を出し、売上を大きく伸ばした。

　この地方には驚くほどの多様性がある。だがその陰には、ポバティ・レーン・オーチャーズ・アンド・ファーナム・ヒル・サイダーの所有者、スティーヴン・ウッドの存在がある。ニューイングランドがふたたび、新世界で新しいリンゴを増やしているのも、ウッドあってこそだ。ウッドが大きな情熱をそそぎ、旧世界のシードル用リンゴ品種をもち込み、できるだけ多くの人々と分かち合おうとしているおかげだ。

　スティーヴとそれに続く人々の取り組みを周囲に理解してもらうには、時間が必要だ。長いあいだ、スティーヴたちの製品は酒店の一番下の棚、安ワインのクーラーのとなりにおかれていた。だがワイン関連のジャーナリストやマンハッタンのレストランが取り上げたことで、シードルは、ビールもどきの甘い「6本パック」ではなく、ワインに代わる低アルコール飲料だと見られつつある。しゃれた750ミリリットルのボトルに入り、ヴァラエタルやヴィンテージといった用語も使われるようになり、このABV7から8パーセントの飲み物は、すぐに酔っぱらうロケット燃料のような酒ではなく、きちんとして上品に飲む酒のひとつに躍り出た。西海岸ではビールを基準に評価されるとしても、東海岸では、シードルといえばワインとの比較ばかりだ。

　アメリカ・ビアジャッジ認定プログラム（BJCP）は、醸造酒のカテゴリー分類と等級づけに力を入れ、アメリカ産シードルにさまざまな定義づけをしている。このひとつが、「ニューイングランド産シードル」といわれる「スペシャルティ」で、唯一、地理的表示をもつものだ。「ニューイングランド特産のリンゴでかなり強い酸味を出し、副原料によりアルコール度数を上げ」て作るという定義で、「ニューイングランド産にコマーシャル・ブランドはない」というかなり尊大な説明もある。BJCPだけが、シードルのカテゴリーを提案し、そのカテゴリーに入れるかどうかを判断できる。

　こうした「クアンタム・サイダー」のパイオニアに刃向うことにはなるが、私たちは上記の内容に合うシードルをいくつか見つけた。とはいえこれらはイーストコーストに限定されるものでもなければ、この地のシードル作りがすべて反映されているわけでもない。シードルは進化が早すぎて、こうした分類法では追いつかない。ワインやビールとの比較もわかりやすくはあるが、シードルをシードル独自の言葉で語る必要性が増している。

下：シャンプレイン・オーチャードの誘いは、あまりに魅力的で抗えない。
次ページ上：ファーナム・ヒルのリンゴを見て回るフィッツ。
次ページ下：ポバティ・レーン・アンド・ファーナム・ヒル。
シードルを買いに、リンゴ狩りに行ってみよう。

世界各地のシードル──アメリカ

　読者のみなさんは、アメリカでもっとも敬愛を受けているクラフト生産者の口からは、巨大なコマーシャル・ブランドに対して、いつも厳しい発言がされると思っているかもしれない。だがスティーヴ・ウッドは、こう言っては相手をまごつかせる。「すべてのシードル生産者が大事です。規模も、輸入原料か自家栽培かも関係なく。生産者のひとりひとりが、シードルにかかわる言葉を広め、私たちが失いかけている飲み物の復活を助けるのですから」

　ウッドは、アメリカのシードル界のカリスマであり巨匠的存在だ。程度の差はあれ、シードル生産者はみな、彼にならい、影響を受け、あるいは彼の意見に対抗し、そして彼にまつわるうわさも多数生まれている。「どうして、イギリスのシードル用品種がこんなにどっと入ってきたんだ」。ウッドの信奉者であり親友のひとりが聞いた。スティーヴが、農作物の厳戒な検疫をすり抜けて、接ぎ穂の見本サンプルをこっそりもち込んだというのは真実だろうか。鉛筆に見せかけてポケットに差していたといううわさもあるが、はっきりとしたことはわからない。

　ウッドの歩みは、ニューハンプシャー州レバノンにあるポバティ・レーンで、生食用リンゴの栽培からはじまった。だが、世界で際限なく進化するコミュニケーション・ネットワークやレバノンの厳しい冬に直面したウッドは、すぐに、ワシントン州や海外で大量生産されるリンゴにまもなく太刀打ちできなくなることを悟った。1980年代はじめにイングランド南西部の友人を訪ねたウッドは、そこで栽培されているめずらしいシードル用リンゴに魅了された。その接ぎ木をニューハンプシャーにもち帰ると、スティーヴは道楽として、このリンゴを手さぐりで育てはじめた。一部の接ぎ木がうまくいくと、シードル作りにとりかかった。売ってもいいと思えるものができるまで、「ほとんどは廃棄しましたよ」と語る。スティーヴ・ウッドの頭にあるのは、リンゴとそれからできるものの品質だけだ。

　2011年の収穫期にポバティ・レーンを訪れたときには、スティーヴ・ウッドには会えなかった。ウッドが背中をひどく痛めて入院中だったからだ。強力な痛みどめを打ったために気が高ぶったウッドは、病床から電話をかけてきた。2010年のファーナム・ヒルでは、暖春で花が早く咲き、遅霜にやられてしまって、90パーセントのリンゴがだめになった、というのだ。だからリンゴをほかから買うしかない。だが自家栽培に誇りをもつスティーヴは、ファーナム・ヒルというブランドを、よそのリンゴで作ったシードルにつけようとはしなかった。「ドアヤード」という名にしたのだが、それでも非常によいシードルだ。

　大きな影響力をもち権威ある人物にしては、スティーヴ・ウッドは驚くほど温かく、信じられないほど寛大だ。自分のシードル用リンゴから、惜しげもなく全国に接ぎ木を分けるし、伝統をよみがえらせる手助けとなるなら、できることはなんでも引き受ける。

　「スティーヴはこの国のシードル・ルネッサンスを見守る長老ってとこですよ」。スリーボロ・サイダーハウスのスー・ナップは言う。「ここ何年も、スティーヴが話すことといったら、シードル産業をきちんと根づかせたいという熱い気持ちばかりですから。一過性のものにはしたくないんですね」

　ポバティ・レーンに戻ると、スティーヴの言葉が壁にはってあった。「お客さまの前にひざまずいて、口をこじあけてでもシードルを飲んでもらうくらいの覚悟でいなければ。そうすると、たいていは、好きになってくれるはず」

　アメリカのシードル・ルネッサンスは、スティーヴがいなくてもはじまっていたかもしれない。だが、スティーヴ抜きでは、いまほど力強く活気があったとは思えない。

"お客さまの前にひざまずいて、口をこじあけてでもシードルを飲んでもらうくらいの覚悟でいなければ。そうすると、たいていは、好きになってくれるはずです"

次ページ：ファーナム・ヒルのスティーヴ・ウッド。自作の優雅なシードルが誇りだ。

ファーナム・ヒル・サイダー
〒NH 03766 レバノン
ポバティ・レーン、98
ポバティ・レーン・オーチャーズ
www.povertylaneorchards.com

プロファイル──スティーヴ・ウッド

シードル復興の仕掛け人
スティーヴ・ウッド
ポバティ・レーン・オーチャーズ

五大湖周辺

広い空。その下に広がるのは、巨大な格子状に区切られたショッピング・センターののっぺりした風景。ミシガン州はシードル文化の芽吹きを見いだせるような地には見えない。だから、ここに30を超すメーカーがあると聞くと、まず、驚いてしまう。ほかのどの州よりも多い数だ。

もう少し詳しく見ていくと、ミシガン州がハード・サイダー（シードル）の生産地となったのもそれほど驚きではない。「アップル州」のワシントン州ではアメリカ産リンゴの3分の2が栽培されていて、その大多数が生食用である。ジュースやその他の加工用途のリンゴ生産量は、ミシガン州のほうが多い。アップルパイ用スライスカット原料の60パーセントちかくを供給しているし、ベビーフード業界の巨人ガーバー社が買い入れる梨の95パーセントはこの州で生産されている。加工用途のリンゴは750万本、ミシガン州の農地のうち約1万4500ヘクタールを占める。

ミシガン州にとっての問題は、さまざまな用途のなかでもとくに加工用リンゴが、経済のグローバル化により激化する一方の競争圧力に対し、非常に弱い点だ。一部リンゴ栽培者にとっては、アメリカのシードル人気の再燃はわたりに舟だった。

ジム・コーンはフラッシングの町の郊外で有機栽培の果樹園を経営している。ここはニュータウン・ピピンが初めて見つかった地で有名だ。日焼けし、白いヒゲをたくわえた男性がポーチのロッキング・チェアに腰を落ち着け、足元には犬が忠実に寄り添っている。その口からは思いもよらない言葉が出てくる。「シードル作りは好きじゃないんだ。好きなのはリンゴ栽培だ」と吠えるように言う。「だが規模の大きな栽培事業者には太刀打ちできない。やりくりするには作ったリンゴを発酵させるしかないってわけだ」

コーンは、アメリカのシードルの浮き沈みについても自分なりの見解をもつ。「問題は、女に参政権を与えたときにはじまった。いわゆる禁酒運動だ」。このふたつは別の問題に思えるが、コーンは、こう持論を語る。「あいつらは、シードルを飲むと悪魔がのりうつると思ってるから、リンゴの木を全部切り倒そうとしたんだ。だがおれたちはビールに切り替えて、そいつをかわした。だますのは簡単だ。シードル人気は戻ってはいるが、昔のものとは違う。アメリカ人の好みは変わった。『進化した』とは言わないぞ。進化なんかじゃない。甘い炭酸飲料ばかりになってしまって、アメリカ人が飲みたがるのは口あたりのいい甘いシードルだ」

コーンのシードルの品質は、自分ではシードル作りの情熱がないと言っているが、それを真に受けるほどではない。だがたしかに、アメリカ人の好みが「変わった」のに合わせ、かなり甘い。

だがこの地方には、昔のシードル好きたちが残してくれたリンゴでおいしいシードルを作れば、今の味の好みを再度変えられるだろうと信じ、またハード・サイダーが、農業において収益を上げる事業になると確信する生産者たちもいる。ここでは農場に出かけてシードルを買うのが一般的だ。なにより、それが家族で楽しむお出かけなのだ。シードルのシーズンはハロウィーンもちかく、果物を収穫する時期だ。サイダー・ミル（リンゴ圧搾所）では、搾りたての未殺菌非加熱のリンゴジュースを売り、これが、この100年ほど「サイダー」と呼ばれている。このほか、ドーナツ、リンゴあめ、ハチミツなど、地元の産物が棚にぎっしりと並ぶ。

パーメンターズ・ノースヴィル・サイダー・ミルはこうした事業を1873年から続けている。ハード・サイダー作りを（再度）はじめたのは2003年だ。「リンゴジュースが大量にできすぎて一部は廃棄することになったので、発酵させることにしたんです」。シー

五大湖周辺

見開きページ：シードルにかんするグラフィック・デザインはどれも、五大湖地域でシードルが重要視されていることの証だ。

ドル生産者のロブ・ネルソンは言う。彼は大量の食用リンゴを使って、ライトできりっとしたシードルを作る。それをチェリーなど他のフルーツやリンゴの果汁とブレンドして、ベルギーのランビック・ビールのクリークや、ロゼ・ワインに似た酒を生み出す。

この地域にはまた、新旧のシードルの通念をくつがえす進取の気性もある。スプリング・レイクにはサイダー・ミル兼ワイナリーのヴァンダー・ミルがある。ここのバーのうしろの壁にはサーバーのタワーが並び、ワイン法の適用を受けはするが、新世代のクラフト・ブルワリーといった雰囲気だ。ここは新しい製品に非常に精力的に取り組んでいる。シードルはすべて、エール酵母を使って発酵させている。ミシガン・ウィットは、シードルとベルギーの大麦ビールそれぞれの特性と材料を組み合わせ、またサイダー・マサラはインドのスパイスチャイと合わせ、トータリー・ローステッドには、バニラと自家製シナモンロースト・ピーカンを使用している。船でミシガン湖の対岸へと渡ると、ウィスコンシン州ではアップルトゥルーが伝統的なシードルと創作的シードルを出している。ここのシードルにはフランス、イギリス、古きアメリカの影響が混ざり合っているし、またさまざまなアップルブランデーも生み出している。

一方シカゴで車を走らせると、グース・アイランド・ビールの看板が見えてくる。ここは、この20年でもっとも有名なクラフト・ブルワリーのひとつになった。2011年には、世界最大のブルワリー、アンハイザー・ブッシュ・インベヴが、4000万ドルでここを買収した。マスター・ブルワーのグレグ・ホールは、売却益の取り分を投資してヴァーチューの設立を決断した。現代のクラフト技術と旧世界の伝統とを組み合わせ、昔ながらのシードルのスタイルに新しい解釈をもたらそうとする、シードル・メーカーのニュー・フェイスだ。ホールの高い名声とこれまでの成功によって、シードルの急成長にいっそう拍車がかかっている。

ミシガン州に戻ろう。広大な農地の西、氷河の作用でできたミシガン湖湖畔は、アメリカ中部のプレイグラウンドだ。シードル・メーカーの見学は、この地のワイナリー訪問とはひと味違った楽しみだ。

タンデム・サイダーは湖の先端近くの丘陵地の道路沿いにある。まるでおとぎ話に出てくるアメリカの田舎の風景のようだ。お菓子の家を思わせるアメリカの伝統的な農場は、真っ白な板に緑と金の縁取り、ドアのそばの花壇、前面の壁高くに取り付けられた朱色の二頭立て馬車。南へとゆるやかにのぼる斜面に果樹園が広がる。なかには簡素な造りのバーがあり、シードル・ポンプの片側には小さな読書用ランプ、もう一方にはヒマワリをさしたジョッキがおかれている。この世を支配するのが女性なら、パブはみな、こんなにも美しく、客を招きいれる内装になるだろう。

ここは、オーナーのダン・ヤングとニッキ・ロスウェルがイギリスのパブで過ごした時間を懐かしみ、こうした内装にした。イギリスのパブをよく知っている人はびっくりするかもしれないが。ふたりは2003年に、イングランドを二頭立て馬車ででも回り、たまたま特別なパブに立ち寄ったにちがいない。この旅はイギリスのビール巡りとしてはじまったのだが、終わるころには、シードルに出会い、帰国後に事業をはじめることになっていた。タンデムのシードルはアメリカ固有の品種を使い、パブのように大勢の常連客がつき、観光客までもテイスティング・ルームにひきつけるだけの味をもつ。

「Tシャツをどうぞ」。帰ろうとすると、ダンが言う。「似合いそうな人に着てもらいたくて。店をたたむことになったら、17ドル請求しますね」。

そんな請求書は、すぐにはこないだろう。

"シードル人気は戻ってはいるが、昔のものとは違う。
　アメリカ人の好みは変わった。『進化した』とは言わないぞ。
　進化なんかじゃない。甘い炭酸飲料ばかりになってしまって、
　アメリカ人が飲みたがるのは、口あたりのいい、甘いシードルだ"

左：ずけずけとした物言いの
生産者、ジム・コーン。
育苗施設のひとつでくつろぐ。

世界各地のシードル——アメリカ

プレイグラウンド
アンクルジョンズ・フルーツ・ハウス・ワイナリー・アンド・ディスティラリー

北アメリカをわずらわせる決まり文句があるとしたら、なにより、すべてに「ビッグ」だと言われることだ。ヨーロッパでは、「アメリカ人観光客は、自国のほうが、建物／山／野原／車（どれかを選択）はずっと大きいと自慢ばかりする」と笑う。だがそんなヨーロッパの人々が思い切ってアメリカに行ってみると、超高層ビルの多さ、空間の大きさ、そしてなにより朝食に恐れおののく。

ミシガン州の広大な土地を見て、ビルと私は機上にあるときから、ホビットくらいに縮んだ気分になっていた。これとは反対に、マイク・ベックは体格のよいカリスマ的人物で、州全体を所有するかのような印象を受ける。ベックがミシガン州セント・ジョンに所有する農場兼テーマ・パークは、いわばシードル界のディズニーランドで、シードル作りにかける熱い情熱とスキルがうかがえる。駐車場は7000台分。レイバー・デイ（9月の第1月曜）からハロウィーンにかけてのピーク時には、1日に2万人もの客を迎える。ここは単なるサイダー・ミルやワイナリーではなく、家族で訪れる場所だ。何キロか車を走らせ、かぼちゃやイチゴ、ブルーベリー狩りをし、遊園地で遊び、トウモロコシの迷路で迷う。アンクルジョンズでは、何千個ものキャラメル・アップルやおいしそうな自家製ドーナツが、多いときは1時間に350ダースも消費される。だがここは、栄養がなくカロリーだけのものばかりおいた、安っぽい、プラスチックでできたテーマ・パークではない。見るものすべては、ヴァーチャル化する一方の世界に住む子どもたちが、農産物や自然について学ぶことに重点がおかれている。

マイク・ベックは8歳で兄の果汁圧搾所を手伝って以降、家族経営の農場を手伝い、ノンアルコールのサイダーを販売してきた。ベックは自分のリンゴをよく理解し、ミシガン州がリンゴ加工産業の中心的存在であることを誇りにする。「スティーヴ・ウッドが来たとき、シードルを作るなら、いま植えている木を切って、イギリスとフランスのシードル用品種を植えるべきだと言った。だがここにあるのは、アメリカのシードルの伝統を受け継ぐ品種だっていうことは知っていたからね。ワインサップにノーザン・スパイ、ロード・アイランド・グリーニング、ボールドウィンといったリンゴは、まだミシガンで広く栽培されていた。だから、その品種で立派なシードルを作れるってわかってたんですよ」

ベックは、ミシガン・リンゴ協会を説得してハード・サイダー生産の向上を支援する補助金を獲得し、1999年のミシガン・サイダー生産者組合設立に尽力した。今日、ベックはさまざまなシードルと、ペリー、ポモー、シードルブランデーを作っている。新世界のフルーツと哲学で作る旧世界の酒の数々だ。子ども連れでかぼちゃを買ったりドーナツを食べに来たりする人もかならずワイナリー部門に足を踏み入れ、シードルを見つける。毎年、アンクルジョンズでシードルを初体験する人は何千人にものぼる。

ベックはグレイトレイクス・ペリー・アンド・サイダー・フェスティバルも開催する。9月の週末に訪ねると、ふだんは子ども向けの教育の場であるアンクルジョンズが、おとな向けの楽しく教育的なシードルのプレイグラウンドに変わっている。ミシガン州の生産者の大部分が参加し、東部、西部、北部の同業者が集まり選りすぐりのシードルが並び、海外の生産者も訪れる。クラフトビールのようなボトルも、上品なワインのようなものもある。生産者はみな、さまざまな客相手に熱心に自分たちのシードルについて語り、年々、訪れる人は大きく増えている。「ここではシードルというサブカルチャーの存在を感じます。花開くのを待っているんです」。カナダの生産者は言う。

ベックは言った。「かつて、アメリカには豊かなシードルの伝統があった。それを取り戻すよう、できるかぎり手を貸すつもりです」

> **アンクルジョンズ・シードル・ミル**
> 〒48879 ミシガン州セント・ジョンズ
> 国道127号線北、8614
> www.ujcidermill.com

上：アンクルジョンズのシードルの立役者。マイク・ベックとその妻デデ。

上：アンクルジョンズの巨大なシードル・ミル。見逃すことはない。
下：これこそ、アメリカでの呼び名（ハード・サイダー）。

"ここにあるのは、アメリカのシードルの伝統を受け継ぐ品種だっていうことは知っていたからね。ワインサップにノーザン・スパイ、ロード・アイランド・グリーニング、ボールドウィンといったリンゴは、まだミシガンで広く栽培されていた。だから、その品種で立派なシードルを作れるってわかってたんですよ"

世界各地のシードル──アメリカ

太平洋岸北西部

シードルの世界に足を踏み入れると、どこへ行こうと、クラフトビールと比較されるだろう。比較すればわかりやすく、想像をかきたてることもあるが、シードルのあるべき姿の邪魔になることもある。

　太平洋岸北西部では、シードルは会話の中心にある。ここではシードルがほかのどの地域ともまったく違う、異様に大きなブームになっている。この地域は昔も今も一般には、現在世界を席巻するクラフト・ブルワリー革命の揺籃の地だとみなされている。どこへ行っても、シードルにかかわる人たちは、10年か20年前のビールがこんな感じだったと言う。驚くことではないし、「シードルが第2のビール」となって次の大ブームを狙っているという呑気な話でもない。ビールがヒットした条件は、シードルにもぴたりとあてはまる。つまりその土地そのものと、そこに住むことを選んだ人々がいたということだ。

　ワシントン州北東部にあるヤキマ・ヴァレーは、アメリカ産ホップの4分の3ちかくを栽培し、このため自然とブルワーがこの地に集まる。またここはワシントン州のブドウ畑の3分の1を有し、アメリカのプレミアムワインの第2の生産地だ。そしてアメリカ産リンゴの65パーセントがここで栽培される。

　山を隔てた東部と西部では降水量に差があることは植生を見れば一目瞭然だ。ベイマツに霧がかかる西部の光景は、渓谷に入ると一転、ハリエニシダや低木の原野になる。西側の砂漠地帯では、渓谷の土壌は肥沃でこそあれ、水資源に乏しいのだ。

　だが20世紀初頭、ヤキマ川から水を引く大規模な灌漑工事により、この渓谷に農地が拓かれた。ここはカリフォルニア州より1日あたりの日照時間が1時間長く、年間の栽培シーズンも長い。つまり、ホップやブドウ、リンゴが、ほかより健全に大きく育つ。

　キャンベル・オーチャードは、クレイグ・キャンベルの祖父が、1920年代に不況下の中西部からタイトンに移住して以来、この渓谷の北端にある。クレイグは2008年にシードル用リンゴを植えはじめ、現在ではタイトン・サイダー・ワークスが驚くほど多様なシードルを生産している。

　この地域がこれほど特別な場所になった要素はほかにもある。探究と冒険心のうえに建国されたアメリカのなかでも、北西部は、求めるものをほかでは得られなかった人々が集まる地だ。象徴としても現実にも、アメリカ最後の入植地だった北西部には、一匹狼や夢を抱く人、創造力あふれる人たちが集まった。ここで新しいスタイルのビールを生んだ実験の精神は、当然、シードルにも働いている。

　タイトンが作るのは、アプリコット・サイダー、アップル・チェリー・サイダー、アイスサイダー、ペリー、サイザー（シードルとミードの混合）、ドライ・ホップ・サイダーなどだ。最後のひと品にはぎょっとするかもしれない。タイトンのほかの製品同様、下手な生産者にかかればひどいものになるだろうが、あらゆるホップとあらゆるリンゴを栽培するこの渓谷では、まったく理にかなったものだ。

　タイトンが手がけるシードルは、北西部の大胆な実験精神を体現するものばかりだ。ここにはあらゆる人が集まり、住民は食物と飲み物のことをごく真剣にとらえる。その住民が今取り組むべきと考えるものがシードルなのだ。「シードルは人気です。グルテン・フリーであり、北西部ではだれもがグルテン不寛容だからです」と、ノースウエスト・サイダー協会のジェニー・ドーシーは言う。協会は現在約20人の会員を擁する。ジェニーと仲間のデイヴ・ホワイトはどちらも、コーヒーからシードルに鞍替えしたが、現在もバリスタを養成し、国際的コンペティションの審査員も行う。シードル業界は新しいが、生産する人はみな、それ以前になんらかの専門をもっていた。ブルワー、ワイン生産、果樹栽培やグルメ。こうした人々が一致団結し、みな平等にアイデアを出し合い、多彩なシードル・イノベーションを生む雰囲気が醸し出されている。

上と次ページ：太平洋岸北西部は世界最高のシードル・バーと、アメリカ産リンゴの大半を栽培する絶景の渓谷をもつ。

"私たちは、失われた辺境の酒(フロンティア・ドリンク)を取り戻す覚悟だった。でも、その酒は、すでにここにあったのです"

世界各地のシードル——アメリカ

なかにはシードルもどきもあり、すべてがすぐれているわけではない。だが、新しいものを求める意欲には、真剣に品質を追求する姿勢がともなう。タイトンから北へ数時間車を走らせると、砂漠の高地にイースト・ウェナッチーに着いた。ここではスノードリフト・サイダー・カンパニーが、2008年からイギリス・スタイルのシードルとペリーを作っている。2012年に、その製品はイギリスのあるサイダー・コンペティションの賞を総なめにした。ここのオーナーたちが、手本にしたイギリスのシードルを超えたと思っても許されるだろう。

「イギリスでは灌漑システムがなく、栄養監視などもそれほど行われておらず、木リンゴにはストレスです」。スノードリフトのピーター・リングスラッドは論じる。「ここのはずっと過酷で、水はわずかですぐに蒸発するため、栽培工程のすべてを細心の注意を払って管理する必要があります」

厳しいテロワールと慎重な管理により、ほかとは違う果実が生まれる。北西部は食用リンゴによるシードル作りにはじまり、現在はフランスとイギリスのビタースイート種とビター種、それに入植時にヨーロッパから持ち込んだリンゴの子孫である固有種をブレンドして使用するまでになった。旧世界のものより糖の含有量は多くタンニンはソフトなため、北西部のシードルはビッグだがクリーンな風味をもつ。

現在は、需要に追いつかせる点が問題だ。リンゴの木は成長に長い年月が必要で、北西部全域でシードル用リンゴの接ぎ木や植栽に取り組んでいる。オレゴン州ポートランドからすぐにあるブル・ラン・サイダーのピーター・マリガンは、この地域が「リンゴを増やそうと猛ダッシュ」していると言う。自身の果樹園では2年で3000本を接いだ。「5年かかるのなら、5年が必要なんでしょう。ですが、この頃ではみんな、これぞグッドライフだ！と思わせてくれるものを求め、原料を手に入れて自分で何かを作ることに魅力が見いだされています。」

シードルが「グッドライフ」の一部だという考えは、シアトルの西、オリンピック半島でもはっきりと感じられる。ヒッピー風の農業観光トレイルのネットワークを売りにしているワイナリーや酪農家、民宿、カフェがあるなか、サイダリーはあちこちに誕生していて、そのどれもが、だれかが夢を実現させたものであることは明らかだ。

ベア・ビショップとナンシー・ビショップ夫妻は、原生林の一画を切り拓き、立派な果樹園を作った。森林消防隊員としての経歴を生かし、ベアは、完璧な有機栽培と病害虫の駆除を両立する。木の幹に防火策を施して、地面雑草に火炎放射器を使うのだ。彼の事業名アルペンファイヤーはこれに因んでいる。

道路の向こうでは、キース・キスラーとクリスティー・キスラー夫妻が、野生と人が融合し、大地とつながるライフスタイルを追求している。まず農場ができ、それからフィンリバー・サイダーが生まれた。クリスティーは言う。「私たちは、失われたフロンティア・ドリンクを取り戻す覚悟でした。でも、その酒はそれはすでにここにあったんです」

ワシントン州ではあらゆるリンゴが育つが、オレゴン州、とくにポートランドには大規模シードル・メーカーがある。この型にはまらない都市は今も世界のクラフトビールの中心なだけでなく、広く食と酒にこだわる街だ。ポートランド・ナースリーが毎年行うアップル・テイスティングでは、さまざまな年齢の、家族やカップル、友人のグループなど、何百人もの人々が何時間も並び、テーブルにずらりと並ぶリンゴの品種を味見し評価する。ワンダリング・アンガスなど地元の造り手は、シードルのラベルに載るリンゴ品種を慎重にリストアップする。

ポートランドとシアトルとのライバル意識はおだやかなものではあるが、相手をしのごうとする気持ちはある。どちらも、たいていのパブには少なくともクラフトサイダーの樽が1種類はあり、リストに載る銘柄数も増えている。両都市に順位をつけるのも野暮だろう。どちらもすばらしいサイダーを中心に据えた活力あふれる文化がある。

ひとつだけ確かなことは、ビールがそうだったように、ちかい将来、シードルといえば太平洋岸北西部とされる日が来るだろうということだ。

上：タイトンの収穫期。シードル用リンゴはすべて、ハンドピッキング。
次ページ上：ヤキマ・ヴァレー。肥沃な土壌と長い日照時間、そして灌漑工事を行ったことで、リンゴ栽培に最適の環境が生まれた。
次ページ下：オリンピック半島のここには、グッドライフがある。ここでは地元産のシードルがグルメ・ツアーに重要な役割を果たしている。

世界各地のシードル──アメリカ

果樹栽培者
ケヴィン・ジエリンスキ、EZオーチャーズ

「リンゴは子どものようなものです。名前を思い出す必要もない。性格も、いつ問題が生じるかもわかっています」。ケヴィン・ジエリンスキは木々のあいだを歩き、さまざまな品種を指し示しながら、リンゴを採ってはカットし、タネの模様を見せ、スライスにし、周囲に配って味見をさせてくれる。その合間には、これはできがよい、あれは心配だと説明する。収穫期にここにきてケヴィンに会えるとはラッキーで、降り続く雨も気にならなかった。収穫をひかえたリンゴの色と香り。だからケヴィンはこの時期が好きだ。

EZオーチャーズは、1929年からここで農場と果樹園事業を始め、リンゴ、梨、桃を栽培している。ジエリンスキは3代目だ。2000年にはフランスのシードル用品種を導入した。これは2003年に初めて結実し、試験的にシードル生産をはじめた。

ケヴィンは急ぐつもりはなかった。毎年、果汁を4つに分け、それぞれに異なる酵母と発酵技術を使って実験した。満足のいくシードルができたのは2007年。フレンチ・スタイルのシードルだった。仕込み前のリンゴを保冷庫に数か月おき熟成させる。5ヶ月から半年かけて低温で発酵させ、その際、酵母や亜硫酸塩を添加せず、火入れ殺菌もしない。この手順を翌年も繰り返して商用認可を受け、EZオーチャーズは2009年に最初のヴィンテージを売り出した。

「私のシードル作りはのんびりしています。古い手法で、急がず、きちんと確かめる。これもスローライフと言えますね。なにごとも急がない」。ケヴィンの果樹園の端にあるテントで一緒に雨宿りしながら、彼はこう言った。ここには、すぐ外にあるかわいい動物園を見て、カボチャの収穫を終えた子どもたちが、ノンアルコールのサイダーを買い、ドーナツをもらいにやってくる。だがEZオーチャーズは客にリンゴを採らせない。「私の木からリンゴがもぎ採られるを見るのがつらいんです」

ジエリンスキはこれまでのヴィンテージ3種類を試飲させてくれた。2011年は上質な辛口シャンパーニュのように骨格があり、きりっとしていてABV6パーセントよりもずっと高く感じる。2010年ははっきりした果実味が主体だが、酸味のあるキレの良さがあとを引く。2009年は雨が多く低温だったため発酵に時間がかかった。結果、バターのように豊かな甘味と、やや苔っぽいファームヤードの風味に、酸味がガツンとくる。ノルマンディーの熟成したシードルや、ベルギーのアビー・エールを彷彿とさせる。

どれもみごとだがタイプは異なり、異なることで、ヴィンテージの信用度が高まる。「工程は複雑ではありませんが、一番大事なのはリンゴです。私は果樹栽培者ですからね、そこが一番気にかかります。リンゴが輝きを放つのを見たいのです」。

ザ・ローリング・ストーンズの軌跡を追う音楽ドキュメンタリー番組で、1964年のイギリスのTV音楽番組が出てくることがある。ミック・ジャガーは傲慢そうに気取って動きまわり、ほかのメンバーはヤル気がなく見えるほどクールだ。だがB・B・キングが登場すると、このビッグ・グループが一転、若く、目を輝かせた一ファンになってステージ脇に座り、自分たちに感銘を与えたレジェンドにくぎづけになる。これまで私たちは、自分のシードルに誇りをもつ何人もの若手生産者と話をした。だがケヴィンの名が出るとみな一様に、ストーンズがB・B・キングに見せたのと同じ反応をする。「ケヴィンはすごい。絶対彼と同じレベルのシードルは作れない」とみな口をそろえるのだ。

太平洋岸北西部随一のシードル生産者。それがケヴィン・ジエリンスキだ。

左：見た目はワイン、味はシードル。みごとなばかりのシードル。
次ページ：果樹園でくつろぐケヴィン・ジエリンスキ。

EZオーチャーズ
〒97305　オレゴン州、NEセイラム
ヘーゼル・グリーン・ロード5504
www.ezorchards.com

世界各地のシードル——アメリカ

アラジンの洞窟
ブッシュワッカー・サイダー・パブ

本来の目的は、ポートランドのダウンタウンにシードル生産施設を作ることだけだった。だから、数年間シードル作りをしてきたジェフ・スミスは、新事業をはじめるさいに、特徴のない、一方にガラスのロール・シャッターがついたコンクート造りの長方形の建物にしたところで、なんの問題もないと思っていた。

実際に施設を作る段階になってスミスは、周囲のクラフト・ブルワリーが、一般人が施設内で製品を試飲できるテイスティング・ルームを備えていることに気づいた。それをなかなかのアイデアだと思ったスミスは、同じような施設を作ることにした。

ジェフ・スミスは、熱く突っ走りながら、つねにつぎにやることを考えているタイプだ。だから、バーと、ガラス張りの背の高いクーラーを備えたテイスティング・ルームができると、スミスは、いっそよそのシードルもここで売ろうと思った。2010年後半、ブッシュワッカー・サイダリーのテイスティング・ルームは、現代アメリカにおける初のシードル専門パブになっていた。

2012年には、180種以上ものボトル入りシードルをそろえ、つねに6種類を選んで入れ替えていた。ブッシュワッカーのシードルは常時おいてあり、太平洋岸北西部のほかのシードル・メーカーのものもほぼそろう。だが、それだけではない。

「私たちはここアメリカにシードルというカテゴリーを確立させようとしています。だから、オレゴン州で手に入る銘柄はすべておきたいのです」とスミスは言う。「オレゴン州で手に入るシードルすべて」と言うが、すでに、私たちが出会った世界中の選りすぐりのシードルがそろっているところが、ここが徹底したコレクションである証しだ。クーラーにはノルマンディ、アストゥリアス、バスク地方産の、イギリスでは手に入らないシードルが詰め込まれている。イギリス産も、産地から数キロの範囲でしかお目にかかれないような代物まで、幅広くおいてある。

ポートランドで、10年前にクラフトビールに見られた光景とそっくりだ。そしてスミスは、シードルが必然的につぎのステップに踏み出していると確信している。「消費者は、ホップの苦みが強すぎるビールに飽きはじめています。シードルはこれにとって代われる飲み物であって、その点に不安はありません。まぁ、ほぼ、ですが」。駐車場の反対側にあるエーデルワイス・デリで、リンゴを数個スモークしつつ、スミスはこうつけくわえた。

この店の人気はたしかだ。よそのすばらしいサイダー・パブにならい、建物はごちゃごちゃせず、装飾も質素だ。食べ物はピーナツ、ポテトチップ、ピクルドエッグといった基本的なものしか置いていない。なかにはふたつダーツボードがあり、定期的にバンドのライブ演奏を楽しめる。よくさがせば、わずかにビールもおいてあるが、ここはシードルを飲みたいときにくる場所であり、多くの人がそうしている。バーは毎晩混み合っている。

「シードルなんてどうでもいい人は大勢います。ですが好みは変化し、もう甘いだけのコマーシャル・ブランドは通用しません。だから、私たちは34種類からはじめてわずか2年で、180種類以上ものシードルをそろえる店になったんです」

ここを訪ねてよかったが、私たちが実現させる前に、スミスが世界のシードルをそろえたことにはわずかに嫉妬も覚えた。ブッシュワッカーのウェブサイトでは、ここは「シードルの未来」だと豪語する。大言壮語にも聞こえるが、実は私も、取材ノートにつぎの言葉をメモしていたのだ。「ここは未来のバーだ」

"消費者は、ホップの苦みが強すぎるビールに飽きはじめています。シードルはこれにこって代われる飲み物であって、その点に不安はありません"

次ページ上:世界のシードル、ベスト・セレクション。
まだよく見ていないが……。
次ページ下:ここのシードルのセレクションが、
常連客の認めるところであるのは明らか。

> **ブッシュワッカー・サイダー・パブ**
> 〒97202　オレゴン州ポートランド
> SEパウエル・ブルバード、1212-D
> www.bushwhacker.com

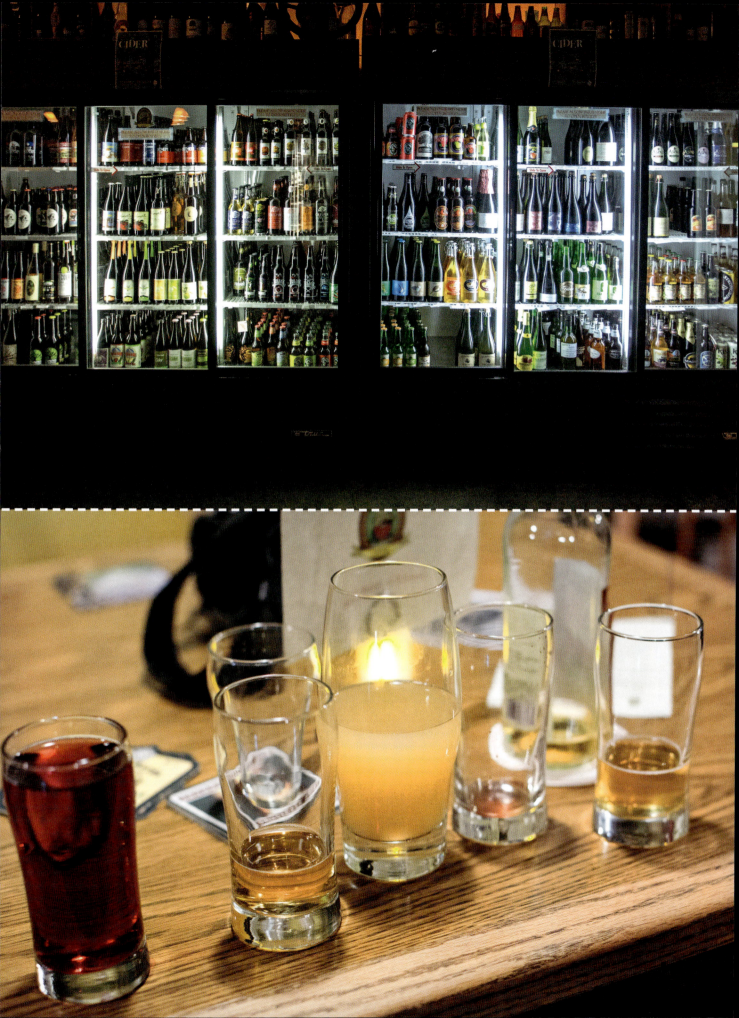

世界各地のシードル──アメリカ

アメリカ── 推奨シードル

2タウンズ・シードルハウス
[2 TOWNS CIDERHOUSE]
オレゴン州コーヴァリス
www.2townsciderhouse.com

シリアス・スクランプ
[Serious Scrump]
（ABV11パーセント）

「スクランピー・スタイル」と言われるシードル。伝統的ファームハウスタイプよりもずっとクリーンで、ファンキーさは少ない。原料の多くは食用リンゴであるため、デザートのような果実感が強く、風船ガムのニュアンスをもつ。非常に飲みやすく、アルコール度数がこの高さだとは思えない。

アルベマール・サイダーワークス
[ALBEMARLE CIDERWORKS]
ヴァージニア州ノース・ガーデン
www.albemarleciderworks.com

オールド・ヴァージニア・ワインサップ
[Old Virginia Winesap]
（ABV7パーセント）

ワインサップは1817年に「我が国最高のシードル用フルーツのひとつ」と言われた開拓時代の品種で、「ワイン色の、クリアで強い」シードルを生む。アルベマールは勧められるまでもなく、この単一品種シードルを作った。ミディアムスイートで、スパイシーでフローラルな香りに、セイヨウスイカズラとメロンのニュアンスをもち、ソフトな土っぽさと酸味のあるあと味。

アルマー・オーチャーズ
[ALMAR ORCHARDS]
ミシガン州フラッシング
www.organicscrumpy.com

JKスクランピー・ハード・サイダー
[JK's Scrumpy Hard Cider]
（ABV6パーセント）

微炭酸で、強いリンゴの香りにナツメヤシとイチジクの香りが混じる。色はダークオレンジ。甘味種のリンゴの味わいは、アイスクリーム・ヴァンで買ったリンゴ味のアイスキャンディを思い出す。

アルペンファイヤー・オーチャーズ
[ALPENFIRE ORCHARDS]
ワシントン州ポート・タウンゼンド
www.alpenfirecider.com

パイレーツ・プランク・「ボーンドライ」・サイダー
[Pirates Plank 'Bone Dry' Cider]
（ABV6.9パーセント）

「大胆で生意気、渋味があり、容赦ないシードル」とその作り手が評する。イギリスのシードル用リンゴ品種を使用し、スクランピー・スタイルで、チョークのような究極のボーンドライのシードルを作っている。

グロー・ロゼ・ハード・サイダー
[Glow Rosé Hard Cider]
（ABV6.8パーセント）

ほんとうになかから輝きだすようなオレンジ・レッドのシードルにふさわしい名。赤い果肉が珍しいヒドゥン・ローズで作るおかげだ。ソフトで豊かなリンゴの香り。ソフトなタンニンと甘味とのバランスがよく、かすかにアイスシードルを思わせる。単一品種のリンゴから生まれた魅力的なシードル。

推奨シードル

アングリー・オーチャード・サイダー・カンパニー
［ANGRY ORCHARD CIDER COMPANY］
オハイオ州シンシナティ
www.angryorchard.com

クリスプ・アップル
［Crisp Apple］（ABV5パーセント）

大量消費市場向けシードルで最高品質のもののひとつ。食用リンゴをブレンドしたことで、伝統的シードルの大半よりもずっと口に甘いが、ほどよくフレッシュな、熟れたリンゴの風味をもち、非常に飲みやすい。

カールトン・サイダーワークス
［CARLTON CYDERWORKS］
オレゴン州マクミンヴィル
www.carltoncyderworks.com

シチズン
［Citizen］（ABV6.75パーセント）

キングストン・ブラック、ヤーリントン・ミルなど12種類以上もの伝統的シードル用リンゴ品種をブレンドし、ドライになるまで発酵させ、その後、少量の有機栽培サトウキビで甘味をくわえている。ドライさ、渋味、収れん性は残り、しっかりとした土っぽさとリンゴの風味をもつ。

キャッスル・ヒル・サイダー
［CASTLE HILL CIDER］
ヴァージニア州ケスウィック
www.castlehillcider.com

セレスティアル
［Celestial］（ABV8.6パーセント）

伝統的な在来種のリンゴで作ったシードル。まず土、スパイス、かんきつ系の香りがする。ボーンドライでしっかりとした骨格に、明るく、クリーンなあと味。

シャンプレイン・オーチャーズ
［CHAMPLAIN ORCHARDS］
ヴァーモント州ショアハム
www.champlainorchards.com

ヴァーモント・セミドライ・ハード・サイダー
［Vermont Semi-Dry Hard Cider］（ABV6パーセント）

このシードルを生み出す果樹園は、リンゴのためにどんな苦労もいとわない。この旗艦シードルは、たっぷりとした果実感があり、かんきつ系とハチミツのノートがシャープな収れん性とのバランスをとっている。

クリア・クリーク・ディスティラリー
[CLEAR CREEK DISTILLERY]
オレゴン州ポートランド
www.clearcreekdistillery.com

オー・ド・ヴィー・ド・ポム
[Eau de Vie de Pomme]
（ABV40パーセント）

オレゴン州産のゴールデン・デリシャスで作り、フランス、リムジン産の樫樽で最低8年熟成させる。西部開拓時代の洗練されていない「アップルジャック」とは、天と地ほどの差がある。色は薄く繊細で、完璧な組み合わせの、木とリンゴを織り交ぜたような香り。口に含むとおだやかでなめらか、魅惑的。北アメリカ最高のアップルブランデー。

コロラド・サイダー・カンパニー
[COLORADO CIDER COMPANY]
コロラド州デンヴァー
www.coloradocider.com

グライダー・サイダー
[Glider Cider]
（ABV6.95パーセント）

ドライになるまで発酵させたのち、フレッシュな果汁をたして果実感を増しているが、それでも非常にキレがある。ビールに幻滅したブルワーが生産している。ビールの損失はシードルの得。

イーグルマウント
[EAGLEMOUNT]
ワシントン州ポート・タウンゼンド
www.eaglemountwineandcider.com

クインス・サイダー
[Quince Cider]
（ABV8パーセント）

マルメロはでこぼこして裂けやすくてあつかいにくく、フルーツ界のストリート・ギャングだ。だがうまくあつかいリンゴとブレンドすると、肉厚でグリーン香をもち、ソルティでスパイシーな果実感という取り合わせが生まれる。マルメロ・ゼリーを嫌いでも、これなら大丈夫。

ペリー
[Perry]（ABV8パーセント）

生食用の洋梨からペリーを作るというアイデアを鼻であしらうのは簡単だが、これはそんな偏見を吹き飛ばすペリー。おだやかな発泡性でやや甘い。そしてわずかにバターっぽさがあり、ゴージャスでほんとうにおおらか。

エデン・アイスサイダー
[EDEN ICE CIDER]
ヴァーモント州ウェスト・チャールストン
www.edenicecider.com

エアルーム・ブレンド
[Heirloom Blend]（ABV10パーセント）

カナダ産アイスシードルの大半とは異なり、これは生食用リンゴ品種ではなく、シードル用在来種リンゴのブレンドを使用。甘くとろりとした香りで、口に含むとフレッシュな酸味がある。活気があり若くてフレッシュだが、しっかりとした骨格とエレガントさをもつ。

オーリンズ・ハーバル
[Orleans Herbal]（ABV15パーセント）

アルバート・レガーの妻エレノアによると、アルバートはあれこれ手をくわえるのをやめられないらしい。それはすばらしいことだ。おかげでこの魅力的なアップルワインができたからだ。圧搾したての果汁を冷やして濃縮させ、その後ブレタノマイセス酵母を加え、そしてさまざまなハーブをくわえて、フレッシュで魅力的な香りをもち、ドライで風味のよいアペリティフが生まれた。そのままでも完璧だが、氷を入れるか、カクテルにしてもよい。

イヴズ・サイダリー
[EVE'S CIDERY]
ニューヨーク州ヴァン・エッテン
www.evescidery.com

ビタースイート
[Bittersweet]（ABV10パーセント）

フランス、イギリス、アメリカ産シードル用リンゴをブレンドして生まれた。めざす最高のシードルという地位も、もうすぐ手が届きそうだ。ビッグで熟れた果実の香りに、ほのかにスパイスとバタースコッチを感じさせる。果実感、非常にドライなスパイス、タンニン、そしてわずかな酸味が凝縮された味わい。

EZオーチャーズ
[E.Z. ORCHARDS]
オレゴン州セイラム
www.ezorchards.com

ウィラメッテ・ヴァレー・シードル、2010年ヴィンテージ［Willamette Valley Cidre, 2010 Vintage］（ABV5.7パーセント）

ノルマンディ・スタイルのシードルがベースだが、まちがいなくそれを超えている。すばらしい果実の香りが全体を通して続き、フルーツ・ゼリーのニュアンス、スパイシーさ、土っぽさとクリーンなタンニンとのバランスがよい。炭酸のソフトさが完璧で心地よく、しめくくりの強い酸味が非常にあとをひく。アメリカ、いや世界で最高のシードルのひとつ。

世界各地のシードル──アメリカ

フィンリバー
[FINNRIVER]
ワシントン州チマカム
www.finnriver.com

ファイヤー・バレル・サイダー
[Fire Barrel Cider]
（ABV6.9パーセント）

ビタースイートのシードル用リンゴを使い、バーボン用オーク樽で熟成。まず甘く、スパイシーな香りがし、カラメルやキャンディのような甘味に、スモーク、スパイス、バニラのノートが絡まる。多彩な味わい。心地よくドライなあと味はほどよい驚き。

スピリテッド・アップルワイン
[Spirited Apple Wine]
（ABV18.5パーセント）

この甘いシードルはアップルブランデーを加えており、魅力的でとろりとしたアペリティフとなり、飽きさせない。またアルコール度が高いわりには、焼けるような味がしないことは驚き。リンゴのセクシーで情熱的側面を見せているとも言われ、これを否定するのは難しい。

フォギー・リッジ
[FOGGY RIDGE]
ヴァージニア州ダグスプア
www.foggyridgecider.com

シリアス・サイダー
[Serious Cider]（ABV7パーセント）

イギリスとアメリカのシードル用リンゴ品種を混ぜた、タンニンのドライさとシャープな酸味が微妙なバランスをとるシードル。キレがあり、さっぱり、ぴりっとしたシードル。

フォギー・リッジ・ファースト・フルーツ
[Foggy Ridge's First Fruit]
（ABV7パーセント）

在来品種のリンゴのブレンド。明るくかすかに甘いシードルで、さっぱりとして酸味の強いあと味。

オリジナル・シン
[ORIGINAL SIN]
ニューヨーク州ニューヨーク
www.origsin.com

ニュータウン・ピピン
[Newtown Pippin]
（ABV6.7パーセント）

ジョージ・ワシントンとトマス・ジェファーソンが愛したシードル用リンゴで作ったのにふさわしい単一品種シードル。ドライでクリーン、フルーティで、さっぱりとしている。大統領のような立派なシードル。

推奨シードル

ポバティ・レーン・オーチャーズ・アンド・ファーナム・ヒル・サイダー
［POVERTY LANE ORCHARDS AND FARNUM HILL CIDER］
ニューハンプシャー州レバノン
www.povertylaneorchards.com

セミドライ
［Semi-Dry］（ABV7.4パーセント）

ファーナム・ヒル産、初心者向けシードルのなかで一番の人気。ドライさ、複雑さ、ほどよくぴりっとした渋味をもち、一般受けするバランスの、フルボディで果実感も備えたシードル。

キングストン・ブラック・リザーブ
［Kingston Black Reserve］
（ABV8.5パーセント）

シードル生産者のテイスティング・ノートを引用するのは少々横着だが、「マスクメロン、オレンジ・ピール、花、ビタースイートのリンゴ、そしてロマンスの香りをしのばせた」とあっては、使わない手はない。偏りのないテイスターなら、ややスパイシーでリンゴの皮のノートに、ドライで、ぴりっとしたあと味という意見に同意するだろう。

レヴァレンド・ナッツ・ハード・サイダー
［REVEREND NAT'S HARD CIDER］
オレゴン州ポートランド
www.reverendnatshardcider.com

アプリコット・ハード・サイダー
［Apricot Hard Cider］
（ABV6.9パーセント）

うまくいくはずがないと思えるが、立派に成功している組み合わせの最たる例。ドライで完全に発酵したアプリコットのシードルが、ほかの風味をみごとに支えることを証明するシードル。

スリーボロ・サイダーハウス
［SLYBORO CIDERHOUSE］
ニューヨーク州グランヴィル
www.slyboro.com

オールド・シン
［Old Sin］
（ABV8パーセント）

スパイシーなラセット種とフローラルなマッキントッシュ種リンゴのブレンドに少量のアイスシードルで甘味を加えた、フルーティだが驚くほどドライですっきりとしたシードル。強いが非常に飲みやすい。メーカー一押しのシードル。

ナイト・パスチャー
［Night Pasture］（ABV8パーセント）

名はスリーボロにある古い果樹園にちなむ。そこでは1日の終わりに家畜を放牧する。この食用とシードル用リンゴのブレンドは、みごとにライトで繊細。そしてきりっとした白ワインそっくり。魚料理と合わせてみてほしい。

スノードリフト・サイダーCO
[SNOWDRIFT CIDER CO]
ワシントン州イースト・ウェナッチー
www.snowdriftcider.com

オーチャード・セレクト
[Orchard Select]（ABV7-8.3パーセント）

さっと香るほのかなファンキーさに、豊かで深い、トロピカル・フルーツの風味が続く。やや甘く、少々シャープだが、それでもライトで繊細。舌先にパイナップルのニュアンスが残る。カリブ海のビーチでの結婚披露宴を思い出す。

ペリー
[Perry]（ABV7-8パーセント）

イギリス（いや、ヘレフォードシャー州か）以外で作られる最高のペリー。シャンパンのような泡。ドライで渋味のある風味が、何層もの官能的な果実感に変わり、木とタンニンのタッチがすばらしい。全体として典型的なヘレフォードシャー・スタイルだが、よりクリーンで果実感がある。みごとなペリー。

タンデム・サイダーズ
[TANDEM CIDERS]
ミシガン州サットンズ・ベイ
www.tandemciders.com

プリティ・ペニー
[Pretty Penny]（ABV5.5パーセント）

30以上もの在来品種リンゴのブレンド。雑然とした感じに思えるが、このシードルはうまくいっている。キレがありやや甘い。そしてあとをひく。

スマッキントッシュ
[Smackintosh]（ABV5パーセント）

マッキントッシュと在来品種とのブレンド。とても甘い香りが口に広がり、フレッシュな酸味でバランスをとっている。

タイトン・サイダー・ワークス
[TIETON CIDER WORKS]
ワシントン州タイトン
www.tietonciderworks.com

アプリコット・サイダー
[Apricot Cider]（ABV6.9パーセント）

この組み合わせはすばらしく、杏の皮は酸味があるため、果肉が甘くてもドライになる。このため、商業用のあきあきするようなフルーツシードルとは雲泥の差。鮮明な杏の香りから、生の杏と干し杏のすばらしい風味へと続く。ほどよい酸っぱさが甘味と調和。

ヤキマ・ヴァレー・ドライ・ホップト・サイダー
[Yakima Valley Dry Hopped Cider]（ABV6.9パーセント）

うまくいくはずがないと思うだろうが、そんなことはない！ ほかのホップト・サイダーとは違い、ホップが、招かれざる客のように悪目立ちしない。完璧なブレンドにより日本酒のようなまったく新しいシードルが生まれた。ドライなミネラル香、そのあとに果実感がゆっくりとかぐわしく広がる。

アンクルジョンズ・フルーツ・ハウス・ワイナリー
[UNCLE JOHN'S FRUIT HOUSE WINERY]
ミシガン州セント・ジョンズ
www.ujcidermill.com

ハード・サイダー
[Hard Cider]（ABV6.5パーセント）

キレがあり、リンゴとブドウ感をもつ。ほんの一瞬立ち上がる泡がもっと強ければ、シャンパンだと思うかもしれない。控えめだが、フルフレーバーで、アペリティフとして、またはチーズに合わせると完璧。

アップルブランデー
[Apple Brandy]（ABV45パーセント）

アメリカ製とフランス製の樫樽で熟成させ、かすかなフルーツの香りをもつ。口に含むとまれにみるなめらかさで、スパイスとレザーのニュアンスがあり、余韻はトーストのような樫の風味。

ワンダリング・アンガス・サイダーワークス
[WANDERING AENGUS CIDERWORKS]
オレゴン州セイラム
www.wanderingaengus.com

ゴールデン・ラセット・シングル・ヴァラエタル
[Golden Russet Single Varietal]（ABV9.8パーセント）

ワンダリング・アンガス一押しの在来品種リンゴで作った単一品種シードルで、想定を超える出来。広がる香りにはいくらかハチミツとファームヤードのようなニュアンスがある。果実感たっぷりで、強くぴりっとした酸味をともなう。

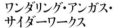

ワンダーラスト
[Wanderlust]（ABV7.5パーセント）

ニュータウン・ピピン、ゴールデン・ラセットおよび15の在来品種をブレンドしたセミドライのシードル。かんきつ系の香りに、洋梨とレモンのノート。すばらしい果実感とカラメルのタッチが続く。おだやかだが、鮮やかな酸味と心地よいドライさでしめくくる。

ウェストコット・ベイ
[WESTCOTT BAY]
ワシントン州サンフアン・アイランド
www.westcottbaycider.com

トラディショナル・ドライ
[Traditional Dry]（ABV6.8パーセント）

ドライでキレがあるが、甘いニュアンスとしっかりとしたリンゴの性質をもつ。北アメリカのシードルを対象とした賞の受賞常連。

ウェスト・カウンティ・サイダー
[WEST COUNTY CIDER]
マサチューセッツ州コルレイン
www.westcountycider.com

ピピン
[Pippin]（ABV5.5パーセント）

ヤーリントン・ミルとトレムレットと思しき木をもとに栽培したリンゴだが、この2品種にはない酸味があるため、ジュディス・モロニーは、台木から名もないリンゴが生まれたのだと考える。このリンゴからはとても上質のシードルができる。ドライになるまで発酵させ、ドライさを酸味が相殺する。複雑だがとても渇きをいやしてくれるシードル。

ボールドウィン
[Baldwin]（ABV6.4パーセント）

ボールドウィンは18世紀に人気のシードル用リンゴだった。放棄された果樹園そばにあったツタのからまるこの木を、ジュディス・モロニーは救い出した。キレがあり、かすかに甘い。しっかりした骨格で非常に美しいシードル。

CANADA
カナダ

世界各地のシードル──カナダ

カナダ

冷涼な気候でグリーンシーズンが短いため、カナダがすぐれたシードル産地のひとつだとは、にわかには信じがたいかもしれない。

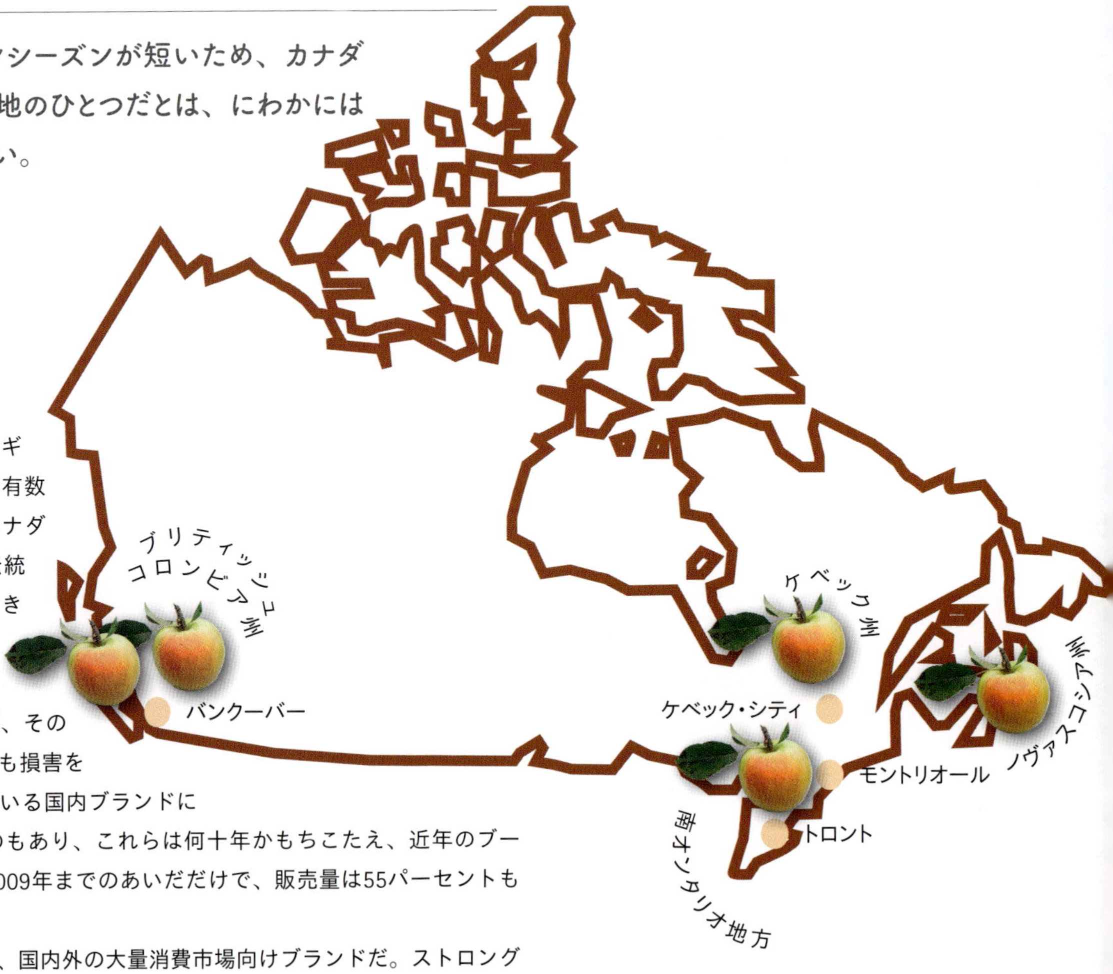

だが考えてみてほしい。カナダを形作ったのは、イギリスとフランスという世界有数のシードル大国なのだ。カナダはこのふたつの宗主国の伝統を吸収し、寒冷な気候を大きな強みに変えた。

アメリカ同様、禁酒法はカナダにも打撃を与えたが、その期間は短かった。シードルも損害を出しはしたが、生き残っている国内ブランドには20世紀初頭から続くものもあり、これらは何十年かもちこたえ、近年のブームを迎えた。2005年から2009年までのあいだだけで、販売量は55パーセントも跳ね上がった。

市場の大勢を占めるのは、国内外の大量消費市場向けブランドだ。ストロングボウは人気があるし、氷をいっぱいに入れたグラスにそそぐマグナーズは、イギリス同様、ここでも評判となった。この飲み方は、大量消費市場向けの国内ブランドにも非常に都合がよかった。こうした「パブ向けシードル」の多くは非常に甘く、氷にそそぐと口あたりがよくなって、幅広い客に受けたからだ。

大量消費市場向けブランドが甘い理由のひとつは、使用するリンゴにある。カナダ産シードルの大多数が、生食用リンゴから作られている。マッキントッシュ（IT企業のアップルは、これが覚えやすい名だと思ったようだ）やエンパイア、スパルタン、ゴールデン・デリシャス、陸奥（クリスピンともいう）は、シードルだけでなく、学校のランチ・ボックスでもよく見かけるリンゴだ。

だがクラフトタイプ向けの小粒のリンゴも大きく増加している。こうしたリンゴを完全に発酵させると、より強く、よりワインのような、飽きのこない甘さのシードルになる。それらのリンゴによるキレのある酸味、そしてかすかなタンニンも絶妙なバランスを与えている。

リンゴはカナダ全土で栽培できるが、気候の違いがあるため、生育がよいのは沿岸部やローレンス川流域、五大湖周辺だ。この地域では、内陸部よりも生育シーズンが少々長く、気温の高い日も多い。

主要シードル生産地は4つある。似ている点もあるが、それぞれが個性をもっている。なかでも、ケベック州は注目すべき産地だ。

ブリティッシュコロンビア州
バンクーバー
ケベック州
ケベック・シティ
ノヴァスコシア州
モントリオール
トロント
南オンタリオ地方

次ページ：真冬のドメーヌ・ピナクル。
この地に合ったリンゴを栽培していれば、
今こそ収穫の時期だ。

ケベック州

　カナダ全土にすばらしいシードルがあるが、なんといっても話題になるのはケベック州だ。最初のリンゴの木が植えられたのは1617年で、ケベック・シティ創立の9年後のことだ。フランス人入植者はノルマンの強い影響をもち込み、17世紀末にはシードル用果樹園がごくふつうに見られるようになっていた。だが1760年にイギリスの支配を受けると、シードルの発展は止まった。イングランドからジンを、スコットランドからウイスキーを、そしてラムはカリブ海地域から輸入するという大英帝国の方針によるものだ。ロンドン初の工業化したブルワリーからもち込まれたビールは、シードルの犠牲のうえに発展した。

　1807年、「ル・カナディアン」紙が、ケベックのシードル生産を奨励すべきだと説いた。「ヨーロッパやアメリカ産よりすぐれている、または少なくとも同等のレベル」であるし、より有害な蒸留酒の消費を減らす一助になりうる、というのだ。アルコール度の高い酒がダメージをもたらすことへのこうした懸念は、1世紀のちに禁酒法を生むことになる。1898年の国民投票では、全国レベルでは51パーセントが禁酒法に賛成を投じたが、ケベック州は81パーセントが反対だった。州民の暴動を恐れ、連邦政府は、禁酒法にかんしてはケベック州独自の決定を許した。

　1919年、ケベック州はカナダで最後に禁酒法を導入した。だが「ビール、シードル、軽いワイン」は除外という条件付きであり、これらの酒の販売は続いた。だがその後の展開は、意外なものだった。禁酒法ははなはだ不人気でわずか2年で廃止された。1921年には国の専売機関であるケベック酒類委員会が設置され、アルコール飲料の販売を担った。しかし行政上の手落ちで委員会の管轄にシードルは含まれておらず、奇妙なことだが、酒は合法になっても、ケベック州ではシードルの販売は違法となったのだ。

　これが修正されるのに50年もかかり、シードルは1970年に合法化された。ケベック市民はシードルを渇望しており、シードル生産のゴールドラッシュが起きた。だが残念ながら、出回るシードルのできは悲惨だった。一番有名なブランド、グラン・セク・オルレアンは、ギャングが作った酒という含みのテレビCMを流し、禁酒法時代の密造酒を思い出させた。味もそのイメージどおりのこのシードルは、1年で約380万リットルという爆発的な売り上げが、10年もたたず、136万リットル程度に落ちてしまった。

　ケベック州の食と飲料にかかわる規制は多い。シードルの免許には2種類があり、職人手作りのものと工業的生産のものに分かれている。1970年代のシードルは工業的生産のものばかりで、手作りシードルが初めて認可されたのは1988年のことだ。シードルなどまったく飲まないかのような時代があり、シードルの現状にほとんど関心は向けられていなかったのだ。

　その後、1990年代初期に、アイスシードルが登場した。ウルトラプレミアムのこの魅力的なシードルは、これまでにない、（まちがいなく）ケベックだけのものだった。2000年代半ば、シードルに広く関心がよせられるようになったとき、ケベックはここにしかないシードルをもっていた。

　それ以降の成長はめざましい。ケベック州には600軒のリンゴ栽培農家がおり、手作り生産者も65軒ある。ノルマンディの影響は今も残る。マッキントッシュ種とその子孫がシードル用リンゴの大多数を占め、低アルコール度の発泡性「パブ用シードル」でさえ、そのボディと性質は、ビールよりもワインにちかい。

　完全発酵したシードルには、キレのある白ワインとほとんど区別がつかないものもある。リンゴの性質がはっきりと出ているシードルもあるが、「ドメーヌ」が出すABV9から11パーセントのワインボトル入りの優雅なシードルは、ワインの領域に達している。

　ケベックのシードルは、独特の見た目であることも多い。すばらしい製品を出しているあるシードル生産者は、開発中の新製品を誇らしげに見せた。ABV5パーセント、発泡性のシードルで、ビールに対抗して考案した、透明な330ミリリットルのボトル入りだ。「でも味はビールとは違う。リンゴが原料のシードルだから」。彼は辛抱強く説明する。「だがビールに対抗して作ったんだ」。私を見て聞く。「どうだろう。こういうシードルの需要はあるんじゃないかな」。「たぶんあるでしょうね」。こうした島国的発想は抵抗意識がかなり強いところからきていて、世界的ブランドになろうとするより、地元の食と飲料の生産を盛り上げようとする。多くの生産者は、官僚主義やお役所仕事にイライラさせられることが多々ある。それでも、州政府の方針によって、ケベック州独特の貴重な食と飲料の文化が生まれているのはまちがいない。

　シードル生産をめぐる規制もその典型だ。スタイル、定義、生産は注意深く管理されている。ケベック州でシードルを売りたければ、完熟のリンゴを収穫後すぐに搾った100パーセント果汁を原料としなければならない。私がシードル生産者たちに、この高い水準に賛同すると言うたび、彼らは一様に、「当然だろう。それ以外にどうやってシードルを作るんだ」という表情を浮かべる。

　ところでこの地には、ちょっと変わった食習慣もある。伝統的なケベック料理は、毛皮目的の狩猟を行った時代に確立したもので、長く寒い冬を乗り切るために脂肪やラード分が多い。こうした料理を表現するのによく使われるのが「ダーティ（身体によくない）」という言葉で、きまり悪げな満足感をともなっている。

　定番料理は「プーティン」。フライドポテトにチーズカードとグレイヴィー・ソースをかけたひと品だ。聞いただけで心臓をわしづかみにされた気分だ。ケベック市民は、外国人にこの料理の話をしたがる。嫌いなはずなのに手が出る。その苦しみをわかちあいたいのだ。モントリオールの超有名レストラン「オ・ピエ・ド・コション」では、車の整備工の格好の男性が、「フォアグラ」のせ「プーティン」を運ぶ。大衆食堂の脂っぽいメニューの高級フランス料理版だ。これに合うのが、明るく鮮やかなアイスシードル。スーパープレミアムの、洗練された、とても値のはるシードルだ。一緒に味わうと、ケベックを完璧に理解できる。

虹の根元には黄金が眠っているというが、
カナダの空にかかる虹の根元には、
リンゴの木の緑も赤もある。

世界各地のシードル──カナダ

ブリティッシュコロンビア州（BC）

　BCのシードルの歴史は長い。1927年創立のグロワーズ・サイダー・カンパニーは、カナダ産ワインとシードルを世界に発信している。大量消費市場向けブランドは、シロップたっぷりの甘さで、いろいろな原料のなかにリンゴがちょっぴりという程度のものもある。だが、バンクーバー島のメリデール・エステート、シー・サイダー、ケロウナのツリー・ブルーイングが出しているデュークス・サイダーなどは、ドイツ、フランス、とくにイギリスのスタイルを取り入れ、本家に敬意を表したシードルだ。ノーザン・スパイやウインターバナナ、ワインサップなどのリンゴが再発見されており、BCのクラフトシードルは、国境の向こうのワシントン州やオレゴン州のシードルと同様の特徴をもつ。

オンタリオ州

　この州ではひしひしとエネルギーが伝わってくる。2012年にオンタリオ・クラフトシードル協会が設立されたことでもわかる。シードルはおもに食用リンゴで作られるが、伝統的なヤーリントン・ミル、ダビネット、キングストン・ブラックなど、フランスとイギリス産の甘苦味種と苦味種のリンゴがブレンド用に増産されている。カウンティ・シードルのグラント・ハウはこう言う。「土壌はブルゴーニュとほとんど同じで、石灰岩が多い。だからイギリスのリンゴ品種も、味は違っても、タンニンの性質はフランス産と同じなんです」

沿岸部

　ノヴァスコシア州のタイドビュー・シードルは特殊な微気候で生まれる。「ノース山地の高い尾根が大西洋とアナポリス渓谷を分断。このため、春は長く、気温が上がらずゆっくりと過ぎ、夏は暖かく、そしておだやかな冬となります」と、シードル生産者のジョン・ブレットは言う。この気候によりさまざまな品種のリンゴ栽培にぴったりの環境が生まれ、さらにブレットは、酸味のある土壌が、ほかのどこでも味わえない非常にぴりっとした味をリンゴに与えるのだと思っている。こうしたおだやかな環境は、ノヴァスコシア州とニュー・ブランズウィック州全体に共通するもので、この10年でシードル生産をはじめた多くの人々の励みになっている。

アイスシードル／シードル・ド・グラッセ

シードルはつねに発明心を刺激してきた。ノルマン人はこれを少なくとも15世紀から、スペイン人はおそらくそれよりも前から蒸留していた。それにさまざまな品種をブレンドする試みは、果樹栽培者の第2の天性だ。

　北アメリカでシードル作りがはじまったころ、よくシードルを「凍結蒸留」して「アップルジャック」という酒にした。アルコールは水よりも凍結温度が低いため、凍りかけたシードルから氷のかたまりを取り除けば、より濃縮されたアルコールが得られる。
　「昨冬、この実験を行い成功した」と、1817年にウィリアム・コックスが記録している。「非常にすばらしい、アルコール度数の高い純粋な酒だったと明記しよう。よくできたシードルの2倍の強さがあり、熟成すればより完璧な品質へ向上するはずだ」
　だから、アイスシードルはなにも新しいものではないとも言える。だが、それはまちがっている。
　アップルジャックは完成したシードル、つまり醸造酒を濃縮したものだ（うまくやらないと、まずいだけのアルコールができる）。一方、現代のアイスシードルは果汁を濃縮してから発酵させる。フレーバーとテクスチャーはアップルジャックとは天と地ほどの違いだ。
　初のアイスシードルは、1990年に、フランス人移民のクリスチャン・バルトムフの手による。もともとはブドウからアイスワインを作ろうとしていた。長い歴史をもつドイツのアイスヴァインは、冬、木にならせたまま凍ったブドウを搾汁してつくる甘口のデザートワインだ。オンタリオ州ではイニスキリン・ワイナリーが、1989年に初めてこの製法を用いた。バルトムフは自分が移住した州がほかのどこよりも冬の条件がよいと思っていたため、その直後に、ケベック初のアイスヴァインを作った。だが、ケベックの気候は凍結には最適だったが、ブドウの栽培にはいささか不向きだった。このためバルトムフは同じ製法をリンゴで試したのだ。1994年、バルトムフは隣人のフランソワ・ポウリオットと協力し、初の商業用アイスシードルを発売した。
　その人気はあっという間に広がった。そしてその間に、ふたつのまったく異なる生産方法が登場した。

クリオコンセントレーション（秋の収穫物──果汁の凍結濃縮）

　アイスシードルの生産方法でもっとも普及している方法だ。まずは完熟したリンゴを収穫し、低温貯蔵することから始まる。これを12月末に搾り、果汁をそのまま巨大コンテナに入れ屋外で貯蔵する。平均気温約マイナス15度の寒さで果汁のなかの水分が凍結し、表面に氷の透明な層が見えてくる。そして濃縮された「マスト」は液状のまま、その比重で下に沈む。これを底から20-25パーセント抽出して、8か月ほど低温発酵させる。高濃度の糖分によってABV8から12パーセントの酒ができるが、これはまだ非常に甘い。この工程では、糖分だけでなくリンゴ酸も濃縮されるため、どちらも強い甘味と酸味が絶妙なバランスで、飽きのこないおいしさになる。この方法で作ったアイスシードルは強烈な果実感をもち、フレッシュなリンゴの皮がはじけ、マンゴーや桃といったトロピカル・フルーツのニュアンスをもつ。この果実感は「コンポート」と表現されることが多く、フルーツの甘味と酸味が組み合わさって立派にデザートワインに代わるものとなっている。

クリオエクストラクシオン（冬の収穫物──果実の凍結による濃縮）

　純粋なアイスシードル作りは、真冬にも木に残る希少なリンゴをさがすことにはじまる。ケベックには、家の庭や道路端に、こうした忘れられた品種が多数あるが、運よく発見されてもその名はずっと前に忘れられている。こうしたリンゴは飼いならされた生食用リンゴとは当然性質が異なり、そのブレンドには芸術的手腕がいる。さらに太陽と低温がリンゴを加工する。つまり、日光は秋から枝についたままのリンゴを徐々に脱水させ、冬の寒さがリンゴを凍らせることで、自然に糖分と酸が濃縮する。凍って縮んだリンゴを1月に圧搾し、これも、8か月ほどかけて発酵させる。できたアイスシードルはクリオコンセントレーションと同じく果実感がつまっているが、フレッシュなリンゴよりも焼きリンゴに似ている。深いカラメルの風味があり、レーズン、バタースコッチ、マデイラワインのニュアンスをもち、デザートワインやバーレイワインも思わせる。このシードルは、「レコルト・ディヴェール（冬の収穫物）」と呼ばれ、こちらのほうが覚えやすい。クリスチャン・バルトムフによれば、真のアイスシードルと言えるのはこれだけだ。
　どちらかを初めて飲んだ人の驚きは尋常ではない。アイスシードルは舌を惑わす。星明りを飲んでいるかのようだ。私がテイスティングの場を設けたときも、みな、お代わりを求めた。スリムで背の高いハーフ・ボトルはすぐ空になり、今あるのはそれだけだと言うと、うそだと責めるのだ（実をいうと、「うそ」だ。少し自分にとっておきたかったので）。
　ケベック州はアイスシードルに規則と定義を課している。バルトムフにとっては十分なものではないかもしれないが、ケベックのアイスシードルと、続々と登場している模倣品とを区別するには十分だ。果汁の糖分はBrix（重量中の糖の割合）30度に濃縮し、しかも、外気による凍結など自然の力で濃縮されていなければならない。「アイスシードルにはふたつしか原料がありません」。フランソワ・ポウリオットは言う。「リンゴとカナダの冬です」。発酵

後に完成したシードルは残留糖分が1リットルあたり130グラムで、ABV7から13パーセントと定められている。甘味料その他の添加物はくわえることはできない。それを必要ともしないはずだ。

　この「メトード・ケベコワ」と言われるものを完璧に守っていくことは重要だ。だが同時に、それ以外のものはアイスシードルの風味をもっと認めないのも残念に思える。このため本書では、自然凍結を経たケベックのシードルをシードル・ド・グラッセと呼び、果汁を人工的に凍結させて作るものをアイスシードルとして区別する。

　シードル・ド・グラッセは安くはない。クリオコンセントレーション（「秋の収穫物」）のシードルは375ミリリットルのボトルで、最低でも25カナダドル程度であり、「レコルト・ディヴェール」になるとその倍の価格であることが多い。小さなボトルに7キログラムものリンゴを使用し1年かけて作られていることを考えると、この価格も当然だ。

　2000年にクリスチャン・バルトムフは、フランソワ・ポウリオットの大きなライバルであるドメーヌ・ピナクルにくわわった。ポウリオットが経営するラ・ファス・カシェ・ド・ラ・ポムとドメーヌ・ピナクルとで、ケベックのアイスシードル販売量の約4分の3を占め、規模はドメーヌ・ピナクルのほうが大きい。ピナクル山の南斜面にある、この1859年創設の農場は受け継いできた酒類も豊富で、さらに現在の所有者チャールズ・クロフォードは、アイスシードルを新たな方向に向かわせようとしている。クロフォードは初のスパークリング・アイスシードルを作った。かんきつ系、リンゴ、カラメルのノートを生かす微炭酸だ。またアイスシードルとアップルブランデーをブレンドして作ったレゼルヴ1859は、豊かな、カラメル風味のディジェスティフで、たき火の前に腰をおろしているような味わいだ。またクリュール・デ・ボワもある。アイスシードルとメープル・シロップをブレンドして生まれたアペリティフで、これぞケベックといった作品だ。

　クリスチャン・バルトムフは、結局ドメーヌ・ピナクルを去ってクロ・サラニャを設立した。ここで、世に知られていないリンゴ品種の発掘に情熱をかたむけ、ビジネス上の生産は、シードル作りに手を貸したふたつの生産者に任せている。バルトムフのイノベーションによってまったく新しいカテゴリーのシードルが生まれているが、その多くを、おそらく彼はシードルとは認めない。だがシードル・ド・グラッセは世界中の評論家や愛飲家を驚かせた。レストランや、アイスシードルについてしゃべりまくるワイン・ライターが「アップル・アイスワイン」と呼びつづけようと、「アイスシードル」という名がその戦いに勝利し、シードルのイメージが変わったことはまちがいない。

上：ドメーヌ・ピナクル。マイナス15度の外気でリンゴを「加工」している。

星明りを飲んで
いるかのようだ

世界各地のシードル──カナダ

アイスマン ── ラ・ファス・カシェ・ド・ラ・ポム

フランソワ・ポウリオットが、アイスシードルを発明したのは自分だと主張することはない。「それは師であるバルトムフさんですよ」と言う。しかしその開発に大きな役割を果たし、世界で人気を博すまでにした立役者はポウリオットだ。

ポウリオットはミュージック・ビデオ制作で成功していたが、20代後半に変化を求め、ケベックで初めてアイスワインが作られた1989年に農場を買い、アイスワイン作りのためブドウを植えることにした。ポウリオットは、地元の「テロワール」を体現するようなものを作りたかった。映画祭に出せるようなもの。シャンパンに代わるものとして胸をはって出せる地元産の酒だ。

「果樹園付きの土地をさがし、リンゴの木が育っていればブドウ作りもできると考えたんです。そしてここを見つけた。ところがバルトムフさんが、リンゴの木は切るなと言ったんです」

1994年、ポウリオットはバルトムフとともに最初の商業用「シードル・ド・グラッセ」を作った。このシードルのできに満足し、ポウリオットはブドウ栽培をすっかり忘れ、リンゴの木を残すことにした。フランスからの注文が届きはじめると、趣味のつもりだったものはたちまち真剣みを増し、リンゴの木を増やし、近所の農場の土地も借りた。

リンゴの落果を気にかけていたポウリオットはクリオコンセントレーションのアイスシードル作りを工夫し、収穫し貯蔵して真冬に果実を凍らせ、それから圧搾した。だがポウリオットが望むのは冬に収穫する方法であり、師と同じく、冬まで落果しないリンゴをさがしつづけている。

ポウリオットのシードルの品質の高さは折り紙つきだ。だがポウリオットはやり手のマーケターでありセールスマン、そして真のショーマンだ。そり上げた頭とプロが手入れするフェイシャルヘアで、50代という年齢よりもずっと若く見え、ビデオ制作者として成功したデザイン感覚が事業にもいきわたっている。アイスシードルの中心ブランドであるネージュはそれ自体もすばらしいが、ボトルとパッケージ類も、それにふさわしいできだ。

事業名(「リンゴの隠れた顔」の意)は、ポウリオットのシードル生産の意図と、魅惑への招待を込めたものだ。ポウリットが作るのは、リンゴとシードルを、まったく新しい視点で見せてくれる製品だ。

ポウリオットはまた、さらりと巧みなキャッチフレーズを出してくる。一緒に「ネージュ・レコルト・ディヴェール」を味わっているときも、今思いついたかのようにこう言った。「イヴが食べたリンゴは、きっとこんな味だったのでしょうね」。ひょっとしたら、国際的なワインのテイスティングやコンペティションにシードルを出すときに、このせりふを使っているのかもしれない。シードルを口に含むと、世界の名だたるワイン評論家がこう言う。「これを吐き出すわけにはいきませんね」。あるイベントのあとには、世界最高峰の貴腐ワインであるシャトー・ディケムの醸造担当主任が、自分のワインと交換してくれと言ってきた。そして「レコルト・ディヴェール」ひとケースに、彼も同じくひとケースを差し出した。

ラ・ファス・カシェのテイスティング・ルームは、写真や切抜き、メニューで埋めつくされている。公務で訪問したオバマ大統領やウィリアム王子とケイト・ミドルトンが、「ネージュ」を供されているものもある。また、エル・ブリ(スペイン)やファット・ダック(イングランド)など有名レストランのワイン・リストも美しく飾られている。

もう映画祭に行く余裕はないだろうが、フランソワ・ポウリオットはケベックにしかないシードル作りに成功している。それは、シャンパーニュが少しだけ「ふつう」の酒に思えるような、すばらしいシードルだ。

前ページ:おいしい「シードル・ド・グラッセ」ができる。
ラ・ファス・カシェ・ド・ラ・ポンムの冬。
上:「星」に手を伸ばすフランソワ・ポウリオット。
次ページ上:シーズンまっただなかのラ・ファス・カシェ。
次ページ下:いつも雪が降っているわけではない。

> **ラ・ファス・カシェ・ド・ラ・ポム**
> カナダ 〒J0L 1H0
> ケベック州ヘミングフォード
> ルート202、617番地
> www.lafacecachee.com

"これを吐き出すわけには
いきませんね"

カナダ──推奨シードル

アントリノ・ブロンゴ
[ANTOLINO BRONGO]
ケベック州セント゠ジョセフ゠デュ゠ラック
www.antolinobrongo.com

クリオマルス2009
[Cryomalus 2009]
(ABV9パーセント)

「テロワール」と自然の作用を示す好例。リンゴの力だけではできないシードルが生まれた。ハチミツのニュアンスをもつフルーツのコンポートのような香り。甘く、贅沢で、ハチミツのような豊かさの味わいが続く。パリだけでも、ミシュランの星付きレストラン15店で供されている。

クロ・サラニャ
[CLOS SARAGNAT]
ケベック州フレリスバーグ
www.saragnat.com

ロリジナル
[L'original] (ABV10パーセント)

この元祖アイスシードルといえるものがかなりおいしいことを期待してよいし、ここのシードルはすべて、その複雑性や鮮やかさを表現するにふさわしい言葉がない。ひと口ごとに連想するものが変わる。ドライアップルの皮、カラメルの香り、そしてメープル・ウッドのニュアンス。粘性があって肉厚だが、ライトで酸味があり、シェリーやマデイラワインを思わせる。

カウンティ・サイダー・カンパニー
[THE COUNTY CIDER COMPANY]
オンタリオ州ピクトン
www.countycider.com

ワウプース・プレミアム
[Waupoos Premium]
(ABV6.5パーセント)

収穫期が遅いリンゴとヨーロッパ産シードル用リンゴのブレンドで作る。セミスイートに分類されるが、酸っぱさがあり、草っぽいニュアンスが香る。キレがあり適度なバランスのシードルで、クリーンでさっぱりとしたあと味。

ラ・シドレリ・クリオ
[LA CIDRERIE CRYO]
ケベック州モン゠サン゠ティレール
www.cidreriecryo.com

クリオ・ド・グラッセ・プレスティージ
[Cryo de Glace Prestige]
(ABV10パーセント)

深くて暗いあめ色。まず焼きリンゴの香り、その後シナモン、カラメルの風味がはじける。甘味は強いが耐えがたいほどではない。キウイのニュアンスでしめくくる。

ドメーヌ・ラクロワ
[DOMAINE LACROIX]
ケベック州サン゠ジョセフ゠デュ゠ラック
www.vergerlacroix.ca

ル・ラクロワ・シグナチャー
[Le Lacroix Signature]
(ABV10パーセント)

アイスシードル作りの「クリオコンセントレーション」方式を賞賛すべき理由がよくわかるシードル。非常にフルーティですっきりしており、冬収穫の品種の複雑さは感じられないかもしれないが、口に含むと魅力的でわくわくする。

フュー・サクレ
[Feu Sacré]
(ABV16パーセント)

果実の凍結ではなく、メープル・ウッドを燃やして果汁を煮立てることで糖分を濃縮。アイスシードルよりも複雑さはないが、飲む価値はある。スムーズで非常に甘く、シェリーのような香り。強いカラメル感、バニラとフルーツのニュアンスをもつ。暖かく心地よい。

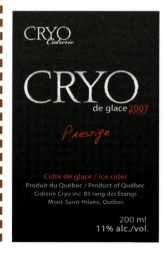

ドメーヌ・ラフランス
[DOMAINE LAFRANCE]
ケベック州サン＝ジョセフ＝デュ＝ラック
www.lesvergerslafrance.com

ジャルダン・デデン
[Jardin d'Éden]
(ABV12パーセント)

ドライでややフルーティ、繊細な芳香がある。飲みなれていない人にはリースリング種の白ワインと区別がつかない。万人受けはしないかもしれないが、シードルがもつ多様性と幅広さがわかる魅力的な作品だ。

キュヴェ・ラフランス・メトード・シャンプノワーズ
[Cuvée Lafrance Méthode Champenoise]
(ABV11パーセント)

生食用リンゴで作り、伝統的な「メトード・シャンプノワーズ」とシャンパン酵母で熟成させた「シードル・フォール」(「強いシードル」)。ドライさが際立ち、シャンパン・スタイルの、ビスケットとリンゴの香りをもつシードル。さまざまな賞を受賞。

ドメーヌ・ピナクル
[DOMAINE PINNACLE]
ケベック州フレリスバーグ
www.domainepinnacle.com

ヴェルジェ・シュッド・シードル
[Verger Sud Cider]
(ABV11パーセント)

南部の果樹園産リンゴで作ったスティル・シードル。夏のランチタイムを思わせる。非常に薄い色で、フレッシュでキレがあり、ミネラル分が感じられかなり酸味がある。ワインのテイスターを惑わすことで知られる。

シードル・ド・グラッセ
[Cidre de Glace]
(ABV12パーセント)

豊かで、粘性がありスムーズ。とろりとした甘さが最高の形で表現されている。甘味が強すぎて胸が悪くなるほどのものもあるが、これは複雑で信じがたいほどバランスがよい。甘味とおだやかな酸味が完璧に調和。

デュ・ミノ
[DU MINOT]
ケベック州ヘミングフォード
www.duminot.com

クレマン・ド・グラッセ
[Crémant de Glace]
(ABV7.5パーセント)

アイスシードルの強い甘味を、かすかなカラメルのノートでバランスをとり、発泡性にすることで、シードル全体が贅沢で洗練され、生き生きとしたものになった。スパークリング・アイスシードルとは、ほんとうに独創的なアイデアだ。

推奨シードル

レ・ロイ・ド・ラ・ポム
[LES ROY DE LA POMME]
ケベック州サン＝ジョルジュ
www.lesroydelapomme.com

クレア・ド・ルネ
[Clair de Lune]
(ABV6.8パーセント)

イチゴとラズベリーをくわえて作った。香りをかぎ口に含めば、風味は明確に感じ取れる。甘味とリンゴのきりっとした酸味のバランスが完璧。

レ・ヴェルジェ・ド・ラ・コリーヌ
[LES VERGERS DE LA COLLINE]
ケベック州サント＝セシル＝ド＝ミルトン
www.lesvergersdelacolline.com

CIDオリジナル
[CID Original]
(ABV5パーセント)

この有名なアイスシードル生産者は、「パブ用シードル」でも腕を磨けることを証明。マッキントッシュとスパルタン種のリンゴで作り、ライトで繊細、微香。地元のアイリッシュ・パブに大衆市場用のドラフトシードルに代わる、満足のいくスパークリング・シードルを提供している。

世界各地のシードル──カナダ

ラ・ファス・カシェ・ド・ラ・ポム
[LA FACE CACHÉE DE LA POMME]
ケベック州ヘミングフォード
www.lafacecachee.com

ネージュ・レコルト・ディヴェール
[Neige Récolte d'Hiver]
（ABV8パーセント）

初の、冬収穫の「シードル・ド・グラッセ」のひとつで、最高のシードルに数えられる。同類のものよりもリンゴの香りは弱いが、豊かで果実感は強い。口に含むとなめらかで円熟し、アルコール感が強い。ナツメヤシとイチジクのニュアンスをもつ。

デジェル
[Dégel]（ABV12パーセント）

「シードル・ド・グラッセ」を作るさいに分離する「マスト」は、底の20パーセントのみ使用。ポウリオットは、その上の20パーセントを利用できないか試作した。そして生まれたのが「シードル・ド・グラッセ」と似ているが強さが異なるアップル・ワインだ。リンゴの皮とアプリコットのニュアンスをもつ。魅力的でキレがあり、フレッシュで、クリーンな余韻が続く。

ルデュク＝ピエディモンテ
[LEDUC-PIEDIMONTE]
ケベック州ルージュモント
www.leduc-piedimonte.com

マキューン・ドラフト
[McKeown Draft]（ABV6パーセント）

このいやされるシードルがもつ紛れもないリンゴ果汁の性質は、原料のマッキントッシュ種のリンゴによるもの。これがなければ、かすかな芳香、かんきつ系の性質、フルーティなボディとクリーンでドライなあと味は、酸味のある白ワインと区別がつかないだろう。「パブ用シードル」にしては悪くない。

ラ・ブルナンテ
[La Brunante]（ABV8パーセント）

マキューン・ドラフトと同じシードルをベースにアイスシードルをくわえ、シャンパン・スタイルで供される。このためアイスシードルがもつ果実感のうえに、くっきりしたドライさが織りなされ、「メトード・シャンプノワーズ」による泡がすべてを生かす。この組み合わせは、ほかにはない大きな存在感をもつ。

ミシェル・ジョドアン
[MICHEL JODOIN]
ケベック州ルージュモント
www.micheljodoin.ca

シードル・ロゼ・ムスー
[Cidre Rosé Mousseux]
（ABV7パーセント）

ジェノヴァ種のリンゴ100パーセントで作り、その赤い果肉から、人工的でない、きらきらとしたピンク色のシードルが生まれる。花とベリーの複雑な香り。リンゴとベリーのおだやかな甘味と、しっかりとした酸味が味わえる。

シー・サイダー・ファーム・アンド・シードルハウス
[SEA CIDER FARM AND CIDERHOUSE]
ブリティッシュコロンビア州サーニッチトン
www.seacider.ca

ラムランナー
[Rumrunner]
（ABV12パーセント）

自家栽培の在来品種リンゴを人の手で圧搾し、ラム用樽で発酵させる。その結果、非常に甘味、ドライさ、酸味のバランスがとれ、木やナッツ、カラメルの温かなノートをもつシードルに。

ピピンズ
[Pippins]
（ABV9.5パーセント）

ニュータウン・ピピン種のリンゴが他の在来品種のブレンドにしっかりした骨格を与え、すべてをもつシードルになっている。甘酸っぱいフルーツの香り。かすかにファンキーなニュアンスをもち、リンゴとかんきつ系の風味が強い。チョークのようなドライさと、キレがあり、酸味のあるあと味。

スピリット・ツリー・エステート・サイダリー
[SPIRIT TREE ESTATE CIDERY]
オンタリオ州カレドン
www.spirittreecider.com

トラディショナル・パブ・サイダー
[Traditional Pub Cider]
（ABV6パーセント）

（ウエスト・カントリー）
イングランド南西部スタイルのスクランピーを、おだやかな炭酸のシードルで大胆に再現。特徴的なファームヤードのファンキーさが、甘味とドライさのバランスを補完しているが、それでも全体的にはライトで、大量消費市場向けシードルに慣れている人も手を伸ばしやすい。もっと複雑なシードルを経験する前の賢明なステップ。

タイドビュー
[TIDEVIEW]
ノヴァスコシア州アナポリス
www.tideviewcider.ca

ヘリテージ・セミドライ
[Heritage Semi-Dry]
（ABV8パーセント）

薄い金色の発泡性シードル。そそいだだけで、高品質の発泡酒であることがわかる。甘いリンゴの香り、桃のニュアンスをもち、ジューシーな酸味、土っぽさ、ドライなあと味へと続く。シャンパン・スタイルの、ムースのように細かい泡をもち魅惑的。

ツインパインズ・オーチャーズ＆サイダーハウス
[TWIN PINES ORCHARDS & CIDER HOUSE]
オンタリオ州テッドフォード
www.twinpinesorchards.com

サイザー
[Cyser]
（ABV11.2パーセント）

リンゴとハチミツを発酵させたサイザーは北アメリカで人気があるが、実際には古代地中海地域の飲み物の再現だ。糖が完全に発酵してドライさが生じ、アルコール度数が高くなる。かすかに土っぽい香りと、口に含むとハチミツ酒（ミード）のノート。全体的にはドライでクリーン。

ユニオン・リーブル
[UNION LIBRE]
ケベック州ダナム
www.unionlibre.com

シードル・ド・フュー
[Cidre de Feu]（ABV15.5パーセント）

アイスシードルではないが、大きく異なる製法で同様のシードルを作った。深いあめ色。ハチミツ、焼きリンゴ、甘いフルーツの香り、ハチミツとクルミのニュアンスをもつ。スムーズで甘く、魅力的な味わいにカラメル風味が混じる。

シードル・アペリティフ
[Cidre Apéritif]
（ABV16.5パーセント）

これも、「シードル・ド・フュー」同様の先駆的シードル。複雑なフルーツの香り。ビッグでジューシーなフルーツ・コンポートの味わい。

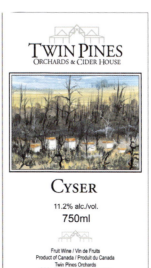

ARGENTINA AND CHILE
アルゼンチンとチリ

アルゼンチン

「アルゼンチンの人たちはとても社交的だということは知っておいて」。私の友人、ジュリア・マザッロは興奮ぎみに言う。「ほとんどはイタリア人とスペイン人が祖先。その他もろもろにアイルランドもほんの少しね。いつも、集まっては祝う口実をさがすの」。それにお祝いではシードルを大量に飲むので、アルゼンチンはシードル消費量では世界の5大国に入っている。

だが、驚くのはまだ早い。その大量のシードルの80パーセントは10月から12月に飲まれている。クリスマスには親族が集まる。それはアルゼンチンも同じで、そこにはシードルがある。夕食はとても遅いのが一般的で、午後10時か11時ころ。そしてメイン・コースが終わると、乾杯のためにシードルを出し、アイスクリームやクレープなどのデザートと一緒に楽しむ。クリスマス・イブと大晦日には、午前0時の時報とともにさらに乾杯を交わし、冷やしたシードルを（ここのクリスマスは真夏）シャンパン・グラスで盛大にあおる。多くのアルゼンチン人にとって、シードルとはシャンパンで「あり」、お祭り期間には、それ以外のときよりはるかに大量のシードルを飲む。

アルゼンチンは一大リンゴ生産国だ。パタゴニア地方にあるリオ・ネグロ州は高原地帯のためアルゼンチンの平均よりも気温が低く、この地方は「アップル・カントリー」と言われている。西に長くのびるメンドーサ川の流域も冷涼な気候で、この地域はブドウ産地として有名でアルゼンチンの主要ワイン産地でもあるが、リンゴと洋梨の生産も豊富だ。このふたつの地域には、アルゼンチンのおよそ15のシードル・メーカーのほぼすべてが集まる。収穫されたリンゴの70パーセントは輸出され、その大半は濃縮果汁として北アメリカとヨーロッパに向かう。だが14パーセント程度はシードルになる。

スペインの影響を受けてはいるが（バスク産シードルをはじめ、スペインからの輸入は多い）、アルゼンチンの「シードラ」には、スペインのシードルが特徴とするシャープさはない。ここでは、シャープで酸味のあるリンゴはほとんど使用しない。レッド・デリシャスやガラ、グラニー・スミスといった生食用リンゴを使い、これらが一般的なシードルの原料の3分の2を占める。ビタースイート種のシードル用品種は、甘味をやわらげ、またタンニンがもつ防腐効果を生かすためにくわえる程度だ。非常に暑い気候のため冷やして飲むので、ここでは甘いシードルが好まれる。シードルは通常はスパークリングで、「シードラ」の大半は炭酸ガスをくわえたものだが、「シードラ・ナチュラル」は瓶内二次発酵を経て自然の発泡性をおびたものだ。

上：暑い国では、高原がリンゴ栽培に最適な「テロワール」をもつ。

1年のある時期にだけシードルの消費が集中する国では、ほかの時期にシードルを飲むと少し変だと思われるのが唯一の問題点だ。「祝うことがあれば、シードルでお祝いするけど」と話すジュリアはビールもシードルも好きだ。だがほかの時期にバーでシードルを注文すれば、変な顔をされるだろう。それにシードルは低所得者層向けの酒だという見方も増えている。好景気のときはシャンパーニュにするし、また近年ではビールやワインがシードルの売り上げを減らしている。

このため、大規模メーカーはシードルの刷新をはかっている。ワインとの相似性を打ち出すメーカーもあれば、ヨーロッパのシードル復興にならい、旧来のシャンパン・スタイルのボトルにくわえ、330ミリリットルと660ミリリットルのボトルで新製品を出すところもある。また、やや時代遅れのワインのような箔押しのラベルをやめて上品なラベルにし、氷の上からそそぐ「ド・リギュール」というイメージをテレビCMによって浸透させようとしている。

今のところ、アルゼンチンはフランスとともにシードル人気が戻らず、流行遅れだと思われている数少ない国のひとつだ。メーカーの努力もあり、この風潮は変わるかもしれない。だがしばらくは、アルゼンチンのシードル・メーカーは、毎日がクリスマスであればと願わざるをえない状況だ。

サエンス・ブリオネス
[SÁENZ BRIONES]
ブエノス・アイレス
www.saenzbriones.com.ar

アルゼンチンの紛れもなくトップ・シードル・メーカー。伝統的なシャンパン・スタイルのシードルから、近年発売されたもっと現代風のものまで、あらゆるシードルを提供。シードルを復活させ、1年中需要がある環境を作ろうと奮闘している。

グラン・シードラ・レアル・エティケタ・ネグラ
[Gran Sidra Real Etiqueta Negra]
（ABV非公表）

甘くてライト。豊かなフルーツの香りと、かすかなタンニンと酸味のニュアンス。

シードラ・コルテジーア
[SIDRA CORTESÍA]
メンドーサ州ウコ渓谷
www.sidracortesia.com

コルテジーア・シルバー・サイダー
[Cortesía Silver Cider]
（ABV4パーセント）

レッド・デリシャス、グラニー・スミス、ロイヤル・ガラ種のリンゴで作る。甘くて繊細。強いリンゴの香りをもつ。

ジブラルタル・バー
[THE GIBRALTAR BAR]
ブエノス・アイレス、サンテルモ地区ペルー895番地
www.thegibraltarbar.com

グリフィン・ドライ
[Griffin Dry]
（ABV4.9パーセント）

在留外国人や旅行者に人気のパブが、数年前、メンドーサのあるシードル・メーカーに協力を求め、このパブ専用にイギリスのテイストに沿ったシードルを作った。甘味はあるが、アルゼンチンの一般的シードルよりもずっとキレがありドライ。

チリ

アルゼンチンと同じく、チリもスペインとつながりをもつ。シードル人気もその証しだ。

サンティアゴ

ロス・ラゴス州

リンゴは家族経営のエステートで栽培され、3月と4月に収穫されて、つぎのような大規模醸造所がシードルを作っている。

グラン・シードラ・アンティジャンカ〈Gran Sidra Antillanca〉(www.sidrantillanca.cl)はロス・ラゴス州にあり、世界でもっとも南にあるシードル・メーカーだと誇らしげに宣言している。

シードラ・プヌカパ〈Sidra Punucapa〉(www.punucapa.cl)はチリの主要リンゴ栽培地域にある。この地域では、シードルが経済の中心を占める産物のひとつだ。シードラ・プヌカパは、手作りの生産者から、祝日向けシャンパン・スタイルのシードルを供給する大規模メーカーへと成長している。

AUSTRALIA AND NEW ZEALAND

オーストラリアとニュージーランド

オーストラリアとニュージーランド

世界は狭くなり、ある国に大波が生じて、それが地球の反対側へと波及するのもあっという間だ。2006年、イギリスでブームを呼んだオーバー・アイスセンセーションで火がついたシードル人気は、1年もたたずオーストラリアとニュージーランドに飛び火した。2008年以降、もともと少なかったシードル消費量は毎年40パーセント程度の成長を見せている。市場アナリストは、オーストラリアのひとりあたりのシードル消費量は、2015年に西ヨーロッパを抜くだろうと予測した。アルコール類の販売量が停滞している地域では、シードルの販売量が全アルコール飲料のなかで突出している。

とても暑い地域にいて冷やした酒を飲むのが大好きな人たちの気持ちをとらえたのとは別に、シードルは生産者にも訴えるものがあった。ほかの酒にくらべかなり税率が低かったからだ。ビール消費量がこの60年で最低になっていたため、ブルワーは規模の大小にかかわらず、シードル生産に熱心に取り組みはじめた。

オーストラリア最大のブランドはストロングボウ、バルマーズ、マーキュリーで、すべてカールトン&ユナイテッド・ブルワリーズが販売するが、ここ数年で、評価の高いクラフトビールのブルワーも新製品を送り出している。シドニーのブルワー、ジェームス・スクワイアはオーチャード・クラッシュ、タスマニアのリトル・クリーチャーズはピプスクィーク・シードルを発売し、マチルダ・ベイ（これもカールトンの所有）はダーティ・グラニー（グラニー・スミス種のリンゴが原料だろう）という愛敬のある名のシードルが非常に好調だ。趣味でシードル作りをするワイン・ライターのマックス・アレンは、2011年には40軒だったオーストラリアのシードル・メーカーが、2012年に約80軒に急増したと言う。ニュージーランドのシードル市場も拡大傾向にあり、年に10パーセント以上成長している。

だが酒にかんするライターやシードルの熱狂的ファンのあいだでは不満も増している。数多くの生産者のなかで、「本物の」シードルを作っているのはごく一部だからだ。生産者の多くは（マイクロ・ブルワーでさえ）濃縮還元果汁と水、砂糖を原料にし、さらに、こうしたシードルに「純粋」とか「ハンドクラフト（手作り）」といった言葉を多用し、素朴で自然なイメージを与えているところまである。それより大きな問題は、地産地消が一番という時流にあって、濃縮果汁の多くがわざわざ中国から輸入されている点だ。

ブームを迎えつつあるシードル市場で、新鮮なストレート果汁でシードルを作るクラフト生産者がようやく育ちかけている段階だ。だが彼らは意欲的で熱心に上をめざしている。2011年、職人的なシードル作りを行う生産者のグループが協力し、サイダー・オーストラリアを設立した。「本物の」シードルのために戦い、本物とはなにか、どこが違うのか、消費者を啓発する事業者団体だ。ニュージーランドでは、1985年創設のフルーツワイン生産者協会が、現在では、ニュージーランド・フルーツワイン・サイダー

次ページ上：タスマニアのウィリアム・スミス&サンズにとって、シードル事業は人と人とをつなぐものだ。
次ページ下：父親のイアンと息子のアンドリューは、1888年にウィリアム・スミスがはじめた家族経営の事業を続けている。

生産者協会となっている。

この組織の「リアル・サイダー」の定義とは、イギリスのややこしいものよりも、ずっとすっきりとしてわかりやすい。濃縮還元果汁、砂糖、水で作ったものは、本物ではない。新鮮なリンゴまたは梨のストレート果汁に、できるだけ添加物をくわえないものが本物だ。

「消費者を教育し、シードルへの見方を変えることは、いまだに大きな課題です」。コーディ・バックリーは言う。彼がメルボルンで経営するサイダーハウスは、ドイツ・スタイルの本物の「アプフェルヴァイン」を広めようとするバーだ。「オーストラリアとニュージーランドでは、少なくとも市販のシードルには、本物のフルーツがわずかしか使われていません。大半は、人工的に甘味をくわえています」

多くのシードル生産者が、本物のシードルとはアルコポップのような甘さではなく、ドライでキレがあるものだと周知させようと奮闘している。これを助けるように、サイダー・オーストラリアは毎年コンペティションを設けており、全生産者が参加できる。反応はよく、出だしの数年は報道も多い。2012年の授賞式後、主催者は記者会見で、この賞はオーストラリアのシードルの現在だけでなく将来にもかかわるものであり、最終的には輸出できる「オーストラリア・スタイル」のシードルの確立をめざしている、と述べた。

オーストラリア・スタイルのシードルのあるべき姿について、手がかりはいくつかある。オーストラリアとニュージーランドのシードルは、意外にも長い歴史をもつ。生産者でライターのトニー・ソログッドは、牧師サミュエル・マースデンが、1803年にニューサウスウェールズ州パラマタで行われたシードル醸造についての記録を見つけている。シードルは、1820年代にタスマニア東岸でも作られていた。ゴールドラッシュに沸いた地域の多くは偶然にもリンゴ産地と重なり、シードル醸造に数々の記述が残る。臼と杵で雑に作ったシードルで、19世紀の鉱山労働者ののどを潤したという例が多いようだ。20世紀半ばにはケリーブルックやマックス・サイダーなどのブランドが登場してビールと人気を競い、ニューサウスウェールズ州のオレンジやバトロウなど多くのリンゴ栽培地域では、公けにとは言えないまでも、個人客相手のシードル作りが行われていた。シャンパン・スタイルの上質のシードルを売りにしているところもあったが、結局、利益を追求するストロングボウが他を圧倒し、オーストラリアのシードルのレベルは停滞した。

ニューサウスウェールズ州とタスマニア州、それにニュージーランドのホークス・ベイ、ネルソン、セントラル・オタゴといった地域はみなリンゴ栽培で有名で、おだやかな気候と薄い花崗岩質の土壌をもつ。リンゴの多くは輸出用であるため、果実は無傷で美しくなければならない。生食用途として販売できないキズものリンゴは大量に出るが、シードルになら活用可能だ。

こうした地域の多くはワインの銘醸地とも重なり、ワイン生産者はクラフトサイダーにも率先して取り組み、ブルワリーよりも多少特徴ある製品を生み出している。ワイン生産者としての感性をシードルにもち込み、正確な管理と培養酵母の使用により、ピンク・レディ、グラニー・スミス、ゴールデン・デリシャスなど生食用あるいは調理用のリンゴでシードルを生産する。エッジのきいた酸味と甘みのバランスがとれた、キレのあるさわやかなシードルで、地元の気候にぴったりだ。

こうしたシードルを楽しむ一方で、イギリスやノルマンディ・スタイルの、タンニンのきいた、しっかりした骨格とファンキーさをもつシードルを飲みたがる人は多い。オーストラリアとニュージーランドには、キングストン・ブラック、ヤーリントン・ミル、バルマーズ・ノーマンといった品種をはじめ、旧世界のシードル用リンゴが35品種以上確認されている。これが、地球の裏側にもシードル作りの長い伝統があるという主張の支えとなっているが、量は少ないのが実情だ。

「こうした品種で実におもしろいのは、原産地とここでは性質が大きく異なる点です」とコーディ・バックレーは言う。メルボルンから車で北へ1時間ほどの、青々とした景観のビクトリア州ハーコート・ヴァレーでは、ドルー・ヘンリーが1990年代半ばからおもに生食用リンゴでシードルを作っている。現在、キングストン・ブラックの数は少ないが、数年後には収穫量が増え、ドルーがいうには、ABV11から12パーセントのシードルを生産できるそうだ。これは、イギリス産のキングストン・ブラックを自然に発酵させたよりも、アルコール度数がずっと高い。

新世界の国々と同じで、消費者に本物のシードルを知ってもらうのにくわえ、シードル用リンゴを増やすことも急務だ。だが、シードルの造り手と原料となるリンゴ、その地の文化を見るかぎり、オーストラリアとニュージーランドは、アメリカのニューイングランドと同じ傾向のシードルへと発展するのではないか。ビッグでワインに似て、キレがありさわやか。新しいリンゴが育ち開発されるにつれ、複雑さは増す。飲むのが今から楽しみだ。

上：レッド・セイルズのクライヴとリン。リンゴが熟しているか確認中。

オーストラリアとニュージーランド──推奨シードル

ブレス
[BRESS]
ビクトリア州ハーコート・ヴァレー
www.bress.com.au

ハーコートヴァレー・サイダー・ボン・ボン
[Harcourt Valley Cider Bon Bon]
(ABV10パーセント)

とても力強くキレと酸味がある、ワインのようなシードルで、ブレスのルーツと影響を与えたものがうかがえる。だが、要注意。このぱりっとしてさわやかなシードルは、ワインよりもずっと早く消費してしまう。

ハーコートヴァレー・サイダー・ブリュット
[Harcourt Valley Cider Brut]
(ABV10パーセント)

シードル用品種85パーセントとペリー用の洋梨15パーセントのブレンド。ぴりっとくるリンゴの皮の香りとさわやかで甘く、クリーンな味わい。

ヘンリー・オブ・ハーコート
[HENRY OF HARCOURT]
ビクトリア州ハーコート
www.henrycider.com

ダック&ブル
Duck & Bull (ABV9パーセント)

瓶内二次発酵の、オーストラリアで数少ない、シードル用品種で作った純粋なシードルのひとつ。オーストラリア産シードルのパイオニアのひとりがキングストン・ブラック、ヤーリントン・ミルを原料に作る。酸味が強く、ドライでキレがある。

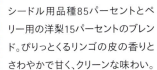

カンガルー・アイランド・サイダーズ
[KANGAROO ISLAND CIDERS]
サウスオーストラリア州カンガルー・アイランド
(ホームページ未開設)

コロニー・コーヴ
[Colony Cove] (ABV5.4パーセント)

ミディアム・ドライでかすかに濁り、キレがあり、熟れたリンゴの風味も豊かにもつ。

ロボ
[LOBO]
サウスオーストラリア州レンスウッド
www.loboapple.com

ロワイヤル
The Royale (ABV4.2パーセント)

瓶内二次発酵で6か月熟成。豊かなスパイスドアップルの香りと、芳醇な果実の風味に、しっかりとしたタンニンが骨格を与える。

ナポレオーネ&COシードル
[NAPOLEONE & CO CIDER]
ビクトリア州コールドストリーム
www.napoleonecider.com.au

メトード・トラディショネル・ペアシードル
[Methode Traditionnelle Pear Cider]
(ABV5.4パーセント)

オーストラリアの気候は梨に最適のようだ。これはオーストラリア最高のペリーに挙げられている。瓶内二次発酵で、かんきつ系と花のような、さわやかな香りで、豊かな甘味が口に広がる。

メトード・トラディショネル・アップルシードル
[Methode Traditionnelle Apple Cider]
(ABV5パーセント)

ビン内二次発酵で、オーストラリアの生食用リンゴのブレンドで作る。芳醇な香りで、適度な甘味と、まろやかなタンニンのニュアンスをもつ。

ナチュラル・セレクション・セオリー
[NATURAL SELECTION THEORY]
サウスオーストラリア州アデレード・ヒルズ
www.naturalselectiontheory.com/cider

アップルサイダー
[Apple Cider]
（ABV7.2パーセント）

完全有機栽培のリンゴ使用と天然酵母による発酵。濁りがあり、フルボディだが驚くほどバランスがとれている。おだやかな酸味とソフトなタンニン。

ペッカムズ
[PECKHAM'S]
ニュージーランド、モウテレ・ヴァレー
www.peckhams.co.nz

イングリッシュ・アップル
[English Apple]
（ABV5.8パーセント）

深みのあるオレンジ色でフルボディ。最初は甘く、そのあとに酸味が主張。

レッド・セイルズ
[RED SAILS]
タスマニア州ミドルトン
www.redsails.com.au

サイダー・ゴールド
[Cider Gold]（ABV6.5パーセント）

瓶内二次発酵でブルターニュ・スタイルの自然発酵のシードル。リンゴとハチミツの豊かな香り。コクがありドライ、豊かな果実の風味をもち、すばらしくなめらかでクリーンなあと味。

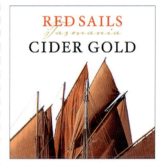

セント・ローナンズ
[ST.RONANS]
ビクトリア州ヤラ・ヴァレー
www.stronanscider.com.au

メトード・トラディショネル・ペアサイダー
[Méthode Traditionelle Pear Cider]
（ABV7パーセント）

2012年オーストラリア・サイダー・アワード金賞受賞。「メトード・トラディショネル」で作り、軽い甘味とスパイシーなフローラルのノート、かすかにファンキー。

セブン・オークス・サイダー
[SEVEN OAKS CIDER]
ビクトリア州モーニントン半島
（ホームページ未開設）

セブン・オークス・スイート・シャンパン・ファームハウス・サイダー
[Seven Oaks Sweet Champagne Farmhouse Cider]
（ABV12パーセント）

瓶内二次発酵で伝統的シードル用品種を使用。たっぷりとした熟れたリンゴの皮の味わい、豊かな甘味。円熟し丸みのある味わいがすばらしい。

セブン・シェッズ
[SEVEN SHEDS]
タスマニア島レイルトン
www.sevensheds.com

スパークリング・ドライサイダー
[Sparkling Dry Cider]
（ABV8.1パーセント）

ヤーリントン・ミル、バルマーズ・ノーマン、キングストン・ブラックなど伝統的シードル用品種を使用した、薄い色で濁りのある、非常にドライなスパークリング・シードル。ぴりっとしたエッジの効いた苦味が食事によく合う。

スモール・エーカーズ・サイダー
[SMALL ACRES CYDER]
ニューサウスウェールズ州オレンジ
www.smallacrescyder.com.au

スパークリング・ペリー
[Sparkling Perry]
（ABV7.5パーセント）

瓶内発酵で、梨の香りにレザーのニュアンス。驚くほど酸味が強く、その後甘味が出てきて、さらにクリーンでキレのある、ミディアム・ドライのあと味。

ポモナ・アイス
[Pomona Ice]
（ABV8.5パーセント）

豊かな甘味種リンゴの風味と香り。かんきつ系のさわやかな味わいと、クリーンでキレのあるあと味。ケベックのアイスシードルほど重くなく、ケベックより暖かなこの地域ではアペリティフとして最適。

サマセット・スティル
[Somerset Still]
（ABV7パーセント）

名のとおり、イギリスのウェスト・カントリー・スタイルのスクランピーで、土っぽさ、グリーン・アップルの風味を特徴とし、果実感にたっぷりとしたタンニンと酸味が絡まる。キレがありドライなあと味。

推奨シードル

タウンゼンド・ブルワリー
[TOWNSHEND BREWERY]
ニュージーランド、アパー・モウテレ
www.townshendbrewery.co.nz

シットビー・サイダー
[Sitbee Cider]（ABV5.8パーセント）

イギリス・スタイルのシードルで、自然発酵。薄い金色。ドライでおだやかな発泡性。

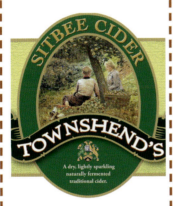

ツー・メートル・トール・カンパニー
[THE TWO METRE TALL COMPANY]
タスマニア島ヘイズ
www.2mt.com.au

ポワレ
[Poire]（ABV7パーセント）

ぎゅっと濃縮されたファームハウス・スタイルの濁ったペリー。ぴりっとした梨の風味がある。濃厚だが、梨のジューシー感をもつドライなあと味。

ウィリー・スミスス
[WILLIE SMITHS]
タスマニア島フオン・ヴァレー
www.williesmiths.com.au

オーガニック・アップルサイダー
[Organic Apple Cider]
（ABV5.4パーセント）

完全有機栽培リンゴ使用の、フランス・スタイルのシードル。深いオレンジ色。ジューシーなかんきつ系の香りに、木と土のニュアンス。驚くほどフルーティになり、ボディは重すぎない。クリーンでキレのあるあと味。

ゼファー・ブルーイングCO
[ZEFFER BREWING CO]
ニュージーランド、マタカナ
www.zeffer.co.nz

スラック・マ・ガードル
[Slack Ma Girdle]（ABV7パーセント）

リンゴ、ハチミツ、トロピカル・フルーツの甘い香り。フルボディで、酸味種リンゴの風味。かんきつ系とスパイスのニュアンスをもちドライなあと味。

REST OF WORLD
世界のその他の地域

世界のその他の地域

大西洋北東部発展の当初から、イギリス、フランス、スペインという3大シードル生産国が植民地獲得の野望を抱いたために、シードルは新世界へと広がっていった。

現在もこの3国を中心にシードルは世界中に広まっているが、まだ紹介していない国の大半では、市場は小さく、これまでに各国ページで紹介した主流ブランドが支配している。

ここで取り上げる国々には、現時点では、数年内には大規模なシードル市場に成長するかもしれないとしか言えないところもあれば、魅力的な、独自の新しい伝統を生みはじめている国もある。

それほど詳細な解説はできておらず、一部は、掲載する価値はあってもすばらしいシードルの基準には達していないものもある。また、本書の発行までに把握するのが間に合わなかったものもあるので、つぎの版には掲載したい。

南アフリカ

シードルの世界はパラドックスと驚きと誤解に満ちているが、南アフリカはこの典型例だ。

イギリスに次ぐ世界第2位のシードル市場をもつのに、「シードル」が、とくに明確な定義をもつ存在でさえない。世界有数のリンゴ栽培国なのに、シードル専用品種はまったく栽培されていない。さらに、1980年代以降シードルは市販のものしかないが、どちらもディステル社が所有するハンターズとサバンナというふたつの主要ブランドが、南アフリカで飲まれているシードルのほぼ9割を生産し、またそれぞれは、イギリスのバルマーズに次ぎ世界第2位、3位のブランドなのである。そんななか、（当然のなりゆきではあるが）興味をひくクラフトシードルの生産者も登場しつつあるようだ。

業界の専門家はフレーバーアルコール飲料（FAB）、一般人はアルコポップと呼ぶ飲料は、南アフリカで大量に販売されている。シードルもそのひとつに分類されるからでもあるが、ハンターズとサバンナが南アフリカのアルコポップ市場で第2位と4位を占める。つまり、生産者は好きな（常識の範囲内で）原料で作り、合法的にそれをシードルと呼べるのだ。シードル単独の定義にかんする規制がないからだ。

こうしたやり放題の環境ではあるが、ハンターズとサバンナは他国の大量消費市場向けブランドにそれほど劣るわけではない。どちらも誇らしげに「本物のシードル」とうたっている。シードルとして押し通そうとするあちこちの安い飲料が麦芽使用なのに対し、（一部濃縮果汁を使用してはいるが）リンゴを発酵させて作っているからだ。こうしたシードルは少々風船ガムと人工的な味はしても、ドライでキレがある。甘すぎることもありはするが。さらにこのふたつは、この国のほかの飲料よりはるかに健全な成長過程にあるシードル市場を主導する。ハンターズは1988年、サバンナは1996年の発売で、どちらも一気に人気を得たことはまちがいない。

どちらも、使用するリンゴはウエスタン・ケープ州エルギン・ヴァレー産のものだ。ここは世界的に「リンゴ産地」として知られ、有名な（見方によっては悪名高い）ソフトドリンク、アップルタイザーの故郷でもある。ゆるやかな起伏の緑の丘陵地には、果樹園、ワイン用ブドウ畑、オリーブの木々が多数あり、南アフリカ産リンゴの60パーセントを産出する。

この国で育ちつつあるクラフトシードルの生産者には、傷リンゴは出荷できないため、風で落ちた実の利用手段としてシードルに目を向けたリンゴ栽培者がいる。また、付近にリンゴが豊富なことから、必然のなりゆきでシードル作りをはじめたワイン生産者もいる。これといった甘苦味種のシードル用リンゴがないため、ゴールデン・デリシャスとグラニー・スミスなど生食用と調理用

南アフリカ

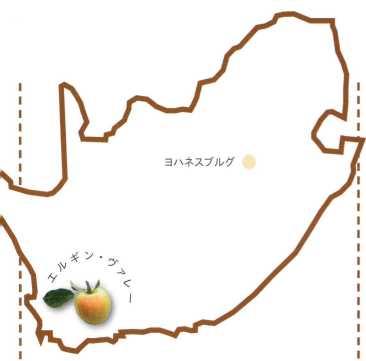

リンゴで甘味と酸味の調和を図り、ブレバーンやロークウッドなどの甘味種リンゴで必要なだけのタンニンを補っている。発酵と生産のテクニックはワイナリーに大きな影響を受けている。天然酵母を除去してワイン酵母をくわえ、ステンレススチールのタンクを使って清潔な状況で発酵させて、一部では試験的に木樽が使用されている。

ウィリアム・エバーソンは2009年にシードル作りをはじめた。巨大なステンレススチールのタンクの底に樫の板(オーク・ステイーブ)を敷いて発酵させ、板と澱の上で熟成させ、やわらかさを出してから炭酸ガスをくわえ瓶詰めする。エバーソンのシードルはケープタウンの高級バーやレストランの一部で出されている。

「イギリス、アイルランド、フランス、アメリカからたくさんの方が来て、ヨーロッパの本物のシードルにごくちかい味だと言われるんですよ」とエバーソンは胸をはる。

では、エバーソンは南アフリカのシードルを楽観視しているのだろうか。「まだごく小規模ですし、南アフリカでは初の『本物の』シードルを消費者に飲んでもらうのは大変です。クラフトシードルの協会を設立したいのですが、まだホームページ開設準備の段階です。でもビールが手本になります。1年前は、南アフリカのクラフトまたはマイクロ・ブルワーは5軒でしたが、今は25軒ですから！」

南アフリカではリンゴ原料の飲料がよく飲まれるため、シードルがビールに続くのも、時間の問題だ。

右上:ウエスタン・ケープ州エルギン・ヴァレーの絶景。
南アフリカの果樹園の故郷だ。
右下:フィリエスドープにあるポプラ・グローヴ・ファームの収穫期のひとコマ。

南アフリカ──推奨シードル

アッシュ・クリーク・ファームズ
[ASH CREEK FARMS]
東フリー・ステート州マルティ
www.ashcreekfarms.com
www.redstonecider.co.za

レッド・ストーン・サイダー
[Red Stone Cider]
(ABV4.5パーセント)

ナタリー・メイヤーは、自家農園のリンゴを残さず活用するため、シードル作りをインターネットで学んだ。試行錯誤の末、ほどよいさっぱりとした酸味をもつ、ライトでさわやかなシードルが誕生し、進化を続けている。

テッラ・マードレ
[TERRA MADRE]
ウェスタン・ケープ州エルギン
(ホームページ未開設)

テッラ・マードレ・ポム・クラシック
[Terra Madre Pommes Classique]
(ABV8.7パーセント)

瓶内二次発酵のノルマンディ・スタイルのシードルで、シャンパンに対抗するものとして、2011年の発売後すぐに評判を呼んだ。ビッグなリンゴの香りとファンキーなニュアンス、しっかりとしたボディ。ドライな余韻が長く続く。

ドリフト・ファーム
[THE DRIFT FARM]
〒7270 ウェスタン・ケープ州ネピア、私書箱55号、ドリフト・ファーム気付
www.thedrift.co.za

ジェームズ・ミッチェル・ゴーン・フィッシング・サイダー
[James Mitchell Gone Fishing Cider]
(ABV5.8パーセント)

この家族所有の農場は在来品種の野菜のほうが有名だが、シードル生産者マーク・スタンフォードは、自身の曽祖父が作ったシードルを思わせるようなものを作りたいと願い、シードルの名は曽祖父からとった。イギリス・スタイルで、甘くピリっとして、木とリンゴの皮の風味をもつ。キレがありさわやかなあと味。

ウィリアム・エバーソン・ワインズ
[WILLIAM EVERSON WINES]
ウェスタン・ケープ州フラボウ7100、クリップコップ
www.eversonscider.com

エバーソンズ・サイダー
[Everson's Cider]
(ABV8パーセント)

「ガレージ」・ワインの生産者ウィリアムは、2009年にシードルの試作をはじめた。5種の調理用およびデザート用リンゴのブレンドを、ウッド・スティーブを敷いて発酵させ、ライトだがしっかりした骨格のシードルを生んだ。適度なリンゴの香りにいくらか木の香りももつ。やわらかな酸味があり、ドライな余韻が長く続く。

ウィンダミア・ファーム
[WINDERMERE FARM]
ウェスタン・ケープ州フラボウ
www.windermerecider.co.za

ウィンダミア・サイダー
[Windermere Cider]
(ABV7.5パーセント)

ヨーロッパのビタースイートなリンゴをいくつか輸入、接ぎ木し、ウィンダミアは1990年代半ばにシードルの販売をはじめた。だが南アフリカはこのスタイルのシードルを「受け入れる段階にない」と判断、2012年にドイツの「アプフェルヴァイン」・スタイルのシードルの販売を再開した。ライトでフルーティ。フレッシュで青っぽい香りをもつ。

世界のその他の地域——推奨シードル

中国

中国は世界最大のリンゴ輸出国で、その多くは濃縮果汁であり、欧米の大規模ブランドが使用する。経済の急成長にともない、必然的に、シードル市場も年をおって成長している。シードルはビジネスの会食、結婚式や披露宴で飲まれ、健康と消化によい点が評価されている。

チャンユー（張裕）・パイオニア・ワインCo（www.changyu.com.cn）のチャンユー・スパークリング・シードルは、国内市場の5割以上を占めている。

インド

インド経済の成長とともに、人々は新しく興味をひく製品を求め、欧米諸国の市場に目を向けている。2007年、シードル会社のグリーン・ヴァレーがインド初のシードル、**テンペスト**（www.tempestcider.com）を売り出した。寒冷な気候のシムラ・ヒルズで生産されている。シードルは健康によいと言われるために売れ行きがよく、グリーン・ヴァレーは「身体によい」をうたい文句に、腎結石やリューマチに効能があるとしている。

日本

シードルを生産していると言うと驚かれる国のひとつかもしれないし、たしかに歴史は浅く、生産量もわずかだ。だが高品質のシードルは、これまで味わったなかでも非常に魅力があり、おいしい。日本酒のようなニュアンスを感じることもしばしば。この国ではアップルワインととらえられていることも多い。

まし野ワイナリー
（信州まし野ワイン株式会社）
[MASHINO WINERY]
長野県松川町増野
www.mashinowine.com

紅玉ワイン
[Apple Wine]（ABV10パーセント）

非常に薄い色で透明。日本酒のクリーンなシャープさと蒸留酒のタッチをもつ。ひと口めは、なにが原料かとまどう。ふた口めには、すっかり魅了されている。非常にすばらしいシードル。

サンクゼール
[ST.COUSAIR]
長野県飯綱町
www.stcousair.com

シードル
[Cidre]（ABV6パーセント）

瓶内二次発酵で色はごく薄く、軽いペリーのよう。かすかにテキーラのような香り。キレがあり舌にぴりっとくるリンゴの風味に、シェリーとアスパラガスのニュアンス。かすかなチーズのタッチ。最後に、ビッグなテキーラとシェリーのようなアルコール感がはじけ、埃やカビっぽい風味があとに続く。言葉にするよりはるかにおいしいシードル。

ロシア

かつてはロシアでもシードルは人気があったが、ソビエト連邦時代に消滅した。現在は、ロシアでクラフトビールの人気が高まるなか、ごく一部の人々がロシア産シードルの復活を熱望し、とくにモスクワで人気を得ている。

ヤブロチヌイ・スパス
[YABLOCHNY SPAS]
モスクワ
www.en.yablochny-spas.ru

アップルサイダー・サンクト・アントン・セミスイート
[Apple Cider St. Anton Semi-Sweet]（ABV5パーセント）

本物のシードルの伝統を復活させようという決意のもとの試み。さわやかで甘い。強い酸味とややファームハウス・シードルのようなニュアンスをもつ。

CIDER AND FOOD
シードルと料理

シードルと料理の合わせ方の原則

グルメの世界で、料理に合うのはワインだけという意見は、短絡的な言慣わしの最たる例だ。こう考える人は、実際に風味の相性を考慮するのではなく、ただ慣習に従っているだけで、そうした人の多さには驚いてしまう。

別にワインにケンカを売っているわけではない。ただ、ワインだけではない、と言っているのだ。正直なソムリエやワイン評論家なら同意見だろう。ワインやビールにくらべ、シードルと料理の合わせ方について書いたものはあまりに少ないが、シードルは、生産地として歴史をもつ地域ではすべて、これまでずっと調理に使われ、食事の友でありつづけている。その取り入れ方の基本原則は他の酒と同じで、少々の常識と既成概念にとらわれない思考さえあれば、すばらしいフレーバーの組み合わせはいくつか考えつく。

シードルの原料はリンゴだ。だからリンゴとよく合うものなら、シードルにも合う。たとえばリンゴと豚肉の相性がよいように、シードルと豚肉ならまちがいはない。サマセットのポーク・ソーセージの原料に混ぜたり、スペインのチョリソの料理酒、ニューイングランドのバーベキューで食べるぱりっとした豚バラ肉の友にもいい。豚肉とシードルの相性は完璧だ。

チーズの皿にリンゴのスライスを添える例もある。モンゴメリー・チェダー・チーズ用の牛は、シードル用果樹園のとなりの野原で草を食む。「テロワール」が同じなら相性もいいはずで、シードルと合わせてみるとすばらしい。コーンウォールのシードルと、その沿岸で獲れた新鮮なサバにも同じことが言える。

スパイシーなカレーにたす甘いチャツネの代わりにもなる。フルボディの甘いシードルは、辛さをやわらげる働きをする(タンニンがぶつかって、不快な金属の味を生むことがあるので気をつけよう)。

調理時は、なにかをゆでたり蒸したり、蒸し煮やお湯に落としたりするとき、もとの風味を奪わずに風味を増すため、水ではなくシードルを使うし、マリネやドレッシングには酢や果汁の代わりに使う。シードルは、肉を使ったキャセロール料理からサラダの軽いドレッシングまで、料理のベースにぴったりだ。

食材とシードルを合わせるときも、ほかの酒と同じだ。ボディとテクスチャーを考慮し、まず、ライト、ミディアム、ヘビーなボディに合う食材を選ぶ。それから、甘味、酸味、渋味という基本的構成要素が、食品の風味とうまく作用し合うことを考慮する。スパークリング・ペリーの繊細で花のような性質が補完し高めるのは白身魚や七面鳥で、ノルマンディの甘いスパークリングタイプの「シードル・ドゥー」は、リヴァロのようなやわらかくクリーミーなチーズが、食べやすくさわやかになる。食事どきは、瓶内発酵のシードルやペリーは最高のアペリティフに、ポモーやブランデーは「ディジェスティフ」にぴったりだ。

シードルは、渋味の強い赤ワインやキレのある白ワイン、さわやかなラガーやまろやかでフルボディのエールにくらべると非常に柔軟性がある。またシードルには「成文律」がなく、食事の材料にも友にもなるので、どう使おうと自由だ。さらに、最悪、取り合わせがまったくダメだったとしても、高いシードルでもいいワインよりはずっと安価だ。

食事が、まったく新しい実験の場になっている。

左:ヒックス・フィックス。ブランデー漬けのチェリーとドライ・ペリー。

シードルと料理の相性

市販のライトなシードル
市販の一般的シードルがもつさわやかな発泡性は、揚げ物によく合う。多くの主流ブランドがもつ甘味はカレーなど辛い食べ物にも合い、スパイスをやわらげ、口のなかの熱をとってくれる。

「アップル・ワイン」スタイルのシードル
リースリングなどフレッシュな白ワインが合うものならすべて合う。家禽やとくに豚肉との相性がよく、低いタンニンと強い酸味の組み合わせは、タイやマレーシア料理のようなスパイシーなメニューによく合う。

ファームハウスの「スクランピー」
「テロワール」が作用する例。サマセットのファームハウス・シードルは、地元産のマチュア・チェダー（チーズ）と合わせるために作られている。ミネラル分が多く、タンニンのドライさは塩辛いシーフードにぴったりで、また十分に赤ワインやエールと同様の役割を果たせ、ラム、ポーク、ソーセージからガチョウや家禽まで多様な料理と合う。

スペイン産「シードラ」
強い酸味が脂肪分の多い料理を食べやすくし、スペイン北部では、ハム、チョリソ、リブアイ・ステーキと一緒に出すことが多い。一方そのファンキーさは、刺激の強いウォッシュタイプのチーズとも相性がよい。

フランス・スタイルのキーヴド・シードル
そば粉の「ガレット」やクレープとの組み合わせはブルターニュ地方でよくみられ、相性のよさは折り紙つき。自然の発泡性とライトなファンキーさは、カマンベールやヴィニョットなど濃厚なソフト・タイプのチーズに合わせるのもよい。

アイスシードル
甘味と酸味のバランスがとれた奥深さをもち、匂いとコクが強いチーズでさえしっかりとおいしさを引き出すため、スティルトンなどブルー・チーズと合わせるとすばらしい。またこってりしたフォアグラやパテとも驚くほどの相性。

ペリー
ペリーのもつ繊細さは、合わせるものに負けてしまいやすいという意味でもあるが、白身肉や白身魚、シーフードなど、組み合わせをよく考えると、食欲をかきたてる性質が生かせる。ヤギのチーズともぴったりの相性。

ポモー
すばらしいアペリティフ。深さと豊かさがブルー・チーズやフォアグラと最高の相性。だが、リンゴから樫のようなバニラまで幅広い風味をもち、軽くさわやかなメロンやダークチョコレートのようなデザートにも合う。肉やパイ料理には、カラメルの香りや食欲をそそる風味を補う。

カルヴァドス
デザートのパートナーに最適。ご承知かもしれないが、アップルパイやタルトタタンとは至高の組み合わせ。深く、熟成したフルーツの風味は、オレンジやマーマレードにもよく合い、ダークチョコレートにもぴったり。

シードルと料理

ソムリエの意見

フランスのシードル生産者エリック・ボルドレが、すばらしいシードル作りに情熱をそそいでいる点はまちがいない。彼のペリーを初めて口にしたとき、ペリーがぴったりの料理を求めている気がして、私は、ミシュランの星付きレストランのソムリエだったエリックに、彼ならなにを合わせるか聞いてみた。エリックはこう吠えた。「内緒だ！ ソムリエの技の会得には何年もかかるんだから、経験が必要だよ！」

上：元ソムリエが作るスタイリッシュなシードル。
次ページ：ワインにできることならすべてシードルにもできる。そしてそれ以上のことも。

言いたいことはわかるが、料理とシードルの相性探究は楽しすぎて仕事とは言えず、ヒントがなければ一生続けてしまいそうだ。幸い、イギリス人の食品および酒類のライターであるフィオナ・ベケットが、すばらしいウェブサイト（www.matchingfoodandwine.com）であらゆる種類の酒を取り上げており、かなり率直だ。さらに、ノルマンディ、カンブルメールのシャトー・レ・ブリュイエールのソムリエ、マシュー・シェブリエの意見も参考になる。

完璧な組み合わせにするさいに、全世界共通とまでは言えないが、まちがいないと思われるふたつの原則がある。ひとつはコンテクスト。「テロワール」と言ってもよい。同じ地域で共存しているものなら、それは合う。「そこがワインやビール、シードルの生産地なら、地元産のものは合うでしょう」とフィオナは言う。

「ワインと同様、すぐれたシードルはその土壌によります。だから生産地ごとにシードルは異なるのです」とマシュー。この点について解説するとき、マシューもフィオナもそれぞれに、カマンベール・チーズと、ノルマンディのペイ・ドージュAOCのシードルが完璧な組み合わせだと熱を込めて言う。

ふたつめの原則は材料だ。「料理にリンゴやシードルを使っているなら、考えるまでもなくシードルを選びます。シードルを使ったチキン・パイなら、飲むのはもちろんシードル。コッコーヴァン（雄鶏の赤ワイン煮込み）に赤ワインを合わせるのと同じです」とフィオナ。

シードルには、アルコール度が低く発泡性のものが多いという利点があり、これが口をさわやかにしてくれる。大半のシードルは白ワインにはない甘味が残っており（そのために幅広い料理に合わせやすい）、ビールにはない酸味をもつ。「シードルはチキンやポークなど白身肉に、とくに軽いソースやクリーミーなソースを使ったもの、魚や甲殻類、チーズによく合うと思います。意外ですが、まろやかなカレーやインドのストリート・フードにもいいですよ」とフィオナは解説する。

だが、ルールや原則をたくさん覚えたとしても、シードルには驚きの連続だ。フィオナも同じだ。「ふつう、フィッシュ・アンド・チップスにはペールエールやスパークリング・ワインを合わせるんですが、昨年、ライトでミディアム・ドライのシードルにしてみたら、これが絶妙だったんですよ」

ならば、なぜシードルは選択肢にないのか。フィオナは言う。「シードルは評価対象ではないんです。シードル・リストをおいているレストランがどれだけあります？ ないも同然ですよね。でも、状況は変わるでしょう」。フランクフルトでは、すでにアンドレアス・シュナイダーがミシュランの星付きレストランのシェフに熱心に働きかけ、自身のシードルを店においてもらっている。サマセットとノルマンディでは、シードル用メニューが用意されている。ゴールは遠いが、シードルは安価なので自宅でも試せる。友人とディナーを囲みシードルを数本開けて、さまざまな料理との相性を試してみるのも、人生の大きな喜びのひとつだ。

"産地で飲めば、
いつもハズレはない"

シードル漬けサーディン
[4人前]

「マリネ用」
- シードル・ヴィネガー：300ミリリットル
- ぬるめのお湯：300ミリリットル
- 砂糖：80グラム
- シーソルト：小さじ2
- グリーン・ペッパー・コーン：生、25-30個
- フェンネルシード：小さじ1
- ジュニパーベリー：4個
- ベイリーフ：2枚

- エシャロット、皮をむいて輪切りにしたもの：6個
- ニンジン、薄切り：中3本
- イワシのフィレ（下処理をしておく）：16匹
- シーアスパラガスなど海辺の植物、固い茎部分は取り除いてきれいにする：40-50グラム

1
エシャロットとニンジンをマリネ液に加える。さらにイワシを入れひと混ぜしたら、酢に耐性のある容器（プラスチック、ガラス、またはステンレス製）にフィレを並べ、マリネ液をそそぐ。ふたをして冷蔵後で4、5日寝かせてマリネし、供する。

2
シーアスパラガスは熱湯に10秒ぐらせ、湯を切る。イワシのフィレをマリネ液から取り出し、キッチン・ペーパーで水気をとる。イワシは皮めを外してふたつ折りにするか、皮を上にして開いて皿に並べ、エシャロット、ニンジン、グリーンペッパーコーンをもりつける。好みでなたね油を少々かける。

"シードルはワインよりも
ずっとおいしいソースに
なります"

新鮮なイワシのおいしさが
シードル・ヴィネガーの
マリネで生かされる。

シェフの意見

イギリス人のマーク・ヒックスは、イギリスの季節の食材を中心とした独自メニューで有名なレストランのオーナー兼シェフだ。シードルとその仲間は、ヒックスの料理と切り離せない。前菜からデザートまですべてにシードルを利用する手腕を見せてもらい、私たちはとてもラッキーだった。あまりに楽しく、私たちは彼に、シードルと食品にかんする考えを本書に寄せてくれないかと頼んだ。以下がヒックスの意見だ。

「何年も前には、リンゴ酒が大好きなのんべえたちに、多くの店が地元のファームハウス・サイダーをやみで売っていました。もちろん、そのころよりずっと人気になっているし、パブでは、リアルエールと同じくらいドラフトサイダーをおいてます。もちろんボトルも。ドーセット州ブリッドポートでは、ブル・ホテルのステーブルというバーにはシードルしかおいてません。生産者にもファンにも心強いことです」

「しかし、シードルは、調理にも食事に合わせるにも完璧だという点を、多くの愛飲家やグルメは理解していません。シードルのほうがワインよりも合う料理は多い。肉料理だけでなく、魚ともとても相性がいいのです。上質でクリーンなシードルがもつ繊細さが作用し、極上の味わいが生まれることもあります」

「気づくのに何年もかかりましたが、じっくり煮込んだウサギやチキンや子牛の肉には、ワインよりもずっとおいしいソースになるし、ボトルも手ごろなサイズがあります。調理の最後にシードルをひとふりすると、そのひと皿に命が吹き込まれます」

「長年オニオンとシードルのクリーミーなスープを作ってますが、寒い冬には食欲をそそるしおいしいし、心底温まる。ザルガイやムラサキガイをドライ・シードルで蒸すと、〈ムール・マリニエール（ムール貝の白ワイン蒸し）〉なんかめじゃないおいしさです」

「シードルとシードルブランデーを料理に使いすぎだと批判されることもありますが、ジュリアン・テンパレイのような見上げた友人がいると、調理やメニューに使わないわけにはいきません。彼はバローヒル・ファームで作るサマセット産リンゴをめいっぱい利用してますからね」

「店に着いたら、まずはヒックス・フィックス。このカクテルに使っているのは、リンゴの〈オー・ド・ヴィー〉に漬け込んだモレロ・チェリー。それからバローヒル・シードルでゆでたガンギエイのヒレ、そしてキングストン・ブラックとキイチゴのゼリーで仕上げ。わが偉大なるイギリスのシードル生産者を応援するのは、おやすい御用ですよ」

右：調理の魔術師マーク・ヒックスは、いつも楽しげだ。
メニュー全体に目を配り、どの料理にもシードルを使っている。

ポーク・テンダーロイン・フランベ、リンゴ添え
[4人前]

豚肉とリンゴは昔から完璧な相性の組み合わせで、よく使われている。
少量のシードル・ブランデーをくわえて調理すれば、ぐっとおいしさが増す。

- 豚フィレ肉（8枚に切って叩き伸ばす）：550-600グラム
- 塩：少々
- 挽きたてのブラックペッパー：少々
- 植物油またはコーン油（ソテー用）：大さじ1
- バター：60グラム
- リンゴ、芯をとり8等分：2個
- ダブル・クリーム（または生クリーム）：100ミリリットル
- シードルブランデー：大さじ4

1
豚フィレ肉に塩コショウし、厚手のフライパンに植物油をしき熱する。ポークを両面3～4分、少しピンク色が残るくらいまで中火で熱する。この間に、別のフライパンにバターの半量とリンゴを入れ、リンドの両面に同じくらい焼き色がつくまで中火で4、5分、返しながらソテーする。

2
豚フィレ肉を取り出し、そのフライパンにクリームを入れて、半量になるまで煮詰める。さらに取り分けておいた半量のバターをくわえ味を調える。リンゴをソテーしているフライパンに豚フィレ肉を入れ、シードルブランデーをそそぐ。マッチを使うか、ガスレンジを使用している場合はフライパンをガスの火に傾け、よく気をつけてフランベする。

3
温めておいた皿にポークをリンゴともりつけ、上からクリームをかける。

ベネズエラン・ブラックとシードルブランデーのトリュフ
[約20個分]

イギリス、それもウェスト・カントリーのチョコレート生産者を取り上げるとはうれしいかぎりだ。ウィリー・ハーコート・クーズのチョコレート、ベネズエラン・ブラックは、映画を見ながらつまむようなチョコではない。カカオ分100パーセントで、調理用だ。ウィリーは選りすぐったベネズエラ産カカオ豆を使用し、昔ながらの機械を使って、デヴォン州アフカルムで加工している。ジュリアン・テンパレイが旧式の銅製ポット・スチルでシードルブランデーを作る姿勢と似ている。このウェスト・カントリーの職人技が生んだふたつの逸品を、チョコレート・トリュフにしてみた。

- ダブル・クリーム（または生クリーム）：400ミリリットル
- ベネズエラン・ブラック（ダークチョコレート）、砕く：80グラム
- 高品質のダークチョコレート、細かく刻む：700グラム（コーティング用に300グラム取り分ける）
- 無塩ソフト・バター：200グラム
- サマセット・シードルブランデー：100ミリリットル
- 高品質のココア・パウダー：60グラム

1
クリームを温めて火からおろし、ベネズエラン・ブラックとダークチョコ400グラムに少しずつくわえ、溶けてなめらかになるまで泡だて器で混ぜる。さらにバターとシードルブランデーを入れてよくかき混ぜる。これをボールにうつし、スプーンで丸められるくらいまで(1-1時間半ほど)冷蔵庫で冷やす。

2
トレーにラップをしき、冷蔵庫で冷やした1をスプーンですくって、手早く小さな球形に丸め、しっかり固まるまで冷蔵庫で冷やす。残りのダークチョコをボールに入れて湯煎にし、ときどき混ぜながら溶かす。ボールをお湯から出し、さます。

3
ココア・パウダーをトレーにしき、もうひとつ、トリュフの仕上げ用にトレーを準備する。丸めたトリュフに細い焼きグシや楊枝を刺し、溶かしたダークチョコにさっとくぐらせる。余分なチョコは落とす。それからココア・パウダーにのせ、トレーをゆすってトリュフにパウダーをまぶす。20個できたら、余分なココアパウダーを手ではらい、新しいトレーにトリュフをおく。

4
キッチンペーパーをしいた容器に入れて冷蔵庫で保存し、食べるときは、その30分ほど前に冷蔵庫から出す。1か月以内に食べきること。

索引

2タウンズ・シードルハウス 198
CIDオリジナル 221
EZオーチャーズ 201
JKスクランピー・ハード・サイダー 198
JRカブエニエス 061

あ

アーマー・サイダー・カンパニー 162
アイスシードル 033, 214-15, 245
アイルランド 158-63
アグアルディエンテ・デ・マンサナ 061
アシュリッジ 145
味わい 030-32
アスポール 122, 145
アッシュ・クリーク・ファームズ 240
アップル・カウンティ・トラディショナル・カントリー・サイダー 163
アップル・デイ 116-17
アップルサイダー 234
アップルサイダー・サンクト・アントン・セミスイート 241
アップルブランデー 205
アップルワイン 008, 033, 241, 245
アドリアン・カミュ 087
アプフェル・エルスター 109
アプフェル＝セッコ 103
アプフェルヴァイン・ピュア 102
アプフェルヴァインコントロール 102
アプフェルヴァルツァー・トロッケン 102
アプフェルモスト・バリーク 109
アプリコット・サイダー 204
アプリコット・ハード・サイダー 203
アメリカ 170-205
アライン・ソヴァージュ 091
アルゼンチン 225-6
アルベマール・サイダーワークス 198
アルペンファイヤー・サイダーワークス 198
アルマー・オーチャーズ 198
アングリー・オーチャード・サイダー・カンパニー 199
アンクルジョンズ・フルーツ・ハウス・ワイナリー 188, 205
アントリノ・ブロンゴ 220
アントワネット・ブリュット 090
アンプルフォース・アビー・オーチャーズ 145
イーグルマウント 200
イヴズ・サイダリー 201
イギリス 112-55
イタリア 164
イングリッシュ・アップル 234
インペリアル・シードル2011・ヴィンテージ 145
ヴァーモント・セミドライ・ハード・サイダー 199
ヴァイトマン＆グロー 105
ヴァイン・アウス・アプフェルン2012トロッケン 102
ヴァリエ、バリーナ・イ・フェルナンデス 063
ヴァル・ドルノンDO（シードラ・ナチュラル） 062
ヴァルヴェラン 063
ヴィウダ・デ・アンジェロン 063
ウィラメッテ・ヴァレー・シードル、2010年ヴィンテージ 201
ウィリアム・エバーソン・ワインズ 240
ウィリー・スミス 235
ウィルキンス・サイダー・ファーム 155
ヴィルトリンゲ・アウフ・レース2011 105
ウィンダミア・シードル 240
ウィンダミア・ファーム 240
ヴィンテージ・ブリュット 145
ウェールズ 140-43
ウェスト・カウンティ・サイダー 205
ウェスト・クロフト・シードル 155
ウェストコット・ベイ 205
ウェストンズ 120, 155
ヴェルジェ・シュッド・シードル 221
ウォーリーズ 155
ウッド、スティーヴ（スティーヴン） 182
ウッドチャック 176
エアルーム・ブレンド 201
エーブル・シードル・ドゥミ・セック 164
エコメラ 164
エスカンシアール 056-7
エデン・アイスサイダー 201
エバーソンズ・サイダー 240
エリック・ボルドレ 021, 078, 086
エル・ガイテロ 052-3
エル・ガイテロ・エクストラ 063
エル・ゴベルナドール 061
オード・ヴィ・ド・ボム 200
オーガニック・アップルサイダー 235
オーストラリア 230-35
オーストリア 107-9
オーチャード・セレクト 204
オーチャード・ピッグ 152
オーリンズ・ハーバル 201
オールド・ヴァージニア・ワインサップ 198
オールド・シン 203
オブストフ・アム・シュタインベルク 104-5
オブストフ・アム・ベルク 104
オリヴァー、トム 138
オリヴァーズ・サイダー・アンド・ペリー 151
オリヴァーズ・ヘレフォードシャー・シードル（ドライ） 151
オリヴァーズ・ヘレフォードシャー・ペリー 151
オリジナル・シン 202

か

カーソンズ・クリスプ 162
カーボネーション（炭酸ガスの圧入） 033
カールトン・サイダーワークス 199
カウンティ・シードル・カンパニー 220
カスタニオン 060
カセリア・サン・フアン・デル・オビスポ 060
カナダ 208-223
カルヴァドス 033, 068, 070, 245
カルヴァドス・ドゥ・ペイ・ドージュ 088
カルヴァドス・ピエール・ユエ 089
カルヴァドス18年 087
カンガルー・アイランド・シードルズ 233
キーヴィング 033, 068, 084, 245
キャッスル・ヒル・サイダー 199
キュヴェ・ラフランス・メトード・シャンプノワーズ 221
キングストン・ブラック 149
キングストン・ブラック・アップル・アペリティフ 146
キングストン・ブラック・リザーブ 203
キンス・シードル 200
グヴィント・イ・ドレイグ 148
グライダー・サイダー 200
クラシック・リザーブ・ウイスキー・エディション 149
グラン・シードラ・アンティジャンカ 227
グラン・シードラ・レアル・エティケタ・ネグラ 226
クリア・クリーク・ディスティラリー 200
クリオ・ド・グラッセ・プレスティージ 220
クリオエクストラクション 214
クリオコンセントレーション 214
クリオマルス2009 220
クリスチャン・ドルーアン 088
クリスプ・アップル 199
グリフィン・ドライ 226
クリフテラー・アプフェル＝クヴィッテンティッシュヴァイン 104

クレア・ド・ルネ 221
クレイジーズ・アイリッシュ・シードル 162
クレマン・ド・グラッセ 221
クロ・サラニャ 220
グロー・ロゼ・ハード・サイダー 198
グワトキン 148
ケルテライ・シュティーア 104
ケルテライ・ネール 103
ケルテライ・ポスマン 096, 103
ケルテライ・ヨアキム・ドーネ 103
ケルネガーデン 164
コーニッシュ・オーチャーズ 146
コーニッシュ・オーチャーズ 146
コールズヒル・ハウス・シードル 147
ゴールデン・ラセット・シングル・ヴァラエタル 205
ゴールド 151
ゴールド・ハンド・ワイナリー 164
ゴールドフィンチ 154
ゴールドメダル・サイダー 148
ゴスペル・グリーン 147
コッツウォルド・シードルCO 147
コッパルベリ 147
コマーシャル・ブランド 034
コルティーナ 060
コルテジーア・シルバー・サイダー 226
ゴルトパルメーネ・デラックス 104
コロニー・コーヴ 233
コロラド・サイダー・カンパニー 200

さ

サイザー 223
サイダー・イグナツフ 165
サイダー・バイ・ロージー 146
サイダーハウス 144
サエンス・ブリオネス 226
ザクセンハウゼン、フランクフルト 098
サセックス・シードル 147
サッチャーズ 120, 154
サピアイン 063
サピカ・シードラ・デ・アストゥリアス 060
サマセット・アルケミー・サイダーブランデー 146
サマセット・スティル 234
サンクゼール 241
サンドフォード・オーチャーズ 154
シー・サイダー・ファーム・アンド・シードルハウス 222
シードラ 245
シードラ・コルテジーア 226
シードラ・デ・ヒエロ・パニサレス 062
シードラ・ナチュラル・カスタニオン 060
シードラ・ナチュラル：コルティーナ 060
シードラ・ブヌカパ 227
シードラ・ブリュット・ナチュレ・エミリオ・マルティネス 061
シードラ20マンサナス 063
シードル・アペリティフ 223
シードル・アルジュレ 086
シードル・アルティザナル・ビオロジック・ル・ブリュン 086
シードル・アルティザナル・ブリュット・ル・ブリュン 086
シードル・エクストラ・ブリュット 087
シードル・キュヴェ・プレスティージ 088
サイダー・ゴールド 234
シードル・デュポン・リゼルバ 088
シードル・ド・グラッセ 033, 214-15
シードル・ド・グラッセ（ドメーヌ・ピナクル） 221
シードル・ド・コルボ・ブリュット 087
シードル・ド・トラディシオンAOCペイ・ドージュ・ドゥミ・セック 091

シードル・ド・フエナン 090
シードル・ド・フュー 223
シードル・ドゥ・ペイ・ドージュ 088
シードル・ブーシュ・ビオ・ブリュット 090
シードル・ブーシュ・ブルトン 091
シードル・フェルミエ・ドゥミ・セック 087
シードル・フェルミエ・ブリュット 088, 089
シードル・ペイ・ドージュ 089
シードル・ル・ブリュン／シードル・ビゴー 086
シードル・ロゼ・ムスー 222
シードル（サンクゼール） 241
シードル2010 091
シードルのスタイル 033
シードルの製法 024-9
シードルのテイスティング 042-3
シードルの歴史 012-16
シードルビール 008
シードルブランデー 033
シードルブランデー（アンプルフォース・アビー・オーチャーズ） 145
シードルリー・ド・メネズ・ブリュグ 090
シードルリー・ドゥ・シャトー・ド・レゼルグ 087
シードルリー・ニコル 089
シードルリー・マノワール・ド・カンキス 089
シードレリア 058
シェーキー・ブリッジ 154
ジェームズ・ミッチェル・ゴーン・フィッシング・シードル 240
シェピーズ 154
ジェリンスキ、ケヴィン 194
シチズン 199
シットビー・サイダー 235
ジトス・ヌエヴァ・エクスプレシオンDO 061
シドレリー・ドゥ・ヴァルカン 165
ジブラルタル・バー 226
シャウエンブルガー・アプフェルシャウムヴァイン・トロッケン 103
ジャック・ラット・ヴィンテージ 150
ジャネット・ジャングル・ジュース（JJJ） 155
ジャルダン・デデン 221
シャンプレン・オーチャーズ 199
シュヴァリエ・ギルド、ヘンリー 122
シュタインネレ・ビルネ 109
シュナイダー、アンドレアス 100
商業的な「ビール・スタイル」のシードル 033, 245
食品とシードル 244-51
ジョニー・アップルシード（ジョン・チャップマン） 174
シリアス・サイダー 202
シリアス・スクランプ 198
シリル・ザンク 091
スイス 165
スウェーデン 165
スクランピー 033, 245
ストーンウェル 204
スノードリフト・シードルCO 204
スパークリング・ドライサイダー 234
スパークリング・ペリー 234
スピリット・ツリー・エステート・サイダリー 223
スピリテッド・アップルワイン 202
スペイン 052-63
スペックビルネ・ビルネンモスト・トロッケン 109
スマッキントッシュ
スモール・エーカーズ・サイダー 234
スラック・マ・ガードル 235
スリーボロ・シードルハウス 203
セッペロウエル 109
ゼファー・ブルーイングCO 235
セブン・オークス・サイダー 234
セブン・オークス・スイート・シャンパン・ファームハウス・シードル 234
セブン・シェッズ 234

索引

セミドライ 203
セライア 063
セレクシオン・コルドン・オル・フィーヌ・ブルターニュ 089
セレスティアル 199
セント・ローナンズ 234

た

タイ・グウィン 154
タイドビュー 223
タイトン・シードル・ワークス 204
タウンゼンド・ブルワリー 235
ダック&ブル 233
ダビネット 154
ダブル・L・ボーンドライ・シードル 162
単一品種 096, 100, 134
ダンカートンズ 147
タンデム・サイダー 204
タンニン 032
チェシャー・ペリー 151
チャーマー 152
チャラパルタ 086
チャンユー(張裕)・パイオニア・ワインCo 241
中国 241
チリ 227
ツインパインズ・オーチャーズ&サイダーハウス 223
ツー・メートル・トール・カンパニー 235
接ぎ木 012, 019, 066, 078, 128, 170, 174, 182, 192, 240
ディー・シュナップシディ 109
ディーター・ヴァルツ 102
ディス・サイド®アップ 091
デヴォン(ゲイマーズ) 147
デジェル 222
テッラ・マードレ 240
テッラ・マードレ・ポム・クラシック 240
デュ・ミノ 221
テロワール 020-21, 073, 114, 192, 218, 244-245
テンパレイ、ジュリアン 130-31
テンペスト 241
デンマーク 164
ドイツ 094-105
ドゥシェ・ド・ロングヴィル 090
ドーセット・サイダー・ドラフト 146
トビーズ・ハンドクラフテッド・シードル 163
ドメーヌ・デュポン 072-3, 088
ドメーヌ・ド・ラ・ガロティエール 088
ドメーヌ・ドゥクロ・フージェレイ 087
ドメーヌ・ピナクル 221
ドメーヌ・ボルダット 086
ドメーヌ・ラクロワ 220
ドメーヌ・ラフランス 221
ドライ・シードル(ボールヘイズ) 145
ドライ(ホーガンズ) 149
トラディショナル・ドライ 205
トラディショナル・ドライ・サイダー 162
トラディショナル・パブ・サイダー 223
トラディショナル・ロケット・サイダー 153
トラディショネル・ブーシュ 090
トラバンコ 062
トリア・ヴァインアップフェル 105
ドリフト・ファーム 240
トロシュス 105
トロシュス・アプフェルヴァイン 105
トロッギ・シードル 154
トロワ・ペピンス 165

な

ナイト・パスチャー 203

ナチュラリー・スパークリング・サマセット・サイダー 152
ナチュラル・セレクション・セオリー 234
ナポレオーネ&COシードル 233
日本 241
ニュー・フォレスト・サイダー 151
ニュージーランド 230-35
ニュータウン・ピピン 202
ヌークス・ヤード 151
ネージュ・レコルト・ディヴェール 222
濃縮果汁 019, 034, 066, 068, 108, 118, 225, 230, 241
ノーマン・サイダー 148
ノルウェー 165

は

ハーコートヴァレー・シードル・ブリュット 233
ハーコートヴァレー・シードル・ボン・ボン 233
ハード・サイダー 008, 172, 174, 184, 188
ハード・サイダー(アンクルジョンズ・フルーツ・ハウス・ワイナリー) 205
パーフェクト・ペア 153
パイレーツ・プランク・「ボーンドライ」・シードル 198
バニサレス 062
バリーク・シードル・オブ・アップルズNo.1 104
ハリーズ 148
ハリーズ・ミディアム・ドライ 148
バリーフック・フライヤー 162
ハルダンゲル・ザフト=オグ・シードルファブリック 165
ハルダンゲルシードル 165
パルマーズ 118-19, 120, 160-61
ハレッツ・リアル・シードル 145
バローヒル・ファーム・アンド・サマセット・サイダーブランデー・カンパニー 146
パンクラツォファー 109
ハンスバウエル 109
ヒーリー・コーニッシュ・シードル 149
ビシェメル・シュパイアリング 104
ヒックス、マーク 248-51
ピップス・シードル 152
ピピン(ウェスト・カウンティ・シードル) 205
ピピンズ(シー・シードル・ファーム・アンド・シードルハウス) 222
ピリャクベラDOシードラ ヌエヴァ・エクスプレシオン 060
ピルトン・シードル 152
ビルネンシャウムヴァイン・アウス・デア・シャンペネル=プラトビルネ・トロッケン 103
ビルネンモスト・ヴィナヴィッツビルネ 109
瓶内発酵のシードル 033, 038, 096, 100, 114, 119, 120, 134, 225, 244
ファーム・シードル 033, 245
ファームハウス・シードル:バローヒル・ファーム・アンド・サマセット・シードルブランデー・カンパニー 146
ファームハウス(ヘックス) 149
ファイヤー・バレル・シードル 202
ファユ・シードル 164
ファユ・シードル・ブリュット 164
フィンリバー 202
フェルム・デ・ランド 088
フォギー・リッジ 202
フォギー・リッジ・ファースト・フルーツ 202
ブスネゴ 060
ブッシュワッカー・サイダー・パブ 196
フュー・サクレ 220
フライアイゼン・アプフェルヴァイン 102
ブラインドフォールド 145
ブラウ・モンガDO 063

ブラエンガウニー 145
ブラン・ド・ポム 087
フランクフルター・アプフェルヴァイン 103
フランス 066-91
ブランチェージ 150
ブランド&フィルス 086
ブリスカ 165
ブリッジファーム 146
ブリッジファーム・サマセット・シードル 146
プリティ・ペニー 204
ブリュット 086
ブレークウェルズ・シードリング 147
ブレス 233
プレミア・クリュ 145
プレミアム・ヴィンテージ 155
プレミアム・ヴィンテージ・サイダー 152
フロリナ・アプフェルモスト 109
ペアシードル 041
ヘイ・ファーム 148
ヘイ・ファーム・サイダー 148
ヘールユンガ 165
ペッカムズ 234
ペトリテギ 062
ヘニーズ 149
ベビーシャム 040
ヘペックス 149
ペリー 033, 038-41, 107, 108, 245
ペリーズ・シードル 152
ペリー用の洋梨 038, 108
ヘリテージ 154
ヘリテージ・セミドライ 223
ヘルミニオ 061
ベンベル・ウィズ・ケアー 102
ヘンリー・ウェストンズ・ヴィンテージ 155
ヘンリー・オブ・ハーコート 233
ホーガンズ 149
ポーターズ・パーフェクション 146
ポーランド 165
ボールドウィン 205
ボールヘイズ 145
ポパティ・レーン・オーチャーズ・アンド・ファーナム・ヒル・サイダー 203
ポマ・アウレア・シードラ・デ・アストゥリアス 062
ポモ 033, 068, 080, 245
ポモ・ド・ノルマンディAOC 089
ポモ・ド・ブルターニュAOC 089
ポモナ・アイス 234
ボルドレ、エリック 021, 078, 086, 246
ポワレ 235
ポワレ・グラニット 086
ポワレ・ドゥミ・セック 086

ま

マークル・リッジ 151
マイスターショッペン 105
マキューン・ドラフト 222
マグナーズ 094, 114-15, 120, 160-61
マシヴァーズ 162
まし野ワイナリー(信州まし野ワイン株式会社) 241
マッカンズ 163
マックス・アーマー・シードル 162
マックス・ドライ・シードル 162
マックリンドルズ・サイダー 150
マノワール・ド・グランドゥエ 089
マルス・X・フェミナム 164
マルバーン・ヒルズ・ペリー 150
ミシェル・ジョダアン 222
ミッチェル、ピーター 037
ミディアム・サイダー(ピップス・サイダー) 152
ミディアム・ドライ・アイリッシュ・クラフトシードル:ストーンウェル 163

ミディアム・ドライ(リックス・ファームハウス) 153
南アフリカ 238-40
ミンチューズ 150
メトード・トラディショネル・アップルシードル 233
メトード・トラディショネル・ペアシードル(セント・ローナンズ) 234
メトード・トラディショネル・ペアシードル(ナポレオーネ&COシードル) 233
メネンデス 062
モスト 094, 107-8, 164
モスト・オブ・アップルズ 104

や

ヤキマ・ヴァレー・ドライ・ホップト・サイダー 204
ヤブロチヌイ・スパス 241
ユニオン・リーブル 223
ヨルグ・ガイガー 103

ら

ラ・シードルリー・ド・コルポ 087
ラ・シドレリ・クリオ 220
ラ・ファス・カシェ・ド・ラ・ポム 218, 222
ラ・ブルーナンテ 222
ラ・メア・ワイン・エステート 150
ライム・ベイ・ワイナリー 150
ラップス・ケルテライ 105
ラムランナー 222
ラルキタラ・デル・オビスポ 060
ランプリニ 041
リックス・ファームハウス 153
料理とシードル 244, 248-51
ル・コルヌアイユAOP 089
ル・ラクロワ・シグナチャー 220
ルウェリンズ 162
ルデュク=ピエディモンテ 222
ルマッソン 090
レ・ヴェルジェ・ド・ラ・コリーヌ 221
レ・セリエ・アソシエ 087
レ・ロイ・ド・ラ・ポム 221
レヴァレンド・ナッツ・ハード・サイダー 203
レコルデールリ 165
レッド・ストーン・シードル 240
レッド・セイルズ 234
ロイタービン 150
ロイック・レゾン 220
ロージーズ・トリプルD 153
ロケット 153
ロシア 241
ロス・オン・ワイ・シードル・アンド・ペリーCO 153
ロス・オン・ワイ(ブルーム・ファーム)・トラディショナル・ファームハウス・ドライ・スティル・シードル 153
ロス・セラノス 061
ロボ 233
ロリジナル 220
ロワイヤル 233
ロングヴィル・ハウス 162
ロングヴィル・ハウス・サイダー 162

わ

ワウブース・プレミアム 220
ワッセイル 132-3
ワンス・アポン・ア・ツリー 151
ワンダー・デザート・ペアワイン 151
ワンダーラスト 205
ワンダリング・アンガス・サイダーワークス 205

関連ブログ

Pete Brown's Blog
http://petebrown.blogspot.com
本書の著者のビール専門のブログだったが、本書執筆以降、世界のシードル業界にかんする評論や意見も掲載している。

IAMCIDER
www.iamcider.blogspot.com
本書のもうひとりの著者は、自身の問題に熱心に取り組んでいる。フォトグラファーのビル・ブラッドショーは、シードル業界の周辺をレンズを通して見つめ、雑多なもののなかから宝物をさがしている。

ドイツ

▶ **Cider-Blog.de**
http://apfelwein-blog.de
フランクフルトを拠点とする作家、コンスタンティン・カルヴェラムの英語によるブログ。ドイツ以外の国々に、ドイツのすばらしいシードルについて知るべきあらゆることを発信。

▶ **Frankfurt. Apfelwein. Kultur.**
http://what-is-apfelwein.tumblr.com
フランクフルトのユニークな「アプフェルヴァイン」文化と、世界各地のシードルについてつづるブログ。

スペイン

▶ **Cider Guerilla**
www.sidraglocal.blogspot.com
スペインのシードル専門家、エドゥアルド・コトが、世界のシードルのスタイルを比較対照する。スペイン語によるブログ。

イギリス

▶ **Cider Pages**
www.ciderpages.blogspot.com
さまざまなシードルをできるかぎり多く求め歩き、飲み、それについて書いたブログ。

The Cider Blog
http://theciderblog.wordpress.com
シードル、パブ、フェスティバルのレビュー。

アメリカ

▶ **Old Time Cider**
www.oldtimecider.com
北アメリカの伝統的クラフトシードルとシードル生産者にかんするデイヴ・ホワイトのブログ。幅広く取り上げ、本質をつき、信頼できる。世界のシードル生産者の地図付き。

United States of Cider
www.unitedstatesofcider.com
ふたりのシードル愛好家のハード・サイダー世界の探訪記。アメリカのクラフトシードルの復活に的をしぼっている。

カナダ

▶ **Cider Monger**
http://cidermonger.com
アレックスという名の人物によるレビューとニュース。生活は、シードルを飲み、食すこととともにある。もりだくさんのブログ。

▶ **The West Cider**
http://thewestcider.com
ブリティッシュコロンビア州とその周辺産シードルへのラブレター。

オーストラリア

▶ **All About Cider**
www.allaboutcider.com
100パーセント純粋なシードルのレビュー。シードルにのめり込み、偏見はくわえずシードルのすべてを称賛する。

関連ウェブサイト

イギリス

▶ **Cider Workshop**
www.ciderworkshop.com
リンゴの栽培、シードル（とペリー）の生産、消費——果樹園からグラスにいたるあらゆる観点から討論するフォーラム。

▶ **Old Scrump's Cider House**
http://www.somersetmade.co.uk
シードルとペリーの熱狂的ファンのための資料集。

▶ **Real Cider**
www.real-cider.co.uk
本物のシードルがもつ特性、製法、その味わい方、購入場所を知る。

▶ **UK Cider**
www.ukcider.co.uk
シードルにかんするウェブサイト。詳細な情報集で、だれでも加筆できる。

▶ **Vigo**
http://www.vigopresses.co.uk
自家製シードルに必要な情報を提供。

▶ **The Wittenham Hill Cider Portal**
www.cider.org.uk
ロング・アシュトン研究所のベテラン科学者でシードル博士、アンドリュー・リーが、知識を世界と共有する場。

アメリカ

▶ **The Cider Digest**
www.talisman.com/cider
www.cider.org.uk/info.htm
約750名が参加するeメールによるフォーラム。コロラド州ハイジーン在住のアマチュアのミードとシードル生産者、ディック・ダンが管理。

▶ **The Cyder Market**
www.cydermarket.com
このウェブサイトにないシードルについて知りたい場合は、リンクを参照。

通販可能なシードル

イギリス

▶ **Beers of Europe**
www.Beersofeurope.co.uk
ビールにかぎらず、またヨーロッパのものにかぎらず販売。イギリスとフランス産シードルの品ぞろえが豊富。

▶ **Bristol Cider Shop**
www.bristolcidershop.co.uk
イギリスの3大シードル産地の中間に位置する店から80キロメートル以内で生産される、膨大な種類のシードルがそろう。

▶ **Lilley's**
www.lilleys.biz
イギリス産シードルの品ぞろえが豊富。

アメリカ

連邦政府による各州間の特別注文にかんする禁止事項により、アメリカ国内のシードル通販にも制限がある。利用は各州の許可内容による。

オーストラリア

▶ **Cider Insider**
www.ciderinsider.com.au
オーストラリアの独立オンライン・リカー・ショップ。シードルの販売と、シードルにかんする話題を取り上げたブログも掲載。

▶ **Dan Murphy's**
www.danmurphys.com.au
膨大な商業用シードルのなかに隠れたすばらしいクラフトシードルを発掘し販売。

関連組織

スペイン

▶シードラ・デ・アストゥリアス [Sidra de Asturias]
www.sidradeasturias.es
シードルに「アストゥリアスのシードラ」という原産地呼称(DO)の使用を認可するために、公的組織である原産地呼称統制委員会を設立。25の醸造所、267の栽培者と587ヘクタールの果樹園と、DOの規制に掲載されたアストゥリアスのリンゴ22品種の栽培農園を監視する。

フランス

▶シードル生産者組合(UNICID)
[Union Nationale Interprofessionnelle Cidricole]
www.info-cidre.com
フランスのシードルとペリー生産者のための事業者団体。

ドイツ

▶アプフェルヴァイン・ヴェルトヴァイト
[Apfelwein Weltweit]
www.apfelweinWeltweit.de
毎年3月にフランクフルトで世界シードル見本市を開催する協会。

オーストリア

▶モスト・ソムリエ [Most Sommelier]
www.mostsommelier.at
オーストリアの「モスト」生産者向け情報を提供。

イギリス

▶キャンペーン・フォー・リアル・エール(CAMRA)
[Campaign for Real Ale]
www.camra.org.uk
イギリスの消費者団体で、イギリスの伝統的ビールとパブを支援する。また「リアル・サイダー」のフェスティバルやイベントも支援。

▶全国サイダー生産者協会
[National Association of Cider Makers]
www.cideruk.com
イギリスの全シードル生産者を代表する全国的事業者団体。

▶イングランド南西部シードル生産者協会
[South West of England Cidermakers Association]
www.sweca.org.uk
この地域のリンゴ栽培者とシードル生産者を支援。

▶スリー・カウンティーズ・サイダー&ペリー協会
[Three Counties Cider & Perry Association]
www.thethreecountiescidarandperryassociation.co.uk
おもにイギリスのスリー・カウンティーズ(ヘレフォードシャー、グロスターシャー、ウスターシャー州)のクラフトシードルとペリー生産者をまとめ、支援し、利益向上をめざす。

▶ウェールズ・ペリー・サイダー組合
[Welsh Perry & Cider Society]
http://www.welshcider.co.uk
ホームページにはウェールズのシードルとペリーの販売促進を行う組織が発信する情報が満載。

アイルランド

▶サイダー・アイルランド [Cider Ireland]
www.ciderireland.com
アイルランド島におけるクラフトサイダー生産者有志の組織であり、アイルランドの本物のシードルがここから生まれている。

アメリカ

▶全米サイダー生産者協会
[United States Association of Cider Makers]
www.unitedstatesofcider.com
2013年に設立。全米のシードル生産者をまとめ、代表する。

▶グレートレイクス・サイダー・ペリー協会
[Great Lakes Cider and Perry Association]
www.greatlakescider.com
リンゴと梨の発酵飲料販売を促進し、消費者と生産者に対するシードルとペリーの知識と情報提供を支援。

▶ノースウエスト・サイダー協会(NWCA)
[Northwest Cider Association]
www.nwcider.com
北西部地域における職人的製法のシードルについて、一般の認知度を高め、業界内の協力体制を作る。

▶ロッキー・マウンテン・サイダー協会
[Rocky Mountain Cider Association]
www.rmcider.org
この地域の高品質シードルへの理解と評価を促進し、生産者と供給者の協力を支援。

▶ヴァーモント州アイスシードル協会
[Vermont Ice Cider Association]
www.vermonticecider.com
ケベックで確立した伝統に従いアイスシードルを生産する、熱心な手作り生産者の組織。

カナダ

▶ケベック州独立サイダー生産者協会(CAQ)
[Association of Independent Cider Producers of Québec]
www.cidreduquebec.com
ケベック州の約50のシードル生産者を代表する事業者団体。

▶オンタリオ州クラフトサイダー協会
[Ontario Craft Cider Association]
www.ontariocraftcider.com
2012年設立。オンタリオ州で急成長するシードル産業の確立を支援。

オーストラリアとニュージーランド

▶サイダー・オーストラリア [Cider Australia]
www.cideraustralia.org.au
シードルとペリー用の果樹栽培および生産者のための全国組織。

▶ニュージーランド・フルーツワイン・サイダー生産者協会
www.nzfruitwines.org.nz
フルーツワイン、ミード、リキュールなど幅広くあつかう業界団体で、シードルも含まれる。

参考文献

本書は世界のシードルをまとめた初の書であるが、それぞれにシードルの側面を解説した以下の出版物を参考にし、また要約している。

シードルの基礎

▶Alwood, William Bradford. A Study of Cider Making in France, Germany and England, with Comparisons on American Work. Washington: US Department of Agriculture. 1903. ▶Bruning, Ted. Golden Fire: The Story of Cider. Bright Pen. 2012. ▶マイケル・ポーラン『欲望の植物誌——人をあやつる4つの植物』西田佐知子訳、八坂書房、2012年 ▶Stafford, Hugh. Treatise on Cyder-making. London: Edward Cave. 1753. Ross-on-Wye: Fineleaf facsimile edition, 2009.

ドイツ

▶Kalveram, Konstantin, and Rühl, Michael. Hessens Apfelweine. Frankfurt: B3 Verlag. 2008. ▶Schick, Ingrid, and Zinzow, Angelika. Apfelwein 2.0. ▶Neustadt an der Weinstraße: Umschau Buchverlag. 2011.

イギリス

▶Bulmer, E. F. Early Days of Cider Making, Hereford: Museum of Cider. 1980. ▶CAMRA (ed). Cider. St Albans: CAMRA Books. 2009. ▶CAMRA (ed). Good Cider Guide. St Albans: CAMRA Books. 2005. ▶Clifford, Sue, and King, Angela. The Apple Source Book. London: Hodder & Stoughton. 2007. ▶Crowden, James. Ciderland. Edinburgh: Birlinn. 2008. ▶Foot, Mark. Cider's Story Rough and Smooth. Mark Foot. 1999. ▶French, R. K. The History and Virtues of Cyder. London: Robert Hale Ltd. 1982. ▶Legg, Philippa, and Binding, Hilary. Somerset Cider: the Complete Story. Somerset Books. 1986. ▶Mac, Fiona. Ciderlore: Cider in the Three Counties. Little Logaston, Herefordshire: Logaston Press. 2003. ▶Russell, James. The Naked Guide to Cider. Bristol: Naked Guides. 2010. ▶Wilkinson, L. P. Bulmers of Hereford. Newton Abott, Devon: David & Charles. 1987.

アメリカ

▶Means, Howard. Johnny Appleseed: The Man, The Myth, The American Story. New York: Simon & Schuster. 2011. ▶Proulx, Annie, and Nichols, Lew. Cider: Making, Using & Enjoying Sweet & Hard Cider. North Adams, MA: Storey Books, 1997. ▶Watson, Ben. Cider, Hard and Sweet. Woodstock, Vermont: Countryman Press. 2009.

カナダ

▶Leroux, Guillaume, and Perron, Alexis. Cidres du Québec. Montréal: Modus Vivendi. 2009.

著者による謝辞

シードル業界は矛盾も抱え、あつかいが難しい世界だ。私たちは各地で多くの人に会ったが、本書の目的に敵意にちかいものをもつ人、まったく無関心な人もいた。だが、10人を超す方々が私たちを支援してくださり、ふつうならば思いもよらないところまで力を貸していただいたこともしばしばだった。時間を割き、手助けし、知識と忍耐とそしてシードルを提供してくださったシードル界のすべての方々に感謝する。誤りがあれば、それはすべて私たちに帰するものである。

テイスティングのためにシードルの見本を送ってくださった方々、写真を撮影してくださった方々にも感謝を。シードルをただ飲みするための詐欺ではないかという疑念が晴れていることを願うばかりだ。

本書のイギリス刊行を支援してくれたルイス・タッカー、ロビン・ロウト、ヒラリー・ラムズデン、アレクサンドラ・ラッペ・トンプソンに、そしてそれを信じてくれたジョー・コプスティックに感謝する。

次の方々にも大きな感謝をささげる。

スペイン
エドゥアルド・コトは、歴史からテイスティング・ノートにいたるまで、スペインのシードルを知るために必要なことすべてを教えてくれた。ルシア・フェルナンデス・マルケスにも感謝を。

フランス
ギヨーム・ドルーアン、クリスチャン・ドルーアン、ジェローム・デュポンに感謝をささげる。

ドイツ
コンスタンティン・カルヴェラムの多大で寛容な支援がなければ、ドイツの章は存在しえなかった。アンドレアス・シュナイダー、コーディ・バックレーにも心から感謝する。母国とその伝統の枠を越えて情熱と知識を披露してくれたエドゥアルド・コトにも謝意を表する。

オーストリア
ミヒャエル・オベライグナーに感謝をささげる。彼がいなければ、情報の多くを得られなかった。

イギリス
トム・オリヴァー、ジュリアン・テンプレイ、ヘンリー・シュヴァリエ・ギルド、ゲイブ・クックに謝意を表する。さまざまな場で力を貸し、ヒントを与えてもらった。

アイルランド
シードル・アイルランドの皆様、とくにマーク・ジェンキンソンに感謝。

アメリカ
マイク・ベック、スティーヴ・ウッド、シャロン・キャンベル、デイヴ・ホワイト、ジェニー・ドーシーの情熱と信念がなければ、アメリカのシードルについて書くことはできなかった。大きな力となり、私たちを支援してくださる多くの方々を推挙していただいた。

カナダ
グラント・ハウ、ジョン・ブレット、スティーヴン・ボーモント、チャールズ・クロフォード、ロバート・マキューン、そして、キャサリン・セント・ジョージとステファン・ロシュフォールに感謝。皆様の力添えがなければ、カナダのシードルにかんするすばらしい情報は得られなかった。

オーストラリア
マックス・アレン、ジェームズ・アダムズ、ブライアン・プライス、そしてコーディ・バックレーにも感謝を。

アルゼンチン
ジュリアナ・マッザロに感謝。

世界のその他の地域
矢澤愛子、ジェイコブ・ダンガードに感謝。

シードルと料理
マーク・ヒックスは、シードルを調理に使いディナー・テーブルに出す手段を飽くことなく追求しているのにくわえ、時間を割き、私たちにシードルを使った料理と、親切にもそのレシピまで提供いただいた。フィオナ・ベケットは食品と酒の相性にかんする非凡な研究家だ。心から感謝申し上げる。

> **追加**
>
> ビルはシードルにまつわる冒険を続けるために、家族の時間を犠牲にした。リサ（シードル・ウィドウ〈未亡人〉）とその他の家族に、感謝をささげる。
>
> ピートは、尽きることのない忍耐と理解に対し、リズ・ヴァーターに感謝をささげる。

写真クレジット

本書掲載のため、世界中の多くのシードル生産者の方々から、自作のシードル、シードルのラベル、生産施設の写真を快く提供いただいたことに感謝申し上げる。

p.13、左上：バルマーズ、右上、左下および右下：シェピーズ、p.14-15、見開き：バルマーズ、p.16、上：ウェストンズ、下：ゲイマーズ、p.17、上：ウェストンズ、下：バルマーズ、p.36：スリー・カウンティーズ農業組合、p.82：ストックフォリオ®／Alamy、p.107：www.weinfranz.at、p.108、中：フランツ・ヴァルトホイスル／Alamy、p.120、左および右：バルマーズ、p.121：バルマーズ、p.122、右上：ヘンリー・シュヴァリエ・ギルド、p.132, 133：ビル・ブラッドショーおよびCAMRA、p.140, 141, 142, 143：ビル・ブラッドショーおよびウェールズ・ペリー・シードル組合、p.156, 159：www.davidfitzgerald.com、p.160：マグナーズ、p.161、左と右：マグナーズ、p.175：ロビン・マッケンジーおよびマシュー・ワードビー、p.195：デヴィッド・ホワイト、p.239：ジュノ・シーアズ、p.245、左上：スティーヴ・ストック／Alamy、p.249：ハイドアウト©

著者への感想・ご意見は以下のアドレスまで
ピート・ブラウン：Petebrown@stormlantern.co.uk
ビル・ブラッドショー：Info@billbradshaw.co.uk